普通高等教育电气信息类系列教材

PLC 基础及应用教程
（三菱 FX$_{2N}$ 系列）
第 2 版

赵全利　秦春斌　主　编

袁红斌　李锐君　张继伟　副主编

机械工业出版社

本书从教学和工程应用出发，在第 1 版的基础上对内容进行了修正、更新、调整和扩充，系统地阐述了 PLC 的特征、结构及工作原理，详细介绍了 FX_{2N} 系列及其升级版 PLC 的性能、硬件组态配置、编程资源及工程接线，重点介绍了 FX_{2N} 系列 PLC 的指令系统、步进控制、特殊功能模块、PID 控制回路、网络通信及程序设计方法，通过编程软件仿真环境，由浅入深引入了大量的 PLC 仿真应用示例，对典型 PLC 工程实例的设计思想、设计步骤、设计方法及调试进行了详尽的介绍。

本书内容翔实、循序渐进、示例丰富，利于推广基于问题、知识点、项目、设计案例的实践育人的教学方法和学习方法，便于阅读和自学。本书每章均配有实验项目、思考与习题，以引导读者逐步认识、熟悉、掌握、应用 PLC。

本书可作为大学本科、高专高职的电气工程、自动化、电子、机电一体化、计算机及智能制造等相关专业学习 PLC 的教学用书，同时也可作为相关工程技术人员的参考用书。

本书配有各章部分习题参考答案、教学课件、应用示例程序源文件以及编程软件操作等配套资源，需要的教师可登录 www.cmpedu.com 免费注册，审核通过后下载，或联系编辑索取（微信：13146070618，电话：010-88379739）。

图书在版编目（CIP）数据

PLC 基础及应用教程：三菱 FX2N 系列 / 赵全利，秦春斌主编．—2版．—北京：机械工业出版社，2023.2（2024.7 重印）
普通高等教育电气信息类系列教材
ISBN 978-7-111-72506-0

Ⅰ．①P… Ⅱ．①赵… ②秦… Ⅲ．①PLC 技术-高等学校-教材 Ⅳ．①TM571.61

中国国家版本馆 CIP 数据核字（2023）第 022730 号

机械工业出版社（北京市百万庄大街 22 号　邮政编码 100037）
策划编辑：汤　枫　　　　　　责任编辑：汤　枫　杨晓花
责任校对：李　杉　王明欣　　责任印制：邓　博
北京盛通数码印刷有限公司印刷
2024 年 7 月第 2 版第 2 次印刷
184mm×260mm・15.5 印张・403 千字
标准书号：ISBN 978-7-111-72506-0
定价：59.00 元

电话服务　　　　　　　　　　网络服务
客服电话：010-88361066　　　机　工　官　网：www.cmpbook.com
　　　　　010-88379833　　　机　工　官　博：weibo.com/cmp1952
　　　　　010-68326294　　　金　书　网：www.golden-book.com
封底无防伪标均为盗版　　机工教育服务网：www.cmpedu.com

前　言

随着工业信息化的深入发展，我国的工业自动化产业正在实现由模仿创新向自主创新、由中国制造向中国创造的转变。党的二十大提出要加快建设制造强国。实现制造强国，智能制造是必经之路。在新一轮产业变革中，可编程序控制器（PLC）技术作为引领传统自动化技术与新兴信息技术深度融合的核心关键技术，在工业自动化领域中的地位愈发重要。

PLC 为核心组成的自动化控制装置，以其模块化配套齐全、功能强大、可靠性高、硬件组态灵活、编程简单方便等特点已经遍及各个控制领域，有着广泛的发展前景和稳定增长的市场需求。

本书融入了编者多年来在"可编程控制器"课程实践中的教学改革成果和成功案例，并根据不断发展的 PLC 控制技术，在参考同类教材和相关文献的基础上编写完成。

全书主要特点如下：

1）工程导向。本书以工程实例为引导，既注重 PLC 教学的可阅读性和实践性，又注重 PLC 工程应用的可操作性和实用性。

2）仿真示例。本书以仿真环境为平台，引入丰富的仿真应用示例，将主要知识点贯穿其中，引导读者逐步认识、熟悉、掌握、应用 PLC。

3）通俗易懂。本书内容翔实、循序渐进、通俗易懂，便于自学和查阅。

4）实践育人。通过应用示例、项目实践、设计案例取材及结构设计，便于在教学过程中构建实践育人的教学模式，便于学生在实践过程中重新构建知识体系。

本书共 8 章。第 1 章阐述了 PLC 的特点、工作原理、性能指标、系统结构及编程基础知识，第 2 章详细介绍了 FX_{2N} 系列及升级版 PLC 的硬件组成、扩展模块、端口编址、编程资源及外部接线，第 3 章~第 5 章重点介绍了 FX_{2N} 系列 PLC 的基本指令、开关量及顺序控制梯形图程序设计方法、应用指令、编程软件及编程示例和仿真示例，第 6 章介绍了 PLC 模拟量模块应用、PID 指令及闭环控制系统的设计过程及应用示例，第 7 章介绍了 FX_{2N} 系列 PLC 的网络通信、配置及应用实例，第 8 章介绍了 PLC 控制系统结构类型和设计步骤，通过典型工程实例介绍了 PLC 软硬件的设计方法和过程。

本书由赵全利、秦春斌担任主编，袁红斌、李锐君、张继伟担任副主编。赵全利编写了第 1 章、第 2 章 2.1~2.6 节、第 5 章及附录，刘瑞新编写了第 2 章 2.7 节，袁红斌编写了第 3、6 章，李锐君编写了第 4 章 4.1~4.4 节、第 7 章和 8 章，刘克纯编写了第 4 章 4.5 节，秦春斌负责各章结构设计、内容编排、配套示例选择等，张继伟负责各章软硬件取材、习题解答、程序仿真及上机调试等，各章的 PPT 和程序源文件等电子资源由王培完成。全书由赵全利统稿，刘瑞新主审。

本书在编写过程中参考和引用了许多文献，在此对文献的作者表示真诚感谢。由于编者水平有限，书中难免存在不妥之处，敬请广大读者批评指正。

编　者

目 录

前言
第1章 PLC 基础及系统结构 ……………… 1
  1.1 继电接触式控制系统 ………………… 1
    1.1.1 继电接触式控制系统的结构 ……… 1
    1.1.2 继电接触式基本控制电路 ………… 1
  1.2 PLC 概述 ……………………………… 5
    1.2.1 PLC 的产生、定义、特点及应用 … 5
    1.2.2 PLC 的分类及性能指标 …………… 7
    1.2.3 PLC 控制和继电接触式控制的
          关系 ……………………………… 9
    1.2.4 PLC 控制和一般计算机控制的
          区别 …………………………… 10
    1.2.5 常用 PLC 简介 …………………… 11
  1.3 PLC 系统的结构及工作原理 ………… 13
    1.3.1 PLC 的硬件结构 ………………… 13
    1.3.2 PLC 的软件及编程语言 ………… 18
    1.3.3 PLC 的扫描工作原理 …………… 20
    1.3.4 PLC 执行程序的过程及特点 …… 21
  1.4 一个简单的 FX_{2N} 系列 PLC 应用
     示例 …………………………………… 22
  1.5 实验：PLC 简单应用示例演示 …… 25
  1.6 思考与习题 ………………………… 26
**第2章 FX_{2N} 系列 PLC（含升级产品）
        硬件及编程资源** ……………… 27
  2.1 FX_{2N} 系列 PLC 的硬件体系 ……… 27
    2.1.1 FX_{2N} 系列 PLC 的硬件特征 …… 27
    2.1.2 FX_{2N} 系列 PLC 的硬件体系结构 … 28
    2.1.3 FX_{2N} 系列 PLC 的产品型号 …… 29
  2.2 FX_{2N} 系列 PLC 的硬件配置 ……… 30
    2.2.1 FX_{2N} 系列 PLC 的基本单元 …… 30
    2.2.2 FX_{2N} 系列 PLC 的扩展单元和
          扩展模块 ……………………… 34
    2.2.3 FX_{2N} 系列 PLC 的特殊功能模块 … 35
    2.2.4 定位控制模块 ………………… 36
  2.3 FX_{3U} 系列 PLC 的硬件配置 ……… 38
    2.3.1 FX_{3U} 系列 PLC 的硬件配置特征 … 38
    2.3.2 FX_{3U} 系列 PLC 的基本单元 …… 39
    2.3.3 FX_{3U} 系列 PLC 的扩展结构 …… 40
  2.4 FX_{2N} 系列 PLC 的编程资源及
     编址 …………………………………… 41
    2.4.1 FX_{2N} 系列 PLC 的编程资源 …… 41
    2.4.2 FX_{2N} 系列 PLC 的 I/O 编址及
          扩展 …………………………… 45
  2.5 FX_{2N} 系列 PLC 硬件的工程
     接线 …………………………………… 47
    2.5.1 电源接线及其负载能力 ……… 47
    2.5.2 输入端器件外部接线 ………… 49
    2.5.3 输出端外部接线及负载能力 … 50
  2.6 实验：PLC 端口接线（闪光灯）… 53
  2.7 思考与习题 ………………………… 54
**第3章 FX_{2N} 系列 PLC 的基本指令及
        应用** ……………………………… 56
  3.1 基本指令及其应用 ………………… 56
    3.1.1 基本指令格式 ………………… 56
    3.1.2 逻辑取、线圈驱动指令
          (LD/LDI、OUT) ……………… 57
    3.1.3 触点串联、并联指令 ………… 58
    3.1.4 块串联、并联指令 …………… 59
    3.1.5 堆栈指令（MPS、MRD、MPP）… 60
    3.1.6 置位、复位指令（SET、RST）… 61
    3.1.7 边沿检出触点指令与边沿检测
          （微分输出）指令 …………… 62
    3.1.8 其他基本指令 ………………… 65
  3.2 定时器及其应用 …………………… 66
    3.2.1 定时器及其类型 ……………… 66
    3.2.2 定时器的应用 ………………… 68
  3.3 计数器及其应用 …………………… 70
    3.3.1 计数器及其类型 ……………… 70
    3.3.2 计数器的应用 ………………… 72

3.4 梯形图编程规则……………… 72
3.5 编程软件 GX Developer 与仿真
 使用简介……………………… 74
  3.5.1 程序输入与变换…………… 74
  3.5.2 仿真调试…………………… 78
  3.5.3 PLC 与 PC 通信与程序下载 … 81
3.6 实验：基本指令应用…………… 82
  3.6.1 GX Developer 编程软件练习 … 82
  3.6.2 竞赛抢答器控制系统……… 83
  3.6.3 交通灯控制………………… 86
3.7 思考与习题……………………… 87

第 4 章 开关量及顺序控制程序设计方法 …………………… 90
4.1 开关量梯形图程序设计方法…… 90
  4.1.1 基于继电器电路结构的梯形图程序设计及应用 ………… 90
  4.1.2 梯形图经验设计法………… 94
  4.1.3 梯形图逻辑代数设计法…… 95
4.2 状态转移图与步进顺序控制指令编程 ………………… 96
  4.2.1 PLC 顺序控制设计方法…… 96
  4.2.2 状态转移图的基本知识…… 97
  4.2.3 步进指令…………………… 98
  4.2.4 状态转移图与步进指令的编程规则 …………………… 99
  4.2.5 单流程的编程……………… 99
  4.2.6 选择性分支与汇合的编程… 102
  4.2.7 并行分支与汇合的编程…… 104
  4.2.8 状态编程应用示例………… 105
4.3 非状态元件实现顺序控制编程… 108
  4.3.1 基于起保停电路的顺序控制 … 109
  4.3.2 基于置位、复位指令的顺序控制程序设计 ……………… 110
  4.3.3 基于移位寄存器的顺序控制程序设计 ………………… 111
4.4 实验：顺序控制指令及其应用… 111
  4.4.1 钻孔动力头顺序控制……… 111
  4.4.2 机械手控制………………… 112
4.5 思考与习题……………………… 114

第 5 章 FX_{2N} 系列 PLC 的应用指令 … 116
5.1 应用指令概述…………………… 116
  5.1.1 应用指令的表示方法……… 116

  5.1.2 变址操作数………………… 118
5.2 数据处理指令…………………… 119
  5.2.1 比较指令…………………… 119
  5.2.2 传送与交换指令…………… 121
  5.2.3 变换指令…………………… 123
  5.2.4 循环移位指令与移位指令… 125
  5.2.5 其他数据处理指令………… 130
5.3 四则运算指令与逻辑运算指令… 134
  5.3.1 四则运算指令……………… 134
  5.3.2 逻辑运算指令……………… 136
5.4 程序流程控制指令……………… 138
  5.4.1 条件跳转指令……………… 138
  5.4.2 子程序调用和返回指令…… 138
  5.4.3 中断指令…………………… 139
  5.4.4 监控定时器指令、循环程序及主程序结束指令……… 143
5.5 高速处理指令…………………… 144
  5.5.1 输入输出相关的高速处理指令 … 144
  5.5.2 高速计数器指令…………… 145
  5.5.3 脉冲密度指令与脉冲输出指令 … 146
5.6 方便指令………………………… 148
  5.6.1 与控制相关的方便指令…… 148
  5.6.2 示教定时器指令…………… 150
  5.6.3 特殊定时器指令…………… 150
  5.6.4 交替输出指令……………… 150
  5.6.5 数据排列指令……………… 151
5.7 其他应用指令…………………… 152
5.8 实验：应用指令编程…………… 153
  5.8.1 多功能指示灯闪烁控制…… 153
  5.8.2 步进电动机定位运行控制… 154
5.9 思考与习题……………………… 155

第 6 章 PLC 模拟量采集及 PID 控制系统 …………………… 157
6.1 模拟量闭环控制系统…………… 157
  6.1.1 模拟信号获取及变换……… 157
  6.1.2 计算机闭环控制系统……… 158
  6.1.3 数字 PID 运算及应用……… 159
6.2 FX_{2N} 系列 PLC 特殊功能模块扩展编址及读/写操作 ………… 164
6.3 FX_{2N} 系列 PLC 模拟量输入模块及应用 …………………… 165
  6.3.1 A-D 转换模块……………… 165

  6.3.2 铂电阻温度传感器模拟量输入模块 ······170
  6.3.3 热电偶温度传感器模拟量输入模块 ······172
 6.4 FX$_{2N}$ 系列 PLC 模拟量输出模块及应用 ······174
  6.4.1 模拟量输出模块 FX$_{2N}$-2DA ······174
  6.4.2 模拟量输出模块 FX$_{2N}$-4DA ······177
 6.5 PID 指令及闭环控制 ······179
  6.5.1 FX$_{2N}$ 系列 PLC 的 PID 指令 ······179
  6.5.2 FX$_{2N}$ 系列 PLC 的 PID 控制系统 ······181
 6.6 实验：模拟量 I/O 模块及 PID 编程 ······184
  6.6.1 模拟量输入模块编程 ······184
  6.6.2 温度 PID 控制系统 ······185
 6.7 思考与习题 ······188

第 7 章　PLC 网络通信及应用 ······189
 7.1 网络基础及 PLC 通信 ······189
  7.1.1 网络通信协议基础 ······189
  7.1.2 PLC 网络通信方式 ······190
  7.1.3 PLC 常用的通信接口标准 ······191
  7.1.4 工业控制网络基础 ······195
 7.2 FX$_{2N}$ 系列 PLC 的通信配置及应用 ······197
  7.2.1 FX$_{2N}$ 系列 PLC 的通信模块 ······197
  7.2.2 FX$_{2N}$ 系列 PLC 并联连接及应用 ······198
  7.2.3 FX$_{2N}$ 系列 PLC N:N 网络及应用 ······200
  7.2.4 PC 与 PLC 之间的通信 ······204
 7.3 实验：两台 PLC 间的通信控制 ······206
 7.4 思考与习题 ······208

第 8 章　PLC 控制系统及工程实例 ······209
 8.1 PLC 控制系统的结构类型 ······209
  8.1.1 单机控制系统 ······209
  8.1.2 集中控制系统 ······209
  8.1.3 远程 I/O 控制系统 ······209
  8.1.4 分布式控制系统 ······210
 8.2 PLC 控制系统的设计步骤 ······210
 8.3 PLC 硬件配置选择与外围电路 ······211
  8.3.1 PLC 硬件配置选择 ······211
  8.3.2 PLC 外围电路 ······213
  8.3.3 PLC 处理速度要求 ······214
 8.4 PLC 软件设计 ······214
  8.4.1 PLC 软件设计的基本原则 ······214
  8.4.2 PLC 软件设计的内容和步骤 ······214
 8.5 PLC 控制系统可靠性设计 ······215
  8.5.1 工作环境的可靠性 ······215
  8.5.2 完善的抗干扰设计 ······216
  8.5.3 PLC 的安全保护 ······216
 8.6 PLC 控制系统的安装调试 ······217
  8.6.1 PLC 控制系统的安装 ······217
  8.6.2 PLC 控制系统调试 ······217
 8.7 PLC 控制系统设计实例 ······218
  8.7.1 高塔供水控制系统 ······218
  8.7.2 步进电动机控制系统 ······221
  8.7.3 电梯控制系统 ······224
  8.7.4 模拟量双闭环比值 PID 控制系统 ······224
 8.8 实验：PLC 模拟量控制 ······230
 8.9 思考与习题 ······231

附录 ······232
 附录 A FX$_{2N}$ 系列 PLC 的基本性能 ······232
 附录 B FX 系列（FX$_{2N}$）PLC 应用指令简表 ······233
 附录 C FX$_{2N}$ 系列 PLC 特殊功能元件 ······237

参考文献 ······242

第1章　PLC 基础及系统结构

可编程序控制器（programmable logic controller，PLC）是电气控制技术和计算机科学技术相结合的产物。PLC 以微处理器为核心，以存储程序控制的方式执行逻辑运算、定时、计数、模拟信号处理、PID 运算及通信等功能，是一种新型工业自动化控制装置。PLC 凭借其自身的优点和特点，已经在各种控制领域得到广泛应用，取代了原有的继电器控制的工业控制方法，成为工业过程自动化的支柱产品。

本章阐述了从传统的继电接触式控制到 PLC 控制的基本思想和基本电路，介绍了 PLC 的产生、定义、分类、特点、应用领域、性能指标及常用 PLC 产品，详细介绍了通用 PLC 的系统结构、硬件组成、输入/输出端口、编程语言及扫描工作原理等基本知识。最后，通过一个 FX_{2N} 系列 PLC 的简单应用示例介绍 PLC 的一般应用过程。

1.1　继电接触式控制系统

所谓继电接触式控制，主要是通过各种开关或按钮对继电器或接触器的控制实现对电机及其他电气设备的控制功能，以满足控制系统的需求。

1.1.1　继电接触式控制系统的结构

在 PLC 出现之前，继电接触式控制是工业电气控制的主要形式。尽管现代计算机控制系统已经广泛应用在工业电气控制领域中，但其信息采集、输入、输出及主电路控制部分仍然需要电气元器件来完成。对于一些要求不高的小规模的控制，由于继电接触式控制简单、方便、价廉而仍然在使用。因此，继电接触式控制仍然是现代电气控制系统的基础。

一个继电接触式控制系统由主电路（被控对象）和控制电路组成，控制电路主要由输入部分、输出部分和控制部分组成，如图 1-1 所示。

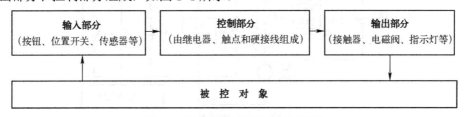

图 1-1　继电接触式控制系统的组成

在图 1-1 中，输入部分是由各种输入设备，如按钮、位置开关及传感器等组成；控制部分是按照控制要求，由若干继电器及触点组成；输出部分是由各种输出设备，如接触器、电磁阀、指示灯等执行部件组成。

继电接触式控制系统根据操作指令及被控对象发出的信号，由控制电路按规定的动作要求决定执行什么动作或动作顺序，然后驱动输出设备实现各种操作功能。

继电接触式控制系统的缺点是接线复杂、灵活性差、工作频率低、可靠性差、触点易损坏。

1.1.2　继电接触式基本控制电路

下面介绍几种常用的继电接触式基本控制电路。

1. 中间继电器控制接触器

（1）中间继电器

电气控制电路普遍使用中间继电器。中间继电器实质上是一种电压继电器，由电磁机构和触点系统组成。中间继电器的外形、图形及文字符号如图1-2所示。

图1-2 中间继电器的外形、图形及文字符号
a) 外形 b) 继电器线圈、动合触点及动断触点

中间继电器可以将一个输入信号（线圈的工作电压）变成多个输出信号或将信号放大（即增大触点容量），作为信号传递、联锁、转换以及隔离使用的继电器。中间继电器的触点数量较多（可达8对），触点容量较大（5～10A）、动作灵敏。常用的中间继电器工作电压为直流24V、交流220V。

选择中间继电器时主要考虑被控制电路的电压等级、所需触点的类型、容量和数量。

中间继电器主要用于电气控制系统的控制电路，也可以直接驱动满足额定电压及电流要求的负载。

（2）交流接触器

交流接触器是利用电磁吸力的作用来自动接通或断开大功率负载或大电流电路的电器，主要用于电气控制系统的主电路。

（3）应用示例

通过中间继电器控制交流接触器实现对主电路的控制，如图1-3所示。

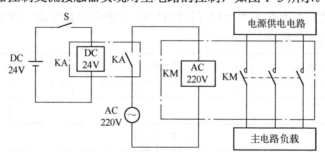

图1-3 中间继电器控制交流接触器

图1-3中，当开关S接通后，DC 24V中间继电器KA线圈通电，其动合触点KA闭合，AC 220V接触器KM线圈通电，其动合触点KM闭合后，三相电源供电电路向主电路负载供电。

2．电动机自锁起动控制电路

异步电动机是一种将电能转换成机械能的动力机械，其结构简单、使用方便、可靠性高、易于维护、不受使用场所限制，广泛应用于厂矿企业、科研生产、交通运输、娱乐生活等各个领域。

根据生产过程和工艺需求，电动机自锁起动控制电路功能要求如下：

1）对电动机进行起动、停止、自锁保护控制。

2）对电动机实施过载保护、失电压保护及短路保护等方面的控制。

实现以上功能的三相异步电动机自锁单向起动控制电路如图 1-4 所示，这也是电气控制系统中最典型的电路之一。

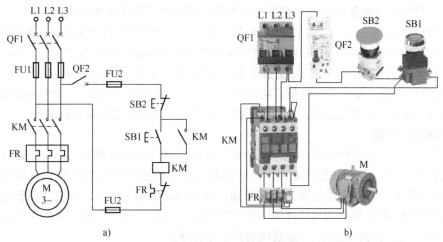

图 1-4 三相异步电动机自锁单向起动控制电路

a) 电路图　b) 实物接线图

电动机自锁起动控制电路由主电路和继电控制电路组成。

(1) 主电路

主电路由三相电源、电动机 M、热继电器 FR、接触器（控制电路的输出部分）KM 的主动合触点、三极低压断路器 QF1（或附加熔断器 FU1）组成。

(2) 继电控制电路

继电控制电路由以下三部分组成：

1) 输入控制部分由剩余电流保护断路器 QF2（或附加熔断器 FU2）、动合按钮 SB1（起动控制）、动断按钮 SB2（停止控制）及热继电器动断触点 FR（串联在电路中，起保护作用）组成。

2) 控制部分由接触器 KM 辅助动合触点及其线圈组成（注意：本例中控制电路电源电压为相电压 AC 380V）。

3) 输出控制部分由接触器 KM 的主动合触点实现对主电路的控制。

(3) 电动机自锁起动控制电路的工作过程

1) 控制电路起动时，合上 QF1，主电路引入三相电源 L1-L2-L3。

2) 合上 QF2，控制电路引入 L1-L3 相电源，当按下起动按钮 SB1 时，接触器 KM 线圈通电，其动合主触点闭合，电动机接通电源开始全起动，同时接触器 KM 的辅助动合触点闭合，这样当松开起动按钮 SB1 后，接触器 KM 线圈仍能通过其辅助触点通电并保持吸合状态。这种依靠接触器本身辅助触点使其线圈保持通电的现象称为自锁，起自锁作用的触点称为自锁触点。

3) 按下停止按钮 SB2，接触器 KM 线圈失电，则其主触点断开，切断电动机三相电源，电动机 M 自动停止，同时接触器 KM 自锁触点也断开，控制电路解除自锁，KM 断电。松开停止按钮 SB2，控制电路又回到起动前的状态。

(4) 电动机自锁起动控制电路的保护环节

由于在生产运行中会有很多无法预测的情况出现，因此，为了使工业生产能够安全、顺利进行，减少生产事故造成的损失，有必要在电路中设置相应的保护环节。

电动机自锁起动控制电路的保护环节及功能如下：

1) 短路保护。低压断路器 QF1（或熔断器 FU1）实现对主电路和控制电路的短路保护。

当电路发生短路故障时，低压断路器立即切断电路，停止对电路供电。

2）过载保护。热继电器 FR 实现对电动机的过载保护。当通过电动机的电流超过一定范围且持续一定时间后，FR 触点动作，切断控制电路，进而断开电动机供电电路。

3）剩余电流保护。在控制电路发生漏电故障以及有致命危险的人身触电时，如果剩余电流保护断路器 QF2 工作十分可靠，控制电路通过剩余电流保护断路器就可以切断电路，实施保护。

4）欠电压、失电压保护。交流接触器 KM 还具有欠电压、失电压保护功能，即当电源电压过低或电源断电时，KM 自动复位，电动机停止工作。在 KM 复位后，即便电源电压恢复正常状态，电路也不能自恢复起动，必须重新按下起动按钮电动机才能重新起动。

3．顺序控制电路

在生产实践中，经常会有多个电动机一起工作，但常常要求各种运动部件之间或生产机械之间能够按照顺序先后起动或停止工作，这就要求电动机能够实现顺序起动或顺序停止。例如，车床主轴在转动时，要求油泵先上润滑油，停止时，先主轴停止，油泵才能够停止润滑。即油泵电动机 M1 和主轴电动机 M2 在起动过程中，油泵电动机先起动，主轴电动机后起动；停止时，只有主轴电动机先停止，油泵电动机才能够停止。

（1）顺序控制电路的组成

顺序控制电路如图 1-5 所示。

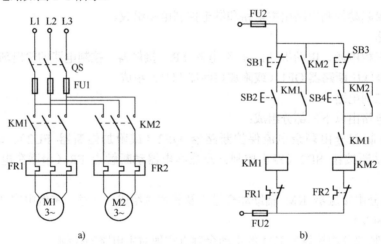

图 1-5　顺序控制电路

a）主电路　b）控制电路

图 1-5 中，电动机 M1、M2 的运行主要是通过接触器 KM1、KM2 来控制，电动机运行的控制，就是对接触器的控制，多台电动机的顺序运行就等同于对多台接触器的顺序控制。

（2）顺序控制电路的工作过程

顺序起动：当要求 KM1 先通电而后再 KM2 通电时，就把 KM1 的动合辅助触点串联至 KM2 线圈电路中。按下起动按钮 SB2 后，在 KM1 通电的情况下才能通过按钮 SB4 控制 KM2 通电。

顺序停止：当要求 KM2 先断电而后再 KM1 断电时，就把 KM2 的动合辅助触点与 KM1 电路中的停止按钮并联。按下停止按钮 SB3 后，只有在 KM2 断电的情况下才能通过 SB1 控制 KM1 断电。

（3）顺序控制电路的保护环节

熔断器 FU1、FU2 分别实现对主电路、控制电路的短路保护；热继电器 FR1、FR2 分别实现对电动机 M1、M2 的过载保护；接触器 KM1、KM2 具有欠电压保护功能。

1.2 PLC 概述

PLC 产生的初衷是取代规模庞大的继电接触式控制系统，但随着计算机技术的飞速发展及强劲的市场需求，PLC 已经发展成为一种新型、专用的工业控制装置。

1.2.1 PLC 的产生、定义、特点及应用

1. PLC 的产生和定义

通俗地说，PLC 就是专用的、便于扩充的计算机控制装置。

1987 年，国际电工委员会（international electrical committee，IEC）颁布的 PLC 标准草案中对 PLC 做了如下定义："可编程序控制器是一种数字运算操作系统，专为工业环境下应用而设计。它采用了可编程序的存储器，用来在其内部存储执行逻辑运算、顺序控制、定时、计数和算术运算等操作的指令，并通过数字式或模拟式的输入和输出，控制各种类型的生产机械和生产过程。可编程控制器及其有关外围设备，都按易于与工业系统连成一个整体、易于扩充其功能的原理设计"。

传统的继电接触式控制系统是通过硬导线连接电器元器件来构成逻辑控制系统，具有结构简单、价格低廉、维护容易、抗干扰能力强等优点。但是，由于采用固定的接线方式，导致继电接触式控制系统的灵活性差、工作频率低、触点易损坏、可靠性差。

1968 年，美国最大的汽车制造商通用汽车公司（GM）试图寻找一种新型的工业控制方法，以适应汽车型号的不断更新，尽可能减少重新设计和更换继电接触式控制系统的硬件和接线带来的工作量，从而降低成本。1969 年，美国数字设备公司（DEC）根据招标要求，研制出了世界上第一台可编程序控制器，并在通用汽车公司的自动装配线上试用成功。

早期的可编程序控制器是为了取代继电接触式控制电路，使用存储程序指令、完成顺序控制而设计的，主要用于逻辑运算、定时、计数和顺序操作等开关量逻辑控制，通常称为可编程序逻辑控制器（programmable logic controller，PLC）。

进入 20 世纪 70 年代，随着微电子技术的发展，出现了微处理器和微型计算机，并被应用到 PLC 中，从而使 PLC 不仅仅具有逻辑控制功能，还增加了数据运算、传送和处理等功能，而称其为具有计算机功能的工业控制装置。1980 年，美国电器制造协会正式将其命名为可编程序控制器（programmable controller，PC），但由于容易与个人计算机 PC（personal computer，PC）相混淆，人们还是习惯性地用 PLC 作为可编程序控制器的缩写。

进入 20 世纪 80 年代，随着大规模和超大规模集成电路等微电子技术的快速发展，以 16 位和 32 位微处理器构成的微机化 PLC 得到迅猛发展，使 PLC 在各个方面都有了新的突破，不仅功能增强，体积、功耗减小，成本下降，可靠性提高，而且在远程控制、网络通信、数据图像处理等方面发展迅速。

PLC 在我国的研制、生产和应用也获得了迅猛发展。目前，PLC 已经广泛应用在改造传统设备、设计新的控制设备及生产过程工控系统中，并取得了显著的经济效益。PLC 已经成为当代电气控制及自动化装置的主导设备。

2. PLC 的特点

PLC 作为一种新型、专用的工业控制装置，其自身有着其他控制设备不可替代的特点。

（1）可靠性高、抗干扰能力强

可靠性高、抗干扰能力强是 PLC 最突出的特点之一，主要表现在以下几个方面：

1）传统的继电接触式控制系统中使用了大量的中间继电器、时间继电器。由于触点接触

不良，容易出现故障。而 PLC 用软元件代替大量的中间继电器和时间继电器，仅使用与输入和输出有关的少量硬件，接线可减少到继电器控制系统的 1/100～1/10，因触点接触不良造成的故障大为减少。

2）所有的 I/O 接口电路均采用光电隔离，使工业现场的外电路与 PLC 内部电路之间在电气上隔离，有效地抑制了外部干扰源对 PLC 的影响；对供电电源及电路采用多种形式的滤波，以消除或抑制高频干扰；对 CPU 等重要部件采用优良的导电、导磁材料进行屏蔽，以减少空间电磁干扰。

3）PLC 由于采用现代大规模集成电路技术，以及严格的生产工艺，内部电路采用先进的抗干扰技术，因此具有很高的可靠性。

4）PLC 带有硬件故障自我检测功能，出现故障时可及时发出警报信息。在应用软件中，还可以嵌入外围器件的故障自诊断程序，使系统中除 PLC 装置外的电路及设备也获得了故障自诊断保护。

因此，PLC 与其一般控制系统比较，具有更高的可靠性和很强的抗干扰能力，可以直接用于具有强烈干扰的工业现场，并能持续正常工作。

（2）编程方法简单、易学

PLC 是面向用户的设备，它采用梯形图和面向工业控制的简单指令语句编写程序。梯形图是最常用的 PLC 编程语言，其编程符号和表达方式与继电器电路原理图相似。

（3）功能强、性价比高

一台小型 PLC 内有成百上千个可供用户使用的编程元件，可以实现非常复杂的控制功能。此外，PLC 还可以通过通信联网，实现分散控制、集中管理。与相同功能的继电接触式控制系统相比，具有很高的性价比。

（4）硬件配套齐全、适应性强

PLC 及外围模块品种配备种类多、功能全、接线方便，它们可以灵活、方便地组合成各种大小和不同功能要求的控制系统。在 PLC 构成的控制系统中，只需在 PLC 的端子上接入相应的输入/输出（I/O）信号线，不需要诸如继电器之类的物理电子器件和大量而繁杂的连接电路。

PLC 的输入端口可以通过输入开关信号直接与 DC 24V 的电信号相连，根据功能选择还可以直接输入工业标准模拟量（电压、电流）信号及工业温控热电阻、热电偶，以供 PLC 采集。

PLC 的输出端可以根据负载需要直接控制 AC 220V 或 DC 24V 等电源与其相连，并具有较强的带负载能力；可以直接驱动一般的电磁阀和交流接触器的控制线圈；可以选择直接输出工业标准模拟量（电压、电流）控制信号。

（5）通信方便、便于实现组态监控

PLC 实现的控制系统通过通信接口可以实现与现场设备及计算机之间的信息交换，可以方便地与上位机实现计算机组态监视与控制系统，为实现分布式（DCS）控制系统、进一步深化自动化技术应用奠定基础。

（6）体积小、功耗低

PLC 体积小、质量轻，便于安装。以超小型 PLC 为例，新近出产的品种其底部尺寸小于 100mm，仅相当于几个继电器的大小，因此可将开关柜的体积缩小到原来的 1/10～1/2；质量小于 150g，功耗仅为数瓦。对于复杂的控制系统，使用 PLC 作为控制装置后，减少了各种时间继电器和中间继电器的数量，可以降低能耗，同时大大缩小控制系统的体积，便于系统内部植入各种机电设备，实现机电一体化。

（7）系统的设计、安装、调试工作量小

PLC 用软件功能取代了继电接触式控制系统中大量的继电器、计数器等器件，大大减少了控制柜的设计、安装及接线工作。

PLC 的梯形图编程方法规律性强,容易掌握。对于复杂控制系统,设计梯形图所需的时间比设计继电接触式控制系统电路所需时间要少得多。

PLC 的用户程序可模拟调试,输入信号用小开关代替,输出信号的状态可通过 PLC 上的发光二极管模拟指示,调试成功后再进行现场统一调试,调试工作量及调试时间大大减少。

由于 PLC 及其模块内部包含了各类通用接口电路,由 PLC 组成的控制系统外部接线简单、方便,设计周期短,可操作性强。

(8) 维护方便、工作量小

PLC 的故障率非常低,并且有完善的自诊断和显示功能。当 PLC 本身、外部的输入装置或执行机构发生故障时,可以根据 PLC 上的发光二极管或编程器提供的信息迅速查明故障原因,如果是 PLC 自身故障可用更换模块的方法迅速排除。

另外,PLC 在结构上对耐热、防潮、防尘、抗震等也都有精确的考虑。

PLC 平均无故障时间可达数万小时,使用寿命可达 10 年以上。

3. PLC 的应用领域

随着微处理器芯片价格的下降,PLC 的成本越来越低,功能越来越强大,应用范围也越来越广。PLC 不仅能替代继电接触式控制系统,还能用来解决模拟量闭环控制及较复杂的计算和通信问题。PLC 在工业自动化领域的应用比例越来越大,当前已处于自动化控制设备的领先地位。

(1) 开关量的逻辑控制

开关量的逻辑控制是 PLC 最基本、最广泛的应用领域。用 PLC 取代传统的继电接触式控制系统,实现逻辑控制、顺序控制。

(2) 运动控制

PLC 可用于直线运动或圆周运动的控制。早期直接用开关量 I/O 模块连接位置传感器和执行机械,现在一般使用专用运动模块来实现。

(3) 模拟量及闭环过程控制

PLC 厂家都生产配套的 A-D 和 D-A 转换模块,如 FX_{2N} 系列 PLC 中的 FX_{2N}-4AD 和 FX_{2N}-4DA 等。

PLC 通过模拟量的 I/O 模块实现模拟量与数字量的 A-D、D-A 转换,可实现对温度、压力、流量等连续变化的模拟量的闭环 PID 控制。当过程控制中的某个变量出现偏差时,PID 控制算法根据程序设定的参数进行 PID 运算,其输出控制执行机构,使变量按照设计要求的控制规律变化恢复到设定值上。

(4) 数据处理

现代的 PLC 具有数学运算(包括矩阵运算、函数运算、逻辑运算)、数据传递、排序、查表以及位操作等功能,可以完成数据的采集、分析和处理。数据处理一般用在大中型控制系统中。

(5) 联机通信

PLC 通过通信线路可以方便地实现与 PLC、上位机及其他智能设备之间的通信,便于网络组成,实现集中管理、分散控制的分布控制系统(DCS)。

1.2.2 PLC 的分类及性能指标

PLC 产品种类繁多,其规格和性能也各不相同。下面从应用的角度,介绍 PLC 的分类及主要性能指标。

1. PLC 的分类

通常根据 PLC 结构形式的不同、功能的差异和 I/O 点数的多少等进行分类。

（1）按结构形式分类

根据 PLC 的结构形式，可将 PLC 分为整体式、模块式和叠装式。

1）整体式 PLC。整体式 PLC 是将电源、CPU、I/O 接口等部件都集中装在一个机箱内，具有结构紧凑、体积小、价格低的特点。小型 PLC 一般采用整体式结构。

整体式 PLC 由不同 I/O 点数的基本单元（又称主机）和扩展单元组成。基本单元内有 CPU、I/O 接口、与 I/O 扩展单元相连的扩展口，以及与编程器或 EPROM 写入器相连的接口等。扩展单元内只有 I/O 和电源等。基本单元和扩展单元之间一般用扁平电缆连接。整体式 PLC 一般还可配备特殊功能单元，如模拟量单元、位置控制单元等，使其功能得以扩展，如 FX_{2N} 系列 PLC、S7-200 系列 PLC 等。

2）模块式 PLC。模块式 PLC 是将 PLC 各组成部分分别做成若干个单独的模块，如 CPU 模块、I/O 模块、电源模块（有的含在 CPU 模块中）以及各种功能模块。

模块式 PLC 由机架和具有各种不同功能的模块组成。各模块可直接挂接在机架上，模块之间则通过背板总线连接起来。

大、中型 PLC 多采用模块式结构，如三菱 Q 系列中的大型 PLC。

模块式 PLC 的硬件组态方便灵活，I/O 点数的多少、I/O 点数的比例、I/O 模块的使用等方面的选择都比整体式 PLC 多得多，维修时更换模块、判断故障范围也很方便，因此较复杂的、要求较高的系统一般选用模块式 PLC。

3）叠装式 PLC。所谓叠装式 PLC，是指 PLC 将整体式和模块式的特点结合起来，充分利用整体式 PLC 结构紧凑、价格低廉、使用方便的优点，又兼顾到 PLC 扩展模板使用灵活、功能齐全的特点。叠装式 PLC 的 CPU、电源、I/O 接口等也是各自独立的模块，但它们之间是靠电缆进行连接，并且各模块可以一层层地叠装。这样不但系统可以灵活配置，还可做得体积小巧。

（2）按功能分类

根据 PLC 所具有的功能不同，可将 PLC 分为低档、中档和高档三类。

1）低档 PLC。低档 PLC 主要具有逻辑运算、定时、计数、移位以及自诊断、监控等基本功能，还可有少量模拟量输入/输出、算术运算、数据传送和比较、通信等功能。低档 PLC 主要用于逻辑控制、顺序控制或少量模拟量控制的单机控制系统。

2）中档 PLC。中档 PLC 除具有低档 PLC 的功能外，还具有较强的模拟量输入/输出、算术运算、数据传送和比较、数制转换、远程 I/O、子程序、通信联网等功能。有些还可增设中断控制、PID 控制等功能，适用于复杂控制系统。

3）高档 PLC。高档 PLC 除具有中档 PLC 的功能外，还增加了带符号算术运算、矩阵运算、位逻辑运算、平方根运算及其他特殊功能函数的运算、制表及表格传送功能等。高档 PLC 具有更强的通信联网功能，可用于大规模过程控制或构成分布式网络控制系统。

（3）按 I/O 点数分类

根据 PLC 的 I/O 点数的多少，可将 PLC 分为小型、中型和大型三类。

1）小型 PLC：I/O 点数小于 256 点，单 CPU。8 位或 16 位处理器，用户存储器容量不大于 4KB。如 FX 系列 PLC、SR-20/21 型 PLC。

2）中型 PLC：I/O 点数为 256~2048 点，双 CPU，用户存储器容量为 2~8KB。如 SR-400 型 PLC。

3）大型 PLC：I/O 点数大于 2048 点，多 CPU，16 位或 32 位处理器，用户存储器容量为 8~16KB。如 S7-400 系列 PLC。

在实际中，一般 PLC 功能的强弱与其 I/O 点数的多少是相互关联的，PLC 的功能越强，其可配置的 I/O 点数越多。

2. PLC 的主要性能指标

（1）存储容量

存储容量是指用户程序存储器的容量。一般来说，小型 PLC 的用户程序存储器容量为几千字节，而大型 PLC 的用户程序存储器容量为几万字节。

（2）I/O 点数

I/O 点数是 PLC 可以接收的输入信号和输出信号的总和，是衡量 PLC 性能的重要指标。I/O 点数越多，外部可接的输入设备和输出设备就越多，控制规模就越大。

（3）扫描速度

扫描速度是指 PLC 执行用户程序的速度，是衡量 PLC 性能的重要指标。一般以扫描 1K 字的用户程序所需的时间来衡量扫描速度，通常以 ms/K 字为单位。PLC 用户手册一般给出执行各条指令所用的时间，可以通过比较各种 PLC 执行相同的操作所用的时间来衡量扫描速度的快慢。

（4）指令的功能与数量

指令功能的强弱、数量的多少也是衡量 PLC 性能的重要指标。编程指令的功能越强、数量越多，PLC 的处理能力和控制能力也越强，用户编程也越简单和方便，越容易完成复杂的控制任务。

（5）内部元件的种类与数量

在编制 PLC 程序时，需要用到大量的内部元件来存放变量、中间结果、保持数据、定时计数、模块设置和各种标志位信息。这些元件的种类与数量越多，表示 PLC 的存储和处理各种信息的能力越强。

（6）特殊功能单元

特殊功能单元种类的多少与功能的强弱是衡量 PLC 产品的一个重要指标。近年来，各 PLC 厂商非常重视特殊功能单元的开发，特殊功能单元种类日益增多，功能越来越强，使 PLC 的控制功能日益增强。

（7）可扩展能力

PLC 的可扩展能力包括 I/O 点数的扩展、存储容量的扩展、联网功能的扩展、各种功能模块的扩展等。在选择 PLC 时，经常需要考虑 PLC 的可扩展能力。

1.2.3 PLC 控制和继电接触式控制的关系

如前所述，继电接触式控制系统主要由输入部分（开关等）、输出部分（接触器等）和控制部分（继电器及触点等）组成。对于各种不同要求的控制功能，必须设计相应的控制电路。

PLC 控制系统主要也由输入、输出和控制三部分组成，如图 1-6 所示。

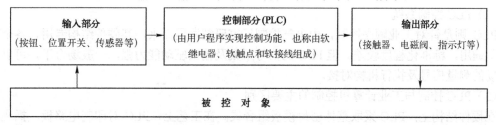

图 1-6 PLC 控制系统的组成

由图 1-6 可以看出，PLC 控制系统的输入、输出部分和继电接触式控制系统的输入、输出部分基本相同，但其控制部分则采用了"可编程序"的 PLC，而不是实际的继电器电路。因此，在硬件电路基本不变的情况下，PLC 控制系统可以方便地通过改变用户程序实现各种控制功能。以软件改变系统功能是工业控制的一大飞跃，它从根本上解决了继电接触式控制系统控制电路难以改变的问题。同时，PLC 控制系统不仅能实现逻辑运算，还具有数值运算及过程控制等复杂的控制功能。

PLC 控制与继电接触式控制的主要区别如下。

（1）组成器件不同

继电接触式控制系统由许多真正的硬件继电器组成，而 PLC 控制系统由许多所谓的软继电器（简称元件）组成。这些软继电器实质上是存储器中的每一位触发器，可以置"0"或置"1"。

（2）触点数量不同

硬件继电器的触点数量有限，用于控制的继电器的触点一般只有 4~8 对，而 PLC 中每只软继电器供编程使用的触点数有无数多对。

（3）实施控制的方法不同

在继电接触式控制电路中，通过各种继电器之间的硬接线来实现某种控制，由于其控制功能已经包含在固定电路之间，因此它的功能专一、灵活性差；而 PLC 控制在输入输出硬件装置基本不变的情况下，可以通过用户编写梯形图程序（软件功能）实现多种控制功能，使用方便、灵活多变。

继电接触式控制电路中设置了许多制约关系的互锁电路，以满足提高安全性和节约继电器触点的要求；而在梯形图中，因为采用了扫描工作方式，不存在几个支路并列工作的情况，此外，软件编程也可将互锁条件编制进去，大大简化了控制电路的设计工艺。

（4）工作方式不同

继电接触式控制系统采用硬逻辑的并行工作方式，继电器线圈通电或断电，都会使该继电器的所有动合和动断触点立刻动作；而 PLC 采用循环扫描工作方式（串行工作方式），如果某个软继电器的线圈被接通或断开，其触点只有等到扫描到该触点时才会动作。

1.2.4 PLC 控制和一般计算机控制的区别

PLC 控制与工业计算机控制是工业中常用的两种控制类型。

1. PLC 控制与工业计算机控制的区别

（1）工业计算机控制系统

工业计算机控制系统（computer control system，CCS）由通用微型计算机的推广应用发展而来，通常由微型计算机生产厂家生产，在硬件方面具有标准化总线结构，各种机型间兼容性强。这种控制系统只需要一台计算机以及有关的 I/O 设备和显示器、键盘、打印机等外部设备即可完成系统功能。也就是说，对工业计算机控制系统中所有功能和对所有被控对象实施的控制均由一台计算机来完成。

（2）PLC 控制系统

PLC 则是针对工业顺序控制，由电气控制厂家研制发展而来，其硬件结构专用，各个厂家产品不通用，标准化程度较差。但 PLC 的信号采集及输出驱动能力强，一般场合下，可以直接与现场的测量信号及执行机构对接。

（3）PLC 控制与工业计算机控制的主要区别

在硬件结构上，PLC 采取整体密封模板组合式。在工艺上，PLC 对印制电路板、插座、机架都有严密的处理。在电路上，PLC 采取了一系列的抗干扰措施，可靠性更能满足工业现场的环境要求。

在软件上，工业计算机借用微型计算机丰富的软件资源，对算法复杂、实时性强的控制任务能较好地适应，整体性好，协调性好，便于管理。而 PLC 是专门为工业环境设计的，虽然两者都采用的是计算机结构，但两者设计的出发点不同，在工业控制上也存在不少的差异。PLC

在顺序控制的基础上，增加了 PID 等控制算法，编程采用梯形图语言，易于被电气技术人员所掌握。但是，一些微型计算机的通用软件还不能直接在 PLC 上应用，需要经过二次开发。

2．PLC 控制与单片机控制的区别

PLC 本身就是一个复杂的、成功的、可靠的单片机系统，它是建立在单片机之上的产品，是单片机应用系统的一个特例，在选择两者时不具有可比性，只是在不同情况下根据需要进行选择。

1）PLC 是工业控制领域的主力军，能够完成各类逻辑控制、运动控制、模拟量及 PID 控制，适用于工业生产中、大型设备及控制要求较高的场合，但其价格较高；单片机因其体积小、价格低廉，适用于小型产品自动控制装置及无线控制领域。

2）PLC 的抗干扰能力比一般单片机的抗干扰能力要强得多，PLC 更适用于安全系数高的控制系统。

3）PLC 系统设计简单，厂商提供各种不同功能的模块，便于组合，方便硬件连接归一，因而设计周期短；单片机系统硬件接口电路繁多，适应外电路更广，但设计周期长，可靠性显然较差。

4）PLC 专用的编程软件，编程简单、易学，程序易于开发；单片机语言编程较难，但可以灵活地优化程序，软件设计繁杂。

5）PLC 更适用于控制强电设备，如电动机等；单片机更适用于工作在弱电控制系统，如频率计、数字电压表等。

6）不同厂家或型号的 PLC 有相同的工作原理、功能和指标，外部端口接线类似，有一定的互换性；单片机应用系统则千差万别，使用和维护不太方便。

1.2.5 常用 PLC 简介

世界上的 PLC 产品可按地域分成三大流派，即美国的 PLC 产品、欧洲的 PLC 产品和日本的 PLC 产品。美国和欧洲的 PLC 技术是在相互隔离情况下独立研发的，因此它们的 PLC 产品有明显的差异性。日本的 PLC 技术由美国引进，对美国的 PLC 产品有一定的继承性，但日本的主推产品定位在小型 PLC 上。美国和欧洲则以大中型 PLC 领先。

1．美国的 PLC 产品

美国是 PLC 生产大国，有 100 多家 PLC 厂商，著名的有 A-B 公司、通用电气（GE）公司、莫迪康（MODICON）公司、德州仪器（TI）公司、西屋公司等。其中 A-B 公司是美国最大的 PLC 制造商，其产品约占美国 PLC 市场的一半。

2．欧洲的 PLC 产品

德国的西门子（SIEMENS）公司、AEG 公司、法国的 TE 公司是欧洲著名的 PLC 厂商。其中西门子在中、大型 PLC 产品领域与美国的 A-B 公司齐名。

西门子公司的 PLC 产品主要是 S7 系列，该系列 PLC 功能强大、性价比高。其中 S7-200 系列及 S7-1200 系列属于微型 PLC，在我国得到广泛应用，S7-300 系列属于中小型 PLC，S7-400 系列属于中高性能的大型 PLC。

3．日本的 PLC 产品

日本的小型 PLC 最具特色，在开发较复杂的控制系统方面明显优于欧美的小型机，所以格外受用户欢迎。日本有许多 PLC 厂商，如三菱、欧姆龙、松下、富士、日立、东芝等，在世界小型 PLC 市场上，日本产品占总量的 70%左右。

三菱公司的 PLC 包括 FX_{1S}、FX_{1N}、FX_{2N}、FX_{2NC} 系列产品，其中 FX_{2N} 系列 PLC 以其功能强大、使用灵活及整体式小型机等优势在我国有着广泛的应用市场。其升级（三代）微型 PLC 包括 FX_{3U}、FX_{3UC}、FX_{3G} 系列产品，具有很好的扩展性及兼容性，可以连接 FX_{2N} 系列

PLC 的 I/O 扩展模块和特殊功能模块，组合出性价比高的控制系统。

三菱公司的大中型机有 A 系列、QnA 系列、Q 系列，具有丰富的网络功能，I/O 点数可达 8192 点。其中 Q 系列具有超小的体积、丰富的机型、灵活的安装方式、双 CPU 协同处理、多存储器、远程口令等特点，是三菱公司现有 PLC 中性能最高的 PLC。

4. 我国的 PLC 产品

我国有许多厂家、科研院所从事 PLC 的研制与开发，推出了多种型号的 PLC 产品。如中国科学院自动化研究所的 PLC-0088，北京联想计算机集团公司的 GK-40，上海机床电器厂有限公司的 CKY-40，上海起重电器厂有限公司的 CF-40MR/ER，苏州电子计算机厂的 YZ-PC-001A，北京机械工业自动化研究所的 MPC-001/20、KB-20/40，杭州机床电器厂的 DKK02，天津中环自动化仪表公司的 DJK-S-84/86/480，上海自力电子设备厂的 KKI 系列，上海香岛机电制造有限公司的 ACMY-S80、ACMY-S256，无锡华光电子工业有限公司的 SR-10、SR-20/21 等。

5. 现代 PLC 控制技术

随着科学技术的发展，PLC 也正向着高集成度、小体积、大容量、高速度、易使用、高性能的方向发展。

（1）大容量、小体积、多功能

大型 PLC 的 I/O 点数可达 14336 点，采用 32 位微处理器、多 CPU 并行处理、大容量存储器、高速化扫描，可同时进行多任务操作，特别是增强了过程控制和数据处理功能。

（2）标准化的编程语言

PLC 的软硬件体系结构都是封闭的，为了使各厂商的 PLC 产品相互兼容，IEC 制定了可编程逻辑控制器标准（IEC 1131），其中 IEC 1131-3 是 PLC 的语言标准。该标准中有顺序功能图（SFC）、梯形图、功能块图、指令表和结构文本共五种编程语言，允许编程者在同一程序中使用多种编程语言。

目前，已有越来越多的工控产品厂商推出了符合 IEC 1131-3 标准的 PLC 指令系统或在个人计算机上运行的软件包。如三菱全系列可编程控制器的编程软件 GX Developer；西门子公司的 STEP7-Micro/WIN V4.0 编程软件给用户提供了两套指令集，一套指令集符合 IEC 1131-3 标准，另一套指令集（SIMATIC 指令集）中的大多数指令也符合 IEC 1131-3 标准。

（3）智能型 I/O 模块

智能型 I/O 模块是以微处理器和存储器为基础的功能部件，它们的 CPU 和 PLC 的主 CPU 并行工作，占用主 CPU 的时间很少，有利于提高 PLC 的扫描速度。智能型 I/O 模块本身就是一个小的微型计算机系统，有很强的信息处理能力和控制功能，有的模块甚至可以自成系统，单独工作。智能型 I/O 模块可以完成 PLC 主 CPU 难以兼顾的功能，简化某些控制领域的系统设计和编程，提高 PLC 的适应性和可靠性。

智能型 I/O 模块主要有模拟量 I/O、高速计数输入、中断输入、机械运动控制、热电偶输入、热电阻输入、条形码阅读器、多路 BCD 码输入/输出、模糊控制器、PID 回路控制、通信等模块。

（4）软件化 PLC 功能

目前已有很多厂商推出了在工业计算机上运行的可实现 PLC 功能的软件包，基于计算机的编程软件包正逐步取代编程器。随着计算机在工业控制现场中的广泛应用，与之配套的工业控制系统的组态软件也相应产生，利用这些软件可以方便地进行工业控制流程的实时和动态监控，完成各种复杂的控制功能，同时提高系统可靠性，节约控制系统的设计时间。

（5）现场总线型 PLC

使用现场总线后，自控系统的配线、安装、调试和维护等方面的费用可以节约 2/3 左右，而且，操作员可以在中央控制室实现远程控制，对现场设备进行参数调节，也可通过设备的自诊断功能寻找故障点。现场总线 I/O 与 PLC 可以组成廉价的 DCS, 现场总线控制系统将 DCS 的控制站功能分散给现场控制设备, 仅靠现场总线设备就可以实现自动控制的基本功能。

例如, 将电动调节阀及其驱动电路、输出特性补偿、PID 控制和运算、阀门自校验和自诊断功能集成在一起, 再配上温度变送器就可以组成一个闭环温度控制系统, 有的传感器也可植入 PID 控制功能。

1.3 PLC 系统的结构及工作原理

PLC 是一种以中央处理器为核心, 专门为工业环境下的电气自动化控制而设计的计算机控制装置。PLC 比普通计算机有着更强的 I/O 接口能力, 以及更能满足工业控制要求的编程语言和优良的抗干扰能力。尽管 PLC 种类繁多, 但和普通计算机相似, 都是由硬件和软件两大部分组成。PLC 硬件是软件发挥其功能的物质基础, PLC 软件则提供了发挥硬件功能的方法和手段。

1.3.1 PLC 的硬件结构

PLC 的硬件主要由中央处理器（CPU）、存储器、输入单元、输出单元、通信接口、扩展接口、电源等部分组成。其中, CPU 是 PLC 的核心, 输入/输出单元是 CPU 与现场输入/输出设备之间的接口电路, 通信接口主要用于连接编程器、上位计算机等外部设备。

整体式 PLC 的组成框图如图 1-7 所示; 模块式 PLC 的组成框图如图 1-8 所示。无论是哪种结构类型的 PLC, 都可根据用户需要进行配置与组合。

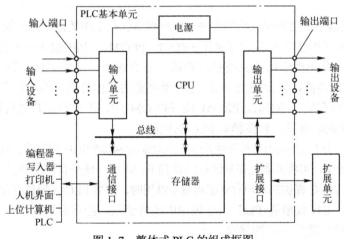

图 1-7 整体式 PLC 的组成框图

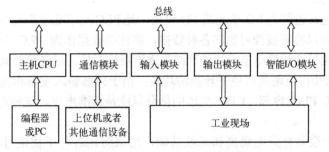

图 1-8 模块式 PLC 的组成框图

尽管整体式 PLC 与模块式 PLC 的结构不太一样, 但各部分的功能是相同的。

1. 中央处理单元

CPU 是 PLC 的核心, PLC 中所配置的 CPU 随机型不同而不同, 常用的 CPU 有三类: 通用微处理器、单片机（如 80C51、8096 等）和位片式微处理器（如 AMD29W 等）。

在实际应用中，小型 PLC 大多采用 8 位通用微处理器或单片机；中型 PLC 大多采用 16 位通用微处理器或单片机；而大型 PLC 大多采用高速位片式微处理器。

目前，小型 PLC 多为单 CPU 系统，而大、中型 PLC 则多为双 CPU 系统。对于双 CPU 系统，其中一个为字处理器，一般采用 8 位或 16 位处理器；另一个为位处理器，采用由各厂商设计制造的专用芯片。

字处理器为主处理器，用于实现与编程器连接、监视内部定时器和扫描时间、处理字节指令以及对系统总线和位处理器进行控制等。位处理器为从处理器，主要用于处理位操作指令和实现 PLC 编程语言向机器语言的转换。位处理器的使用提高了 PLC 的速度，使其能够更好地满足实时控制要求。

在 PLC 中，CPU 按系统程序赋予的功能，指挥 PLC 有条不紊地进行工作。CPU 的主要功能归纳如下：

1）接收从编程器输入的用户程序和数据。
2）诊断电源以及 PLC 内部电路的工作故障和编程中的语法错误等。
3）通过输入接口接收现场的状态或数据，并存入输入映像寄存器或数据寄存器中。
4）从存储器逐条读取用户程序，经过解释后执行。
5）根据执行的结果，更新有关标志位的状态和输出映像寄存器的内容，通过输出单元实现输出控制。

2. 存储器

PLC 中的存储器主要用来存放系统程序、用户程序以及工作数据。常用的存储器主要有可读/写操作的随机存储器（RAM）和只读存储器（ROM、PROM、EPROM 与 EEPROM）两类。

1）系统程序。系统程序用于完成系统诊断、命令解释、功能子程序调用、逻辑运算、通信及各种参数设定等功能，以及提供 PLC 运行所需要的工作环境。系统程序由 PLC 制造商编写，直接固化到只读存储器 ROM、PROM 或 EPROM 中，不允许用户进行访问和修改。系统程序和 PLC 的硬件组成有关，直接影响 PLC 的性能。

2）用户程序。用户程序是用户按照生产工艺的控制要求编制的应用程序，如果用户程序运行后一切正常，不需要改变，可将其固化在只读存储器 EPROM 中。现在有许多 PLC 直接采用 EEPROM 作为用户存储器。当PLC提供的用户存储器容量不够用时，许多 PLC 还提供有存储器扩展功能。

3）工作数据。工作数据是 PLC 运行过程中经常变化、经常存取的一些数据，一般将其存放在 RAM 中，以适应随机存取的要求。

3. 输入/输出单元

输入/输出单元通常也称为 I/O 单元或 I/O 模块，是 PLC 与工业生产现场之间连接的部件。PLC 通过输入单元可以检测被控对象的各种数据，将这些数据作为 PLC 对被控对象进行控制的依据，同时 PLC 也可通过输出单元将处理结果送给被控对象，以实现控制的目的。

I/O 单元内部的接口电路具有电平转换的功能，由于外部输入设备和输出设备所需的信号电平多种多样，而在 PLC 内部，CPU 处理的信息只能是标准电平，这种电平的差异要由 I/O 接口来完成转换。

I/O 接口电路一般具有光电隔离和滤波功能，用来防止各种干扰信号和高电压信号的进入，以免影响设备的可靠性或造成设备的损坏。

I/O 接口电路上通常还有状态指示，使得工作状况直观，方便用户维护。

PLC 还提供了多种操作电平和驱动能力的 I/O 单元供用户选用。I/O 单元的主要类型有数字量（开关量）输入、数字量（开关量）输出、模拟量输入、模拟量输出等。

(1) 开关量输入单元

常用的开关量输入单元按其使用的电源不同分为直流输入单元、交流输入单元、交/直流输入单元和传感器输入单元四种类型,其内部接口电路及外部输入开关信号接线如图 1-9 所示。

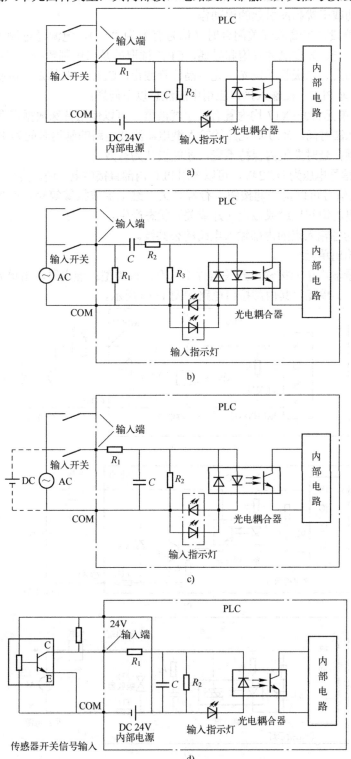

图 1-9 开关量输入单元内部接口电路及外部输入开关信号接线
a) 直流输入单元 b) 交流输入单元 c) 交/直流输入单元 d) 传感器输入(直流输入)单元

图 1-9 中，开关量输入单元设有光电耦合电路、RC 滤波电路、输入状态显示（指示灯）电路。直流输入、交流输入及交/直流输入接口电路都是通过光电耦合器把输入开关信号传递给 PLC 内部输入单元，从而实现输入电路与 PLC 内部电路之间的隔离。RC 滤波电路用于防止输入开关触点的抖动或干扰脉冲引起的误动作。

在输入采样阶段，当输入开关闭合时（信号有效为"1"），电源通过输入电路使光电耦合器的发光二极管发光、光电晶体管饱和导通，CPU 读取的是二进制数据"1"；当输入开关断开时，光电耦合器的发光二极管不发光、光电晶体管截止，CPU 读取的是二进制数据"0"。

对于 FX_{2N} 系列 PLC，在输入接口应用中应注意以下问题：

1）基本输入单元 X0～X17 均内置有数字滤波器，可以使用特殊数据寄存器 D8020 或应用指令 REFE 设置滤波时间。X20 单元开始输入继电器滤波电路的延迟时间为 10ms。因此，输入信号响应时间必须在延时期限内保持不变，才能被认为有效。

2）直流输入信号电压为 DC 24V，可以采用 PLC 内部直接供电，输入信号电流为 5～7mA。

3）输入开关信号可以是普通按钮、行程开关、继电器或报警等触点产生，也可以是传感器晶体管电路输出的饱和导通或截止（开或关）状态产生。

4）COM 端为各输入点的内部输入电路的公共端。

（2）开关量输出单元

常用的开关量输出单元按输出开关器件不同有三种类型：继电器输出单元、晶体管输出单元和双向晶闸管输出单元，其内部接口电路如图 1-10 所示。

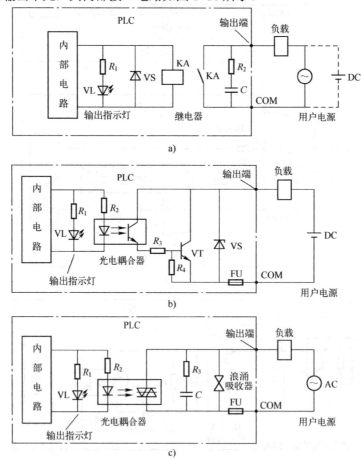

图 1-10 开关量输出单元内部接口电路
a) 继电器输出单元 b) 晶体管输出单元 c) 双向晶闸管输出单元

继电器输出单元可驱动交流或直流负载,但其响应速度慢,适用于动作频率低的负载;晶体管输出单元和双向晶闸管输出单元的响应速度快,工作频率高,前者仅用于驱动直流负载,后者多用于驱动交流负载。

由图 1-10 可以看出,每种输出电路都有隔离措施。继电器输出单元是利用继电器触点与线圈将 PLC 内部电路与外部负载电路进行电气隔离;晶体管输出单元是在 PLC 内部电路与输出光电晶体管之间实现光电隔离;双向晶闸管输出单元则是在 PLC 内部采用光触发晶闸管进行隔离,具有很强的抗干扰作用。

PLC 的外部负载通常是接触器、电磁阀、执行器、信号灯及相关驱动电路等,外部负载应符合 PLC 输出电路对电压、电流的要求。

对于 FX_{2N} 系列 PLC,在输出接口应用中应该注意以下问题:

1)输出点分为若干独立组,每一组的公共点分别为 COM1、COM2、COM3 等。各组可以根据不同的输出模块选择使用不同类型和不同电压的负载工作电源。

2)负载额定工作电压(外部电源)、电流应符合 PLC 的输出要求。在继电器输出时,应不大于 AC 240V/DC 30V、电阻负载每个输出点 2A、每公共点 8A;晶闸管输出时,负载额定工作电压为 AC 85～242V、电阻负载每个输出点额定工作电流为 0.3A、每公共点额定工作电流为 0.8A;晶体管输出时,负载额定工作电压为 DC 5～30V、电阻负载每个输出点额定工作电流为 0.5A、每 4 个点额定工作电流为 0.8A、每 8 个点额定工作电流为 1.6A。

3)在感性负载时,开关量输出单元的额定工作电压、电流分别为:继电器输出时为 80V·A/AC 220V;晶闸管输出时为 36V·A/AC 240V;晶体管输出时为 12W/DC 24V。

PLC 的 I/O 单元所能接收的输入信号个数和输出信号个数称为 PLC 输入/输出(I/O)点数。I/O 点数是选择 PLC 的重要依据之一,当系统的 I/O 点数不够时,可通过 PLC 的 I/O 扩展接口对系统进行扩展。

4. 通信接口

为了实现人机交互,PLC 配有各种通信接口。PLC 通过这些通信接口可与监视器、打印机以及其他的 PLC 或计算机等设备实现通信。

PLC 与打印机连接,可将过程信息、系统参数等输出打印;与监视器连接,可将控制过程图像显示出来;与其他 PLC 连接,可组成多机系统或连成网络,实现更大规模控制。与计算机连接,可组成多级分布式控制系统,实现控制与管理相结合。

远程 I/O 系统也必须配备相应的通信接口模块。

5. 智能接口模块

智能接口模块是一独立的计算机系统,有自己的 CPU、系统程序、存储器以及与 PLC 系统总线相连的接口。它作为 PLC 系统的一个模块,通过总线与 PLC 相连进行数据交换,并在 PLC 的协调管理下独立地进行工作。PLC 的智能接口模块种类很多,如高速计数模块、闭环控制模块、运动控制模块、中断控制模块等。

6. 编程装置

编程装置的作用是供用户编辑、调试、输入程序,也可在线监控 PLC 内部状态和参数,与 PLC 进行人机对话。编程装置是开发、应用、维护 PLC 不可缺少的工具。它可以是专用编程器,也可以是配有专用编程软件包的通用计算机系统。

专用编程器按结构可分为简易编程器和智能编程器两类。简易编程器体积小、价格低廉,它可以直接插在 PLC 的编程插座上,或者用专用电缆与 PLC 相连,以方便编程和调试。有些简易编程器带有存储盒,可用来存储用户程序,如三菱的 FX-20P-E 简易编程器。智能编程器又称图形编程器,本质上它是一台专用便携式计算机,如三菱的 GP-80FX-E 智能型编程器。它既可联机编程，又可脱机编程。

随着 PLC 产品的不断更新换代，目前广泛使用的 PLC 编程装置是在 PC（上位机）上编程，即配有 PLC 编程软件的个人计算机，用户只需在上位机安装 PLC 厂家提供的编程软件和相应的通信连接电缆，即可得到高性能的 PLC 程序开发系统。基于个人计算机的 PLC 集成开发系统功能强大，它既可以编制、修改 PLC 的梯形图程序，又可以监视系统运行、打印文件、系统仿真等，配上相应的软件还可实现数据采集和分析等功能。

7. 电源

PLC 配有开关电源，以供内部电路使用。与普通电源相比，PLC 电源的稳定性好、抗干扰能力强，对电网稳定度要求不高，一般允许电源电压在其额定值±15%的范围内波动。另外，许多 PLC 电源还能够向外提供 24V 直流电压，为外部位控开关或传感器供电。

8. 其他外部设备

除了以上所述的部件和设备外，PLC 还有许多外部设备，如 EPROM 写入器、外存储器、人/机接口装置等。

PLC 内部的半导体存储器称为内存储器，而把磁盘或用半导体存储器做成的存储盒等称为外存储器，用来存储 PLC 的用户程序。外存储器一般是通过编程器或其他智能模块提供的接口，实现与内存储器之间相互传送用户程序。

人/机接口装置用来实现操作员与 PLC 控制系统的对话。最简单、最普遍的人/机接口装置是安装在控制台上的按钮、转换开关、拨码开关、指示灯、LED 显示器、声光报警器等。对于 PLC 系统，还可采用半智能型 CRT 人/机接口装置和智能型终端人/机接口装置。半智能型 CRT 人/机接口装置可长期安装在控制台上，通过通信接口接收来自 PLC 的信息并在 CRT 上显示出来；而智能型终端人/机接口装置有自己的微处理器和存储器，能够与操作员快速交换信息，并通过通信接口与 PLC 相连，也可作为独立的节点接入 PLC 网络。

1.3.2 PLC 的软件及编程语言

在建立 PLC 硬件接口电路的基础上，软件就是实现控制功能的方法和手段。

PLC 的软件主要分为系统软件和用户程序两大部分。系统软件由 PLC 制造商编制，并固化在 PLC 内部 PROM 或 EPROM 中，随产品一起提供给用户，用于控制 PLC 自身的运行；用户程序是由用户编制、用于控制被控装置运行的程序。

1. 系统软件

系统软件又分为系统管理程序、编程软件和标准程序库。

1）系统管理程序是系统软件最重要的部分，是 PLC 运行的主管，具有运行管理、存储空间管理、时间控制和系统自检等功能。其中，存储空间管理是指生成用户程序运行环境，规定输入/输出、内部参数的存储地址及大小等；时间控制主要是对 PLC 的输入采样、运算、输出处理、内部处理和通信等工作的时序实现扫描运行的时间管理；系统自检是对 PLC 的各部分进行状态检测，及时报错和警戒运行时钟等，确保各部分能正常有效地工作。

2）编程软件是一种用于编写应用程序的工具，具有编辑、编译、检查、修改、仿真等功能。FX 系列 PLC 常用的编程软件是 GX Developer 集成开发软件。

3）标准程序库由许多独立的程序块组成，包括输入、输出、通信等特殊运算和处理程序，如信息读/写程序等，各个程序块能实现不同的功能，PLC 的各种具体工作都是由这部分程序完成的。

2. 用户程序

用户程序是指用户根据工艺生产过程的控制要求，按照使用的 PLC 所规定的编程语言或指令系统编写的应用程序。用户程序除了 PLC 的控制逻辑程序外,对于需要操作界面的系统还包括界面应用程序。

用户程序的编制可以使用编程软件在计算机或者其他专用编程设备上进行,也可使用手持编程器。用户程序常采用梯形图、助记符等方法编写。用户程序必须经编程软件编译成目标程序后,下载到 PLC 的存储器中进行调试。

3. PLC 的编程语言

目前,PLC 的硬件、软件还没有统一标准,不同 PLC 厂商都针对自己的产品开发了不同的编程语言,并且大多数不兼容。但 IEC 于 1994 年规定了 PLC 的标准编程语言为梯形图、指令表、顺序功能图、功能模块图和结构化语句五种。下面分别说明本书使用的梯形图、指令表及顺序功能图编程语言。

(1) 梯形图(ladder diagram,LD)编程语言

梯形图编程语言是 PLC 最常用的一种程序设计语言。

梯形图编程语言来源于对继电器逻辑控制系统的描述。梯形图与继电器控制系统的电路图很相似,具有直观易懂的优点,很容易被熟悉继电器控制的电气人员掌握。将继电器控制电路转换为 FX 系列 PLC 梯形图控制程序如图 1-11 所示。

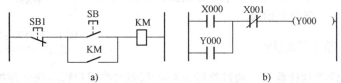

图 1-11 将继电器控制电路转换为 FX 系列 PLC 梯形图控制程序
a) 继电器控制电路 b) 梯形图控制程序

梯形图编程语言具有以下特点:

1) 与电气操作原理图相对应,具有直观性和对应性。
2) 与原有继电器逻辑控制技术相一致,对电气技术人员来说,易于学习和掌握。
3) 与原有继电器逻辑控制技术的不同点是,梯形图中的能流(power flow)不是实际意义的电流,内部继电器也不是实际存在的继电器,在应用时要与原有继电器逻辑控制技术的有关概念相区别。
4) 与指令表编程语言有一一对应关系,便于相互转换和程序检查。

(2) 指令表(instruction list)编程语言

指令表编程语言用助记符来表示操作功能,如图 1-12 所示。任何梯形图程序都有一一对应的指令表语句,其实现的功能完全相同。

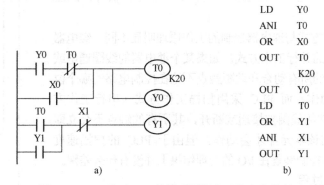

图 1-12 FX 系列 PLC 的梯形图程序及指令表编程
a) 梯形图程序 b) 指令表编程

指令表编程语言采用助记符来表示操作功能，具有容易记忆、便于掌握的特点。

（3）顺序功能图（sequential function chart，SFC）编程语言

顺序功能图编程语言又称功能表图或状态转移图编程语言，是近年发展起来的一种编程语言。它是将一个完整的控制过程分为若干个状态，每个状态都有不同的任务，状态间的转移有一定条件，只要条件满足就实现状态转移。图1-13为FX_{2N}系列PLC控制组合机床动力头进给运动的顺序功能图。

顺序功能图编程语言的特点如下：

1）以功能为主线，条理清楚，便于对程序操作的理解和沟通。

2）对大型程序可分工设计，采用较为灵活的程序结构，可节省程序设计时间和调试时间。

3）常用于系统的规模较大、程序关系较复杂的场合。

4）只有在活动步的命令和操作被执行时，PLC才对活动步后的程序段进行扫描。因此，整个程序的扫描时间较采用其他方法编制的程序要大大缩短。

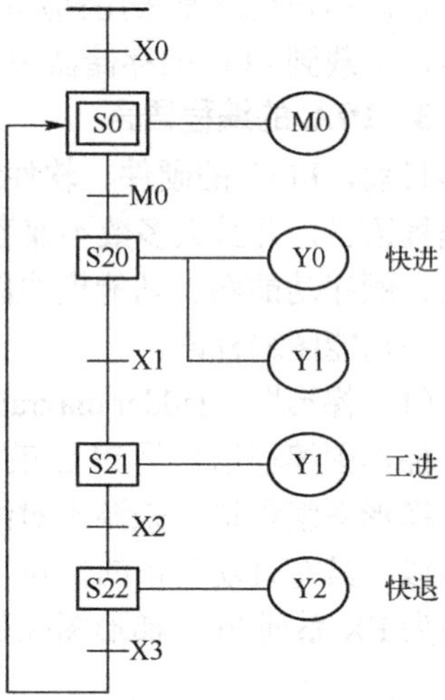

图1-13 FX_{2N}系列PLC控制组合机床动力头进给运动的顺序功能图

1.3.3 PLC的扫描工作原理

PLC是专用工业控制计算机，通过执行反映控制要求的用户程序来实现控制。

PLC按集中输入、集中输出、周期性循环扫描的方式进行工作。PLC的CPU以分时操作系统方式处理各项任务，每一瞬间只能做一件事情，程序的执行是以串行工作方式依次完成相应软元件的控制动作，以循环扫描工作方式周而复始地工作。

1. PLC的扫描工作方式

PLC是通过反映控制要求的用户程序来执行相应的操作，从而完成控制任务的。CPU只能按分时操作（串行工作）方式，每次执行一个操作，按程序要求逐个执行。由于CPU的运算处理速度很快，所以从宏观上来看，PLC外部出现的结果似乎是同时（并行）完成的。这种串行工作过程称为PLC的扫描工作方式。

扫描工作方式在执行用户程序时，从程序的第一条指令开始扫描执行，在无中断或跳转控制的情况下，按程序存储顺序的先后逐条执行。在程序执行完后，再回到第一条指令开始扫描执行，周而复始重复运行。

PLC的扫描工作方式与继电器控制的工作原理明显不同。继电器控制装置采用硬逻辑的并行工作方式，如果某个继电器的线圈通电或断电，那么该继电器的所有动合和动断触点不论在控制电路的哪个位置，都会立即同时动作。而PLC采用扫描工作方式（串行工作方式），如果某个软元件的线圈被接通或断开，其所有的触点不会立即动作，必须等扫描到该软元件才会动作。但由于PLC的扫描速度快，通常PLC与电器控制装置在I/O的处理结果上并没有什么差别。

2. PLC的扫描过程

PLC的扫描工作流程如图1-14所示。

整个扫描工作过程主要包括内部处理、通信服务、输入采样、

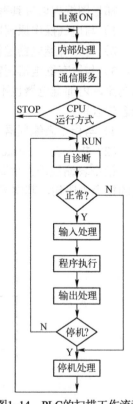

图1-14 PLC的扫描工作流程

程序执行和输出刷新五个阶段。整个过程扫描执行一遍所需的时间称为扫描周期。扫描周期与 CPU 运行速度、PLC 硬件配置及用户程序长短有关，典型值为 1~100ms。

在内部处理阶段，进行 PLC 自检，检查内部硬件是否正常，对监视定时器（WDT）复位以及完成其他内部处理工作。

在通信服务阶段，PLC 与上位机或其他智能装置实现通信，响应编程器键入的命令，更新编程器的显示内容等。

当 PLC 处于停止（STOP）状态时，仅完成内部处理和通信服务工作。当 PLC 处于运行（RUN）状态时，除完成内部处理和通信服务工作外，还要完成输入采样、程序执行、输出刷新工作。

PLC 的扫描工作方式简单直观，便于程序设计，并为其可靠运行提供了保障。当 PLC 扫描到的指令被执行后，其结果马上就被后面将要扫描到的指令所利用，而且还可通过 CPU 内部设置的监视定时器来监视每次扫描是否超过规定时间，避免由于 CPU 内部故障使程序执行进入无限循环。

1.3.4 PLC 执行程序的过程及特点

PLC 执行程序的过程包括输入采样阶段、用户程序执行阶段和输出刷新阶段，如图 1-15 所示。在整个运行期间，PLC 的 CPU 以一定的扫描速度重复执行上述三个阶段。

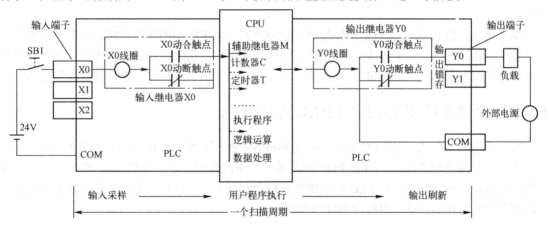

图 1-15　PLC 执行程序的过程

1. 输入采样阶段

在输入采样阶段，PLC 以扫描方式依次读入所有输入信息，并将它们存入并刷新 I/O 映像存储区内对应的输入映像寄存器（也称输入继电器）。PLC 中的编程元件都有对应的映像存储区。

在输入处理阶段，PLC 把所有外部输入电路的状态读入输入映像寄存器。当外部的输入端子接通时，对应的输入映像寄存器就为 1，梯形图中对应的输入继电器的输入触点就产生动作，即动合触点闭合、动断触点断开。当外部的输入端子断开时，对应的输入映像寄存器就为 0，梯形图中对应的输入继电器的触点就复位，即动合触点断开、动断触点闭合。

必须指出，只有在输入采样阶段，输入映像寄存器的内容才与输入信号一致，而在输入采样结束后，转入用户程序执行和输出刷新两个阶段中，即使输入状态和数据发生变化，I/O 映像区中的相应单元的状态和数据也不会改变。因此，如果输入是脉冲信号，则该脉冲信号的宽度必须大于一个扫描周期，才能保证在任何情况下，该输入信号均能被读入。

2. 用户程序执行阶段

在用户程序执行阶段，PLC 总是按由上而下的顺序依次扫描用户程序（梯形图）。在扫描每一行程序时，按先左后右、先上后下的顺序进行扫描，并对由触点构成的控制电路进行逻辑运算，然后根据逻辑运算的结果，刷新该行逻辑线圈、输出线圈及系统相应存储区中对应位的状态，或者确定是否要执行该行所控制的应用指令及特殊功能指令。

在用户程序执行过程中，只有输入点在 I/O 映像区内的状态和数据不会发生变化，而其他输出点和软元件在 I/O 映像区或系统 RAM 存储区内的状态和数据都有可能发生变化。

根据扫描工作方式的特点，排在上面的梯形图程序的执行结果（逻辑线圈的状态或数据），在需要时会对其后面的梯形图起作用；相反，排在下面的梯形图程序的执行结果，只能在下一个扫描周期才能对其上面的程序起作用。

3．输出刷新阶段

每一次扫描用户程序结束后，PLC 就进入输出刷新阶段。在此期间，CPU 按照程序执行后的数据刷新 I/O 映像存储区内对应的输出映像寄存器（也称输出继电器），并转存锁存电路，再经输出电路端口驱动相应的外设。

在输出刷新阶段，CPU 将输出映像寄存器的状态传送到输出锁存器。在 PLC 为继电器输出时，梯形图中的输出线圈通电，对应的输出映像寄存器状态就为 1（ON），其信号经过相关处理（隔离、放大等）后，继电器输出模块中对应的硬件继电器线圈通电，其动合触点闭合，外部负载通电工作。当梯形图中的输出线圈断电时，对应的输出映像寄存器状态变为 0（OFF），继电器输出模块中对应的硬件继电器线圈断电，其动合触点复位，外部负载断电，停止工作。

综上所述，PLC 采用了周期循环扫描、集中输入、集中输出的工作方式，具有可靠性高、抗干扰能力强等优点，但 PLC 的串行扫描方式、输入接口的信号传递延迟、输出接口中驱动器件的延迟等原因也造成了 PLC 的响应滞后，不过对于一般的工业控制，这种滞后可以忽略。

1.4 一个简单的 FX_{2N} 系列 PLC 应用示例

PLC 所独有的特点，使 PLC 可以方便地构成各种控制系统，实现对被控对象的控制。

为了从整体上初步认识、领会 PLC 应用系统，下面介绍一个十分简单的 PLC 应用的开发过程，以使读者初步建立一个 PLC 应用的整体概念和基本知识结构（示例中所涉及的有关软、硬件方面的内容在后续章节中将分别详细介绍）。

1．系统控制要求

使用 PLC 实现最简单的三相电动机自锁起动、停止控制。

2．总体设计

根据系统控制要求，只需要通过 PLC 实现简单的输入/输出接口控制即可。这里选择 FX_{2N} 系列 PLC 的简单机型，其基本单元为 FX_{2N}-32MR-001。

3．I/O 资源分配

PLC 系统设计时，I/O 资源分配非常重要。资源规划的好坏，将直接影响系统软件的设计质量。根据系统控制要求，I/O 资源分配见表 1-1。

表 1-1 I/O 资源分配

名 称	代 码	地 址	说 明
起动按钮	SB1	X0	电动机转动控制
停止按钮	SB2	X1	电动机停止控制
控制继电器 1	KM	Y0	电动机转动（指示灯亮）

4. 控制系统接线图

简单的三相电动机自锁起动控制电路如图 1-16 所示。其中，图 1-16a 为主电路，图 1-16b 为 PLC 控制电路，图 1-16c 为指示灯显示电路。

PLC 的输入开关量 X0、X1 检测来自按钮 SB1 和 SB2 的输入信号，PLC 的输出开关量 Y0 用于驱动外部控制接触器 KM，通过 KM 的动合触点控制主电路三相异步电动机起动和停止。为安全起见，一般实验电路只需要根据指示灯显示来判断电路逻辑关系是否正确。

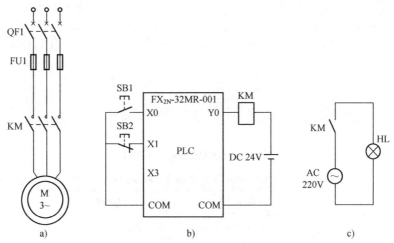

图 1-16 简单的三相电动机自锁起动控制电路
a) 主电路　b) PLC 控制电路　c) 指示灯显示电路

5. 软件设计

所谓软件设计，就是结合 PLC 控制电路编写控制程序。

图 1-16 对应的梯形图程序如图 1-17 所示。其中，起动按钮 SB1 控制输入继电器 X0，其梯形图中 X0 为动合触点；停止按钮 SB2（动断）控制输入继电器 X1，由于在 SB2 未按下时（导通状态）要求输入继电器 X1 为 ON，故梯形图中 X1 也为动合触点；输出继电器 Y0 控制接触器 KM。

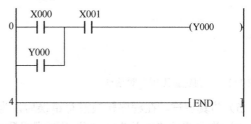

图 1-17 简单的三相电动机自锁起动控制电路梯形图程序

需要说明的是，本书对于 PLC 的输入或输出点的编号（编址），在文档描述或编制程序时采用简化格式，如 X0 或 Y0；对编程软件中直接截图的程序则保留原来的格式，如 X000 或 Y000。

6. 编辑、仿真调试及下载程序

三菱全系列 PLC 的集成开发 GX Developer 软件集成了项目管理、程序编辑、编译链接、模拟仿真、程序调试和 PLC 通信等功能。其操作过程简述如下（具体操作方法见 3.5 节）。

1）在已经成功安装 GX Developer 软件的计算机中，选择程序菜单 "MELSOFT 应用程序" → "GX Developer"，进入 GX Developer 开发环境，如图 1-18 所示。

2）单击菜单 "工程" → "创建新工程" 命令，弹出 "创建新工程" 对话框，如图 1-19 所示。输入信息后单击 "确定" 按钮，进入程序编辑窗口。

3）在程序编辑窗口输入梯形图程序，保存工程，如图 1-20 所示。

4）程序转换。所谓转换，就是把编写的梯形图程序编译成 PLC 微处理器能识别和处理的目标语言。可以使用快捷键〈F4〉对梯形图进行程序转换。

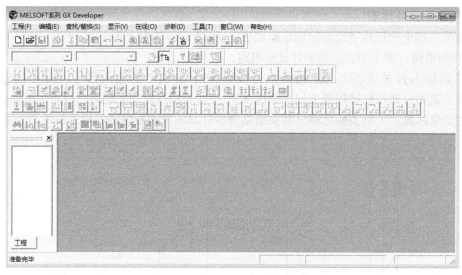

图 1-18 GX Developer 主窗口

图 1-19 "创建新工程"对话框　　　　图 1-20 编辑梯形图程序

5）仿真调试。在程序转换没有错误后，为保证系统设计正确，可以进行仿真调试。

① 单击菜单"工具"→"梯形图逻辑测试"命令，弹出仿真对话框，同时将程序写入虚拟 FX_{2N} 系列 PLC 中。

② 单击仿真对话框菜单"起动"→"继电器内存监视"，在弹出窗口单击"软元件"→"位软元件窗口"，分别打开软元件输入继电器"X"和输出继电器"Y"。

③ 单击输入继电器相应地址 X0（表示按下动合按钮 SB1，动合触点 X0 导通）和 X1（表示未按下动断按钮 SB2，动断触点 X1 导通），其地址编号变为黄色时，则 Y0 为 ON 同时变为黄色，仿真起动电动机，仿真调试结果如图 1-21 所示。

6）仿真调试成功后，将 FX_{2N} 面板上的开关由 RUN 拨向 STOP 状态，将程序下载到 PLC 中。

7．程序运行调试

完成以上操作后，将 FX_{2N} 面板上的开关由 STOP 拨向 RUN 状态，根据梯形图程序工作原理，对 PLC 进行以下运行调试：

1）程序初始状态。SB1 断开，X0 为 OFF，动合触点 X0 断开；SB2 闭合，X1 为 ON，动合触点 X1 闭合；Y0 为 OFF，KM 不得电，指示灯灭。

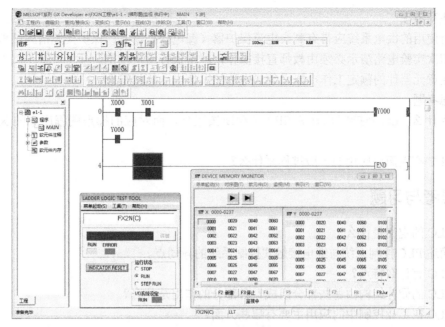

图 1-21 仿真调试结果

2）按下 SB1（闭合），X0 为 ON，动合触点 X0 闭合，Y0 为 ON，KM 得电，动合触点 Y0 闭合电路自锁，此时即使 SB1 断开，Y0 仍然为 ON，指示灯亮。

3）按下 SB2（断开），Y0 为 OFF，KM 失电，动合触点 Y0 复位（断开），指示灯灭。

1.5 实验：PLC 简单应用示例演示

1. 实验目的

1）了解 PLC 的应用领域及特点。

2）初步认识 PLC 简单的应用过程，建立学习、应用 PLC 的自信心。

2. 实验内容

1）熟悉 PLC 的实验环境或实训设备（台）及操作。

2）将 1.4 节的电动机自锁起动的控制程序在 PLC 上实现，演示其开关、继电器与 PLC 的连接、梯形图编辑、转换（编译）、仿真及调试运行。

3. 实验设备及元器件

1）安装有 FX 系列 PLC 编程软件 GX Developer 的 PC。

2）FX_{2N} 系列 PLC 实验工作台或 FX_{2N} 系列 PLC 基本单元。

3）编程通信电缆。

4）开关、继电器、导线等必备器件。

4. 实验步骤

1）明确实验要求，按图 1-16b 在 FX_{2N} 系列 PLC 上连接输入信号控制电路，用 PLC 输出指示灯替代接触器或电动机工作状态（为安全起见，建议仅做控制电路部分）。

2）在三菱全系列 PLC 的集成开发 GX Developer 软件中输入、编辑图 1-17 梯形图程序，变换（编译）成功后进行仿真，仿真成功后将程序下载到 PLC 中（操作过程见 3.5 节）。

3）在 PLC 运行状态下，按下按钮 SB1 后抬起，观察电路工作状态；按下按钮 SB2 后抬起，观察电路工作状态。

5. 注意事项

1）所使用的供电系统应带有剩余电流保护器（漏电保护器），保护接地措施可靠。
2）初次实验电路演示必须由教师直接操作，严格执行用电规范。
3）注意元器件的额定工作电压必须与电路的工作电压值相符合。

6. 思考题

1）为什么 PLC 外接停止开关 SB2 是动断按钮时，而对应的梯形图程序中的 X1 是动合触点？
2）PLC 实现简单应用的一般过程是什么？

1.6 思考与习题

1. PLC 的定义是什么？
2. 简述 PLC 控制系统与继电接触式控制系统的异同点。
3. PLC 有什么特点？
4. PLC 的硬件结构由哪些部分组成？各部分的作用是什么？
5. PLC 在工业控制中的应用主要有哪些方面？
6. 简述 PLC 开关量输入单元的工作原理。
7. 常用的开关量输出单元按输出开关器件不同有几种类型？指出其应用场合。
8. 在 PLC 开关量输出接口电路中，应注意哪些方面的问题？
9. 简述 PLC 的扫描工作周期及其特点，扫描周期对输入开关有效信号在时间上有什么要求？
10. PLC 扫描工作周期的执行过程与一般计算机（单片机）的工作过程有何不同？
11. PLC 的常用编程语言有哪几种？
12. 简述简单的 PLC 应用示例上机操作过程。

第2章 FX$_{2N}$系列PLC（含升级产品）硬件及编程资源

FX$_{2N}$系列PLC及第3代升级产品FX$_{3U}$系列PLC，它们具有良好的可扩展性及强大的指令集。FX$_{3U}$系列PLC可以作为FX$_{2N}$系列PLC的替代产品，两者的价格基本相同。

FX$_{2N}$系列PLC及其升级产品（以下简称FX$_{2N}$系列PLC）是FX系列PLC中的高性能标准微型PLC，该系列PLC功能强大、系统设计紧凑、软硬件兼容性好，使用方便、应用灵活、性价比高，在我国有着广泛和稳定的应用市场。

本章从应用出发，详细介绍了FX$_{2N}$系列PLC及其升级产品的硬件结构、系统配置、技术指标、端口接线、编程资源及编址等基本知识，引导读者熟悉和掌握PLC硬件系统的应用技能，为编写PLC应用程序、建立PLC控制系统打下基础。

2.1 FX$_{2N}$系列PLC的硬件体系

PLC硬件体系是PLC应用系统的物质基础。PLC硬件体系包括PLC硬件结构、产品选择、硬件配置、CPU编程资源及外部输入/输出接口（接线）等。一个完整的PLC应用系统，是建立在硬件基础上的程序控制系统。

2.1.1 FX$_{2N}$系列PLC的硬件特征

FX$_{2N}$系列PLC的硬件功能强大，组建系统灵活，具有以下特征。

1. 功能强大

FX$_{2N}$系列PLC的基本指令执行速度高达0.08μs，远远超过很多大型PLC，用户储存的容量可扩展到16K步，最大可扩展到256个I/O点，配置有模拟量输入/输出模块、高速计数器模块、脉冲输出模块、位置定位模块、多种RS-232C/RS-422/RS-485串行通信模块或扩展板，以及模拟定时器功能扩展板。使用特殊功能模块和功能扩展板，FX$_{2N}$系列PLC可以实现模拟量控制、位置控制以及联网通信等功能。

2. 编程资源丰富

FX$_{2N}$系列PLC具有丰富的编程资源，有3000多点辅助寄存器、1000多点状态继电器、200多点定时器、200点16位加计数器、30多点32位加减计数器、800多点数据寄存器、128点跳步指针和15点中断指针。

3. 完善的指令系统

FX$_{2N}$系列PLC除了具有基本的逻辑控制指令外，还具有128种应用指令，包括中断输入处理、修改输入滤波时间常数、数学运算、数据排序、PID运算、三角函数运算、脉冲输出、脉宽调制、BCD码与BIN转换和数据传送等应用指令。

4. 配置灵活、适应性强

FX$_{2N}$系列PLC系统配置灵活，配备有多种基本单元、扩展单元、扩展模块及特殊功能模块，基本单元都可以进行功能（模块化）扩展，连接输入/输出扩展模块和特殊功能模块，以组成不同I/O点和不同功能的控制系统。由于FX$_{2N}$系列PLC的基本单元采用整体式结构，其硬件配置又像模块式PLC那样灵活，各单元或模块的价格有很大的差别，因此，可以组合成性价比更高的PLC控制系统。

5. 使用操作方便

FX$_{2N}$系列 PLC 的基本单元功能完整、使用方便，内置有高速计数器，具有输入/输出刷新、中断、输入滤波时间调整、恒定扫描时间等功能；具有可用来修改定时器、计数器的设定值和数据寄存器数据的多种规格的数据存取单元；具有可直接控制步进电动机、伺服电动机及温度模拟量的脉冲宽度调制输出端口；可设置 8 位数字密码，用于保护用户程序；内置实时时钟，设置有 RUN/STOP 开关供用户操作；内置的 DC 24V 电源可作输入回路的电源和传感器的工作电源。

6. 体积小

FX$_{2N}$系列 PLC 吸收了整体式和模块式 PLC 的优点，它的基本单元、扩展单元和扩展模块的高度为 90mm，深度为 60～87mm，相当于一张卡片大小，很适合在机电一体化产品中使用。

7. 外部接线简单

FX$_{2N}$系列 PLC 的基本单元和扩展单元组建方便，各单元（模块）之间用扁平电缆插接式的接线端子排连接，紧密拼装后组成一个整齐的长方体。实现各项功能方法简单、快捷。基本单元输入回路的工作电源电压为 DC 24V，一般具有相同的输出工作方式和外部设备接线方式。

8. 网络通信便捷

功能扩展板用来扩展 RS-232C、RS-485、RS-422 接口，可以方便地实现与计算机的链接通信、PLC 对 PLC 的 N：N 链接通信；可实现 CC-Link、CC-Link/LT 和 MELSEC-I/ODE1 的链接通信。

2.1.2 FX$_{2N}$系列 PLC 的硬件体系结构

FX$_{2N}$系列 PLC 采用整体性结构形式，硬件系统主要包括基本单元（主机）、扩展单元、扩展模块、功能扩展板和特殊适配器等，以及相关设备和编程工具供用户选择使用。

1. FX$_{2N}$系列 PLC 的硬件组成

FX$_{2N}$系列 PLC 的硬件组成如图 2-1 所示。

（1）基本单元（主机）

FX$_{2N}$系列 PLC 的基本单元是一个功能强大的整体式 PLC，它集成了微处理器（CPU）、集成电源、RAM、EEPROM、输入/输出（I/O）接口电路及扩展接口等，被封装在一个紧凑的小型外壳内。其中，CPU 是基本单元的核心部件，负责执行程序。

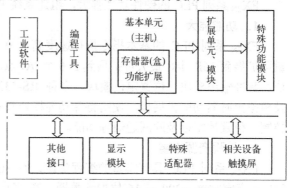

图 2-1　FX$_{2N}$系列 PLC 的硬件组成

FX$_{2N}$系列 PLC 基本单元 I/O 点分别为 8/8 点、16/16 点、24/24 点、32/32 点、40/40 点、64/64 点，一般为直流输入或交流输入，有继电器输出、晶体管输出和双向晶闸管（负载为交流电源）输出三种形式。

基本单元可以通过扁平通信电缆连接各种扩展设备。

（2）扩展单元

扩展单元主要实现输入/输出端口扩展，最大点数为 256，内置工作电源，附带通信电缆，扩展单元必须和基本单元一起使用。

（3）扩展模块

扩展模块与扩展单元基本相同，其主要区别是输入/输出扩展模块无内置电源，需要从基本单元或扩展单元获得电源供给。

（4）特殊功能模块

特殊功能模块主要有模拟量输入/输出模块、热电阻/热电偶传感器输入模块、高速计数器模块、脉冲输出模块、定位单元模块及数据通信模块等。特殊功能模块内置连接电缆，必须和基本单元一起使用，最多可扩展连接8个特殊功能模块。

(5) 功能扩展板

功能扩展板可以内置在基本单元中，不占用输入/输出点数。基本单元内可以安装一块功能扩展板。

(6) 特殊适配器

特殊适配器是指从基本单元获得电源供给的特殊功能扩展，内置连接电缆，不占用I/O点。

(7) 存储器（盒）

存储器（盒）用来扩展存储器（EEPROM、RAM、EPROM）容量，安装在基本单元内（可以内置一块），写入次数可在10000次以上。

2. FX$_{2N}$系列PLC的硬件扩展

在FX$_{2N}$系列PLC基本单元资源不能满足系统功能时，根据系统需要可以进行硬件扩展。

FX$_{2N}$系列PLC的基本单元可以扩展I/O单元及模块、特殊功能模块、功能扩展板、特殊适配器、存储器（盒），其硬件配置实物图如图2-2所示。

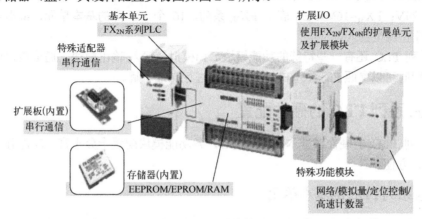

图2-2 FX$_{2N}$系列PLC的硬件配置实物图

2.1.3 FX$_{2N}$系列PLC的产品型号

FX系列（含FX$_{2N}$系列）PLC的型号定义格式如图2-3所示。

图2-3中的各部分含义如下：

①表示子系列名称。

②表示有效数字（2位），即开关量输入/输出的总点数（4～128）。对于FX$_{2N}$系列PLC，其输入点数与输出点数一致。

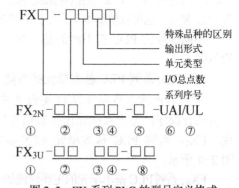

图2-3 FX系列PLC的型号定义格式

③表示单元类型。M为基本单元，E为输入/输出扩展单元（含24V电源），EX为输入扩展模块，EY为输出扩展模块。

④表示输出类型。R为继电器输出形式，T为晶体管输出形式，S为双向晶闸管输出形式。

⑤为规格特性。默认表示AC日本标准；D表示DC 24V日本标准；DS表示DC 24V国际标准；DSS表示DC 24V国际标准，DC为晶体管源极；ES表示交流电源国际标准，DC为晶体管漏极；ESS表示交流电源国际标准，DC为晶体管源极；UAI表示交流电源，交流输入。

特殊品种表示连接形式，T为FX$_{2NC}$的端子排列方式；LT（-2）为内置于FX$_{3UC}$的CC-

Link/LT 主站功能等。

⑥为特殊品种，表示工作电源、输入及输出方式。D 表示 DC 电源、漏型输入和输出；E 表示 AC 电源、漏型输入和输出；UAI 表示 AC 电源、AC 输入；无标记为 AC 电源、漏型输出等。

⑦表示规格，即符合 UL 规格产品。

⑧为特殊品种，表示工作电源、输入及输出方式（FX$_{3U}$）。D 表示 DC 电源、漏型输入和输出；ES 表示 AC 电源、漏型/源型输入等。

表示特殊品种的区别：D 为直流电源，直流输出；A 为交流电源，交流输出或交流输出模块；V 为立式端子排的扩展模块；C 为插口输入/输出方式；F 为输入滤波时间常数为 1ms 的扩展模块；L 为 TTL 输入扩展模块；S 为独立端子扩展模块；H 为大电流输入扩展模块；F 为输入滤波时间常数为 1ms 的扩展模块。

如果特殊品种一项无符号，则表示 AC 电源、DC 输入、横式端子排、标准输出（继电器输出为 2A/点，晶体管输出为 0.5A/点，双向晶闸管输出为 0.3A/点）。

例如，FX$_{2N}$-32MT-D 表示 FX$_{2N}$ 系列，32 个 I/O 点的基本单元，晶体管输出（0.5A）型，电源为直流 24V；FX$_{2N}$-48MR-D 表示 FX$_{2N}$ 系列，有 48 个 I/O 点的基本单元，继电器输出型，电源为直流 24V；FX$_{3U}$-16MR-ES 表示 FX$_{3U}$ 系列，16 个 I/O 点的基本单元，继电器输出型，AC 电源，漏型/源型输入。

FX$_{2N}$ 系列 PLC 还有一些特殊的功能模块，如模拟量输入/输出模块、通信接口模块及外围设备等，使用时可以参照 FX 系列 PLC 产品手册进行详细了解。

2.2 FX$_{2N}$ 系列 PLC 的硬件配置

FX$_{2N}$ 系列 PLC 的硬件以基本单元为核心，各功能模块配置十分丰富，功能强大，组合硬件系统灵活、方便。

2.2.1 FX$_{2N}$ 系列 PLC 的基本单元

FX$_{2N}$ 系列 PLC 的基本单元采用一体化箱体结构，内部包括 CPU、存储器、输入/输出模块、通信接口、扩展接口等。PLC 的指令系统通过基本单元识别、处理后发出执行命令。基本单元可以独立作为 PLC 使用，也可以以基本单元为核心链接扩展单元等其他模块，组成更强大的 PLC 控制系统。

不同型号的 PLC 有不同的基本单元，同一系列 PLC 的基本单元主要是输入/输出端口数量的不同。

1. FX$_{2N}$ 系列 PLC 基本单元的性能

基本单元输入点用于从现场设备中采集信号，CPU 负责执行程序，输出点则输出控制信号，用于驱动外部负载。FX$_{2N}$ 系列 PLC 基本单元（FX$_{2N}$-32MR）的外形如图 2-4 所示。

FX$_{2N}$ 系列 PLC 基本单元的主要性能如下：

1）功能强大、速度快、微型 PLC。FX$_{2N}$ 系列 PLC 的基本指令执行速度高达 0.08μs/指令，远远超过很多大型 PLC。

2）用户储存的容量可扩展到 16K 步，用户程序可以在 RUN（程序运行）时写入，最大可扩展到 256 个 I/O 点。

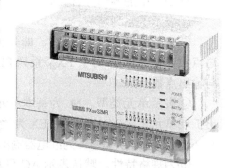

图 2-4 FX$_{2N}$ 系列 PLC 基本单元（FX$_{2N}$-32MR）的外形

3）输入性能。输入信号电压为 DC 24V，输入信号电流为 7mA（X0~X7），其余输入点信号电流为 5mA（X10~…）；输入响应时间为 10ms。

4）输出性能。

继电器输出：外部电源最大为 AC 250V、DC 30V；电阻负载最大电流为 2A/1 点、8A/4 点（共 COM）、8A/8 点（共 COM）；感性负载为 80V·A。

晶体管输出：外部电源为 DC 5～30V；最大电流为 0.5A/1 点（Y000、Y001 为 0.3A/点）、0.8A/4 点、1.6A/8 点（共 COM）。

双向晶闸管输出：外部电源为 AC 85～242V；最大电流为 0.3A/1 点、0.8A/4 点（共 COM）。

5）多种 RS-232C/RS-422/RS-485 串行通信模块或扩展板、联网通信等功能。

6）有 3072 点辅助寄存器、1000 点状态继电器、256 点 16 位定时器、200 点 16 位加计数器、35 点 32 位加减计数器、8000 点 16 位数据寄存器、128 点跳步指针和 15 点中断指针。

7）具有较强的数学指令集，使用 32 位处理浮点数。

8）FX_{2N} 系列 PLC 具有基本的逻辑控制指令和 128 种应用指令，具有中断输入处理、修改输入滤波时间常数、数学运算、数据排序、PID 运算、三角函数运算、脉冲输出、脉宽调制、BCD 码与 BIN 转换和数据传送等功能。

FX_{2N} 系列 PLC 基本单元有 FX_{2N}-32××、FX_{2N}-48××、FX_{2N}-64××、FX_{2N}-80×× 和 FX_{2N}-128××，其中×× 表示输出形式。当××=MR 时为继电器输出；××=MS 时为晶体管输出；××=MT 时为双向晶闸管输出。同一系列 PLC 的基本单元的主要区别是 I/O 点数有所不同，见表 2-1，其中型号后面增加的 001 表示国内市场专用、交流电源输入，电源范围为 AC 100～240V。

表 2-1 FX_{2N} 系列 PLC 的基本单元

型 号			输入点数（DC 24V）	输出点数	扩展模块可用点数
继电器输出	晶闸管输出	晶体管输出			
FX_{2N}-16MR-001	FX_{2N}-16MS	FX_{2N}-16MT	8	8	24～32
FX_{2N}-32MR-001	FX_{2N}-32MS	FX_{2N}-32MT	16	16	24～32
FX_{2N}-48MR-001	FX_{2N}-48MS	FX_{2N}-48MT	24	24	48～64
FX_{2N}-64MR-001	FX_{2N}-64MS	FX_{2N}-64MT	32	32	48～64
FX2N-80MR-001	FX_{2N}-80MS	FX_{2N}-80MT	40	40	48～64
FX_{2N}-128MR-001		FX_{2N}-128MT	64	64	48～64

2. 基本单元的外部功能

FX_{2N} 系列 PLC 基本单元的外部功能示意如图 2-5 所示。

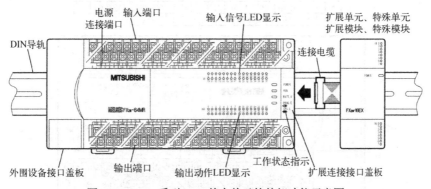

图 2-5 FX_{2N} 系列 PLC 基本单元的外部功能示意图

FX_{2N} 系列 PLC 有两种安装方式，一种是直接安装在控制柜板面的安装孔内，这种安装方式适用于简单系统；另一种是利用 DIN 导轨，可以把基本单元及其扩展单元等安装在导轨上。

基本单元的外部功能主要包括输入/输出端口、电源连接端口、工作状态指示、I/O 点的状态指示、外部设备接口及扩展连接电缆接口等。

工作状态指示包括 PLC 电源（POWER）指示、PLC 运行（RUN）指示、用户程序存储器后备电池（BATT）状态指示及程序出错（PROG-E）、CPU 出错（CPU-E）指示等，用于反映 I/O 点及 PLC 及工作状态。

接口部分主要包括扩展单元、扩展模块、特殊模块及存储卡（盒）等外部设备的接口，其作用是完成基本单元同上述外部设备的连接。

基本单元还设置了一个 PLC 运行模式转换开关（SW1），可以控制 RUN 和 STOP 两个运行模式。RUN 模式能使 PLC 处于运行状态（RUN 指示灯亮），STOP 模式能使 PLC 处于停止状态（RUN 指示灯灭），便于对 PLC 进行用户程序的录入、编辑和修改。

3. 基本单元的端口排列

FX_{2N} 系列 PLC 基本单元的 I/O 端口分别为 16 点、32 点、48 点、64 点、80 点、128 点，输入/输出端子排列与输出（继电器、晶体管、双向晶闸管）形式无关。下面以 FX_{2N} 系列 PLC 继电器输出为例，给出其端子排列图。

（1）AC 工作电源、DC 输入

PLC 的工作电源使用交流电源，即 AC 电源型（100~240V），输入开关状态通过直接电源输入，即 DC 电源型（24V），这是最常用的 PLC 工作电源模式。FX_{2N} 系列 PLC 基本单元（AC-DC）的外部端子排列如图 2-6 所示。

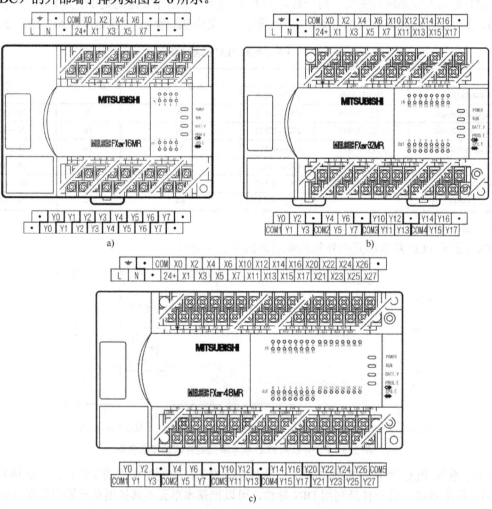

图 2-6　FX_{2N} 系列 PLC 基本单元（AC-DC）的外部端子排列
a）FX_{2N}-16MR　b）FX_{2N}-32MR　c）FX_{2N}-48MR

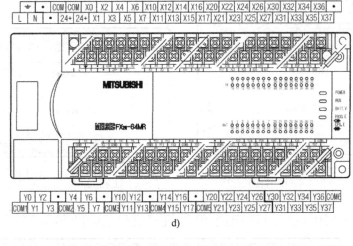

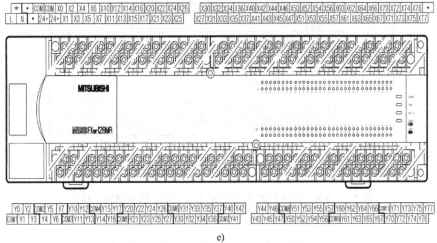

图 2-6 FX$_{2N}$ 系列 PLC 基本单元（AC-DC）的外部端子排列（续）

d) FX$_{2N}$-64MR e) FX$_{2N}$-128MR

基本单元的外部端子连接说明如下：

1) 由电源端子（L、N）完成工作电源连接，地线端必须可靠接地。

2) 输入信号分别由输入端子（X）通过内置直流 24V 电源端子（24V+、COM）与输入回路连接。

3) 输出信号由输出端子（Y）通过外部电源与负载连接，考虑到输出负载的影响，分别通过 COM1、COM2、…将输出每 4 点或 8 点设置一输出回路。

4) 端子排中"."处为悬空。

（2）DC 工作电源、DC 输入

PLC 的工作电源使用直流电源，即 DC 24V，输入开关状态通过直接电源输入 DC 24V，FX$_{2N}$ 系列 PLC 基本单元（DC-DC）的外部端子排列如图 2-7 所示。

（3）AC 工作电源、AC 输入

PLC 的工作电源使用交流电源，输入开关状态通过交流电源（24V）输入。FX$_{2N}$ 系列 PLC 基本单元（AC-AC）的外部端子排列如图 2-8 所示。

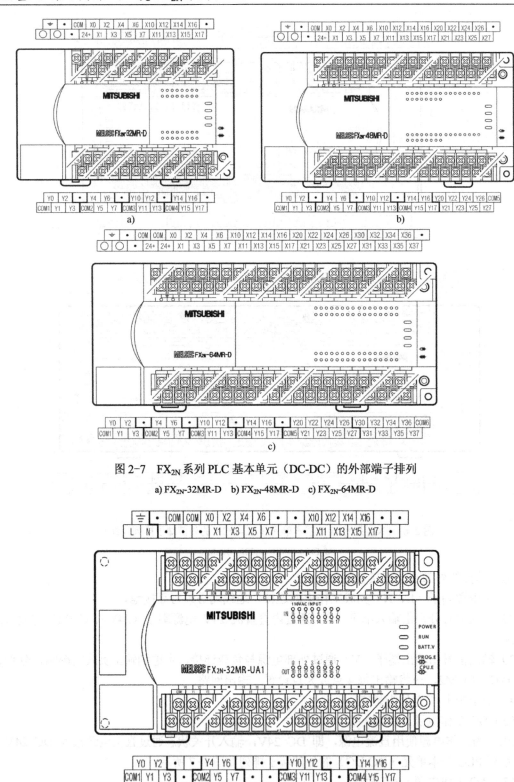

图 2-7 FX$_{2N}$ 系列 PLC 基本单元（DC-DC）的外部端子排列

a) FX$_{2N}$-32MR-D　b) FX$_{2N}$-48MR-D　c) FX$_{2N}$-64MR-D

图 2-8 FX$_{2N}$ 系列 PLC 基本单元（AC-AC）的外部端子排列

2.2.2　FX$_{2N}$ 系列 PLC 的扩展单元和扩展模块

扩展单元和扩展模块均用于增加 I/O 点数，它们必须由基本单元统一编址使用。

1. FX$_{2N}$系列PLC的输入/输出扩展单元

FX$_{2N}$系列PLC的扩展单元主要用于增加I/O点数的装置，内部设有工作电源。FX$_{2N}$系列PLC的输入/输出扩展单元有FX$_{2N}$-16ER、FX$_{2N}$-32ER、FX$_{2N}$-32ES、FX$_{2N}$-32ET、FX$_{2N}$-48ER等，部分扩展单元见表2-2。

表2-2 FX$_{2N}$系列PLC的部分输入/输出扩展单元

型号			输入点数	输出点数	扩展模块可用点数
继电器输出	晶体管输出	双向晶闸管输出			
FX$_{2N}$-32ER	FX$_{2N}$-32ET	FX$_{2N}$-32ES	16	16	24~32
FX$_{2N}$-48ER	FX$_{2N}$-48ET		24	24	48~64
FX$_{2N}$-48ER-D	FX$_{2N}$-48ET-D		24	24	48~64

2. FX$_{2N}$系列PLC的输入/输出扩展模块

FX$_{2N}$系列PLC的输入/输出扩展模块内部无工作电源，其工作电源可以由基本单元或扩展单元供给。FX$_{2N}$系列PLC的输入扩展模块有FX$_{2N}$-8EX、FX$_{2N}$-16EX等；输出扩展模块有FX$_{2N}$-8EYR、FX$_{2N}$-8EYT、FX$_{2N}$-16EYR、FX$_{2N}$-16EYT、FX$_{2N}$-16EYS等，见表2-3。

表2-3 FX$_{2N}$系列PLC的部分输入/输出扩展模块

型号				输入点数	输出点数
输入扩展	继电器输出	晶体管输出	双向晶闸管输出		
FX$_{2N}$-8EX				8	
	FX$_{2N}$-8EYR	FX$_{2N}$-8EYT			8
FX$_{2N}$-16EX				16	
	FX$_{2N}$-16EYR	FX$_{2N}$-16EYT	FX$_{2N}$-16EYS		16

2.2.3 FX$_{2N}$系列PLC的特殊功能模块

FX$_{2N}$系列PLC的特殊功能模块包括模拟量输入/输出模块、高速计数模块、运动控制模块及功能扩展板等模块，本节仅对其主要模块进行简单介绍。

FX$_{2N}$系列PLC的特殊功能模块大致可分为以下6类：

1) 模拟量输入/输出模块。
2) 高速计数模块。
3) 脉冲定位模块。
4) 旋转角度检测模块。
5) 通信接口模块。
6) 人机界面GOT等模块。

FX$_{2N}$系列PLC的常用特殊功能模块型号、规格见表2-4。

表2-4 FX$_{2N}$系列PLC的常用特殊功能模块型号、规格

名称	型号	规格
模拟输入/输出模块	FX$_{2N}$-4DA	4通道模拟量输出模块
	FX$_{2N}$-4AD	4通道模拟量输入模块
	FX$_{2N}$-4AD-PT	4通道温度传感器模拟量输入模块
	FX$_{2N}$-4AD-TC	4通道热电偶传感器模拟量输入模块

(续)

名　称	型　号	规　格
定位元件模块	FX_{2N}-1HC	2相50kHz高速计数器模块
	FX_{2N}-1PG	脉冲输出模块，单轴最大输出脉冲频率100kHz
	FX_{2N}-10GM	定位控制器，单轴控制最大输出脉冲频率200kHz
	FX_{2N}-20GM	定位控制器，双轴控制（插补功能）最大输出脉冲串频率200kHz
可编程凸轮开关	FX_{2N}-1RM	主机
	FX_{2N}-1RM-SET	凸轮控制
	FX_{2N}-720RSV	传感器
	FX_{2N}-RS-5CAB	电缆（5m）
功能扩展板	FX_{2N}-8AV-BD	内附8点电位器的适配器
	FX_{2N}-232-BD	RS-232C通信用适配器
	FX_{2N}-422-BD	RS-422通信用适配器
	FX_{2N}-485-BD	RS-485通信用适配器
	FX_{2N}-CNV-BD	FX_{0N}适配器连接用模块
转换接口	FX_{2N}-CNV-IF	FX_2系列PLC扩展连接FX_{2N}系列PLC的接口
适配器/连接器	FX_{2N}-CNV-BC	扩展模块连接用延长电缆连接器（需与FX_{2N}-60EC一起使用）
电源装置	FX-10PSU/ FX-20PSU	DC 24V，1A电源；DC 24V，2A电源

2.2.4 定位控制模块

FX_{2N}系列PLC可通过脉冲输出形式的定位控制模块进行一点的简单定位到多点的定位，对于常见的步进电动机或伺服电动机可以进行简单的定位控制。定位控制模块主要有高速计数模块、脉冲输出模块、定位控制模块和旋转角度检测等。

1. FX_{2N}-1HC 高速计数模块

FX_{2N}-1HC高速计数模块可以进行2相50kHz脉冲的计数，其计数速度比PLC内置的高速计数器（1相60kHz，2相30kHz）的计数速度快，可直接进行比较和输出。

（1）FX_{2N}-1HC高速计数模块的特点

1）各种计数器模式可用PLC指令进行选择，如1相或2相，16位或32位模式，只有这些模式参数设定之后，FX_{2N}-1HC高速计数模块才能运行。

2）输入信号必须是1相或2相编码器，可使用5V、12V或24V电源，也可使用初始设置命令输入（PRESET）和计数禁止命令输入（DISABLE）。

3）FX_{2N}-1HC有两个输出，当计数器与设定值一致时，输出设置为ON，输出晶体管被单独隔离，以允许漏型或源型的连接方法。

4）可以通过PLC或外部输入进行计数器复位。

5）FX_{2N}-1HC占用FX_{2N}系列PLC扩展总线的8个I/O点，FX_{2N}系列PLC最多可连接8个FX_{2N}-1HC模块。

（2）FX_{2N}-1HC高速计数模块的技术指标

FX_{2N}-1HC高速计数模块的技术指标见表2-5。

表2-5　FX_{2N}-1HC高速计数模块的技术指标

项　目		规　格
输入	信号电平	根据接线端子可选取5V、12V或24V
	频率	1相1输入：50kHz以下 1相2输入：各50kHz以下 2相输入：1倍增，50kHz；2倍增，25kHz；4倍增，12.5kHz

(续)

项　目	规　格
计数范围	带符号 32 位二进制（-2147 483 648～＋2147 483 647）或无符号 16 位二进制（0～65535）
计数方式	自动加/减（1 相 2 输入或 2 相输入时）或选择加/减（1 相 1 输入时）
一致输出	YH：用硬件比较器实现设计值和计值一致时产生输出 YS：用软件比较器实现一致输出（最大延时 300μs）
输出形式	NPN 集电极开路输出 2 点或 PNP 集电极开路输出 2 点，各位 DC 12～24V/0.5A
附加功能	由 PLC 采用参数方式设定：瞬时值、比较结果、出错状态可用 PLC 加以监视
I/O 占用点数	8 点（计输入或输出点均可），由 PLC 供电的消耗功率为 5V×30mA

2. FX_{2N}-1PG 脉冲输出模块

脉冲输出模块用于控制运动物体的位置、速度和加速度。FX_{2N}-1PG 脉冲输出模块可以通过向伺服电动机或步进电动机的驱动放大器提供一定数量的脉冲（最大 100kHz）来完成一个独立轴的简单定位。每一个 FX_{2N}-1PG 都作为一个特殊的时钟起作用，并占用 8 点 I/O 口与 PLC 进行数据传送，一台 PLC 可以连接 8 个 FX_{2N}-1PG，实现 8 个独立操作。

(1) FX_{2N}-1PG 脉冲输出模块的特点

1) 可输出最高频率为 100kHz 的脉冲。

2) FX_{2N}-1PG 脉冲输出模块配备有便于定位控制的 7 种操作模式，分别是点动运行、原点回归、单速定位、双速定位、中断单速定位、中断双速定位和可变速度等。

3) 数据设定和瞬时值位置显示可以通过 PLC 读/写（FROM/TO）指定实现，FX_{2N}-1PG 脉冲输出模块除序列脉冲输出外，还配备有各种高速响应的输出端子，以适应控制需要。

4) 编制定位程序不需要专用程序设计工具，用 PLC 的程序即可控制。

(2) FX_{2N}-1PG 脉冲输出模块的技术指标

FX_{2N}-1PG 脉冲输出模块的技术指标见表 2-6。

表 2-6　FX_{2N}-1PG 脉冲输出模块的技术指标

项　目		规　格
驱动轴数		独立 1 轴（1 台 PLC 最多控制 8 根单轴）
指令速度		0.01～100kHz，指定单位可选 Hz、cm/min、10deg/min、inch/min
设置脉冲范围		0～999999，可选绝对位置或相对位置规格
脉冲输出格式		可选正转脉冲、反转脉冲或具有方向的脉冲。集电极开路和晶体管输出。DC 5～24V，24mA
I/O 占用点数		8 点（计输入或输出点均可）
电源	对输入信号	DC 24V（1±10%）/40mA
	对内部控制	DC 5V/55mA
	对脉冲输出	DC 5～24V/20mA

FX_{2N}-1PG 与 PLC 组成的单轴定位控制系统如图 2-9 所示。

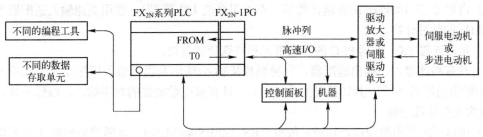

图 2-9　FX_{2N}-1PG 与 PLC 组成的单轴定位控制系统

图 2-9 中，FX_{2N}-1PG 脉冲输出模块数据的设定和位置的显示可以通过 PLC 读/写（FROM/TO）指定实现，从而控制伺服电动机或步进电动机等驱动对象。

3. FX_{2N}-1RM-SET 可编程凸轮开关

在机械传动控制系统中，经常要通过检测角度来接通或者断开外部负载。实现这种控制功能以前是采用机械式凸轮开关，但机械式凸轮开关加工精度低、易磨损。FX_{2N}-1RM-SET 可编程凸轮开关可以用来取代机械式凸轮开关实现高精度角度位置检测。

FX_{2N}-1RM-SET 可编程凸轮开关的特点如下：

1）可以在高速旋转时准确测量角度和位置信号。FX_{2N}-1RM-SET 可编程凸轮开关在检测中的控制分辨率为 1°，响应速度为 830r/min/1°（或 415r/min/0.5°）。

2）可以与 PLC 联机使用。FX_{2N}-1RM-SET 可编程凸轮开关与 FX_{2N} 系列 PLC 的基本单元连接时必须放置在基本单元的最后面，并且最多可连接 3 台 FX_{2N}-1RM-SET。FX_{2N}-1RM-SET 可编程凸轮开关在程序中占用 PLC 的 8 个 I/O 点。通过连接晶体管扩展模块，可以得到最多 48 点的 ON/OFF 输出，两个输入点的额定值为 DC 24V/7mA，它们用光电耦合器进行隔离，响应时间为 3ms。同时可以使用计算机安装的 PLC 编程器或专用编程软件对可编程凸轮开关进行程序的安装和下载。

3）FX_{2N}-1RM-SET 可编程凸轮开关可单独使用。FX_{2N}-1RM-SET 可编程凸轮开关的程序存储在 EEPROM 中，单独使用时，通过外部输入给定，可设置 4 个程序库。

4）具有掉电保护功能。FX_{2N}-1RM-SET 具有掉电保护功能，数据不会因掉电而丢失，它的参考角及旋转方向可自由设置。

5）其他功能。使用与 FX_{2N}-1RM-SET 可编程凸轮开关构成一体的数据设定组件，如无刷分解器等，可以进行高精度的动作角度设定和监控，并且可以通过操作面板在本机上设定，无须另加编程器。

6）对连接电缆的限制。配套的 F2-720-RSV 无刷转角传感器与 FX_{2N}-1RM-SET 可编程凸轮开关连接电缆的最大有效距离为 100m。

2.3 FX_{3U} 系列 PLC 的硬件配置

FX_{3U} 系列 PLC 为第 3 代小型 PLC，具有高速、高容量（ROM）、新功能、高性能、高扩展等特点。FX_{2N} 系列 PLC 的基本单元及部分模块，可以由其升级产品 FX_{3U} 系列 PLC 替代。如 FX_{2N}-32MR-001 可以由 FX_{3U}-32MR/ES-A 替代；FX_{2N}-32MT-001 可以由 FX_{3U}-32MT/ES-A 替代。

2.3.1 FX_{3U} 系列 PLC 的硬件配置特征

FX_{3U} 系列 PLC 的硬件配置主要特征如下：

1）FX_{3U} 系列 PLC 基本单元的最大 I/O 点为 64/64 点，可以扩展到 384 个 I/O 点（包括 CC-Link 扩展的远程 I/O 点），有继电器输出、晶体管输出和漏极输出三种形式。

2）内置 6 点 100kHz 的高速计数器（不占用系统 I/O 资源），使用高速输入适配器可以实现 200kHz 的脉冲计数。

3）可以连接 FX_{2N} 系列 PLC 的特殊单元和特殊功能模块。

4）具有高速输入、输出适配器、7 种模拟量输入/输出及温度输入适配器，可以扩展模拟量输入/输出适配器 4 个，其转换时间为 500μs，具有模拟量数据的数字滤波、峰值保持、自动更新及突变检测等功能。

5）可以同时使用编程口、功能扩展板（RS-232\RS-485\USB）及通信适配器 3 个通信口，连接 2 个通信适配器。

FX$_{3U}$ 系列 PLC 的外形如图 2-10 所示。

图 2-10　FX$_{3U}$ 系列 PLC 的外形

2.3.2　FX$_{3U}$ 系列 PLC 的基本单元

1. FX$_{3U}$ 系列 PLC 的基本单元简介

FX$_{3U}$ 系列 PLC 的基本单元（FX$_{3U}$-32MR）外形如图 2-11 所示。

FX$_{3U}$ 系列 PLC 的基本单元除了具有 FX$_{2N}$ 系列 PLC 的一般性能外，还增加了以下主要性能：

图 2-11　基本单元（FX$_{3U}$-32MR）的外形

1）可以通过 I/O 扩展单元和扩展模块扩充为 256 个 I/O 点，在使用 CC-Link 主站模块时，基本单元可以控制的输入/输出点数为 384 点。

2）内置 64K 步 RAM 存储器。可以通过使用存储器（盒），将程序存储在快闪存储器中，极大地提高了程序执行速度。基本指令执行速度比 FX$_{2N}$ 系列 PLC 提高到 0.065μs/指令。

3）基本单元可以使用 FX$_{2N}$ 系列 PLC 的输入/输出扩展单元/模块进行外部扩展。

4）支持 PLC 运行（RUN）时更改和写入用户程序，支持程序远程调试和运行监控。

5）基本单元具有更强的输入/输出高速处理功能和脉冲输出功能，可以方便地实现脉冲捕捉功能。

6）带延迟功能的输入中断信号处理功能，可以识别外部中断信号的宽度最小为 5μs。

7）指令更加丰富，应用指令增至 209 种。

FX$_{3U}$ 系列 PLC 的基本单元见表 2-7。

表 2-7　FX$_{3U}$ 系列 PLC 的基本单元

型号 （AC 电源/DC 24V，漏型/源型输入通用型）			输入点数（DC 24V）	输出点数
继电器输出	晶体管输出	晶闸管输出		
FX$_{3U}$-16MR/ES(-A)	FX$_{3U}$-16MT/ES(-A)漏型 FX$_{3U}$-16MT/ESS 源型		8	8
FX$_{3U}$-32MR/ES(-A)	FX$_{3U}$-32MT/ES(-A)漏型 FX$_{3U}$-32MT/ESS 源型	FX$_{3U}$-32MS/ES	16	16
FX$_{3U}$-48MR/ES(-A)	FX$_{3U}$-48MT/ES(-A)漏型 FX$_{3U}$-48MT/ESS 源型		24	24
FX$_{3U}$-64MR/ES(-A)	FX$_{3U}$-64MT/ES(-A)漏型 FX$_{3U}$-64MT/ESS 源型	FX$_{3U}$-64MS/ES	32	32
FX$_{3U}$-80MR/ES(-A)	FX$_{3U}$-80MT/ES(-A)漏型 FX$_{3U}$-80MT/ESS 源型		40	40
FX$_{3U}$-128MR/ES(-A)	FX$_{3U}$-128MT/ES(-A)漏型 FX$_{3U}$-128MT/ESS 源型		64	64

2. 基本单元的外部功能

FX$_{3U}$ 系列 PLC 基本单元的外部功能示意图如图 2-12 所示，其主要功能与 FX$_{2N}$ 系列 PLC 的基本单元类同。

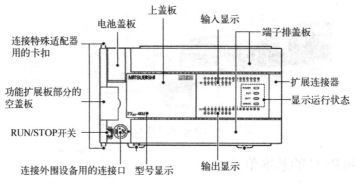

图 2-12　FX$_{3U}$ 系列 PLC 基本单元的外部功能示意图

3. 基本单元的外部端子排列

FX$_{3U}$ 系列 PLC 基本单元的 I/O 端口点分别为 16 点、32 点、48 点、64 点、80 点、128 点，基本单元输入/输出端子排列与输出（继电器、晶体管、晶闸管）形式无关。基本单元（FX$_{3U}$-32MR）的外部端子排列如图 2-13 所示。

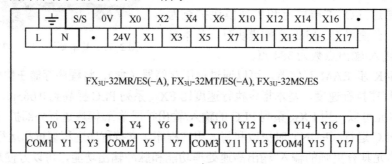

图 2-13　基本单元（FX$_{3U}$-32MR）的外部端子排列
a) AC 工作电源、DC 输入　b) DC 工作电源、DC 输入

2.3.3　FX$_{3U}$ 系列 PLC 的扩展结构

1. FX$_{3U}$ 系列 PLC 的特殊功能模块简介

FX$_{3U}$ 系列 PLC 配置的特殊功能模块包括显示模块（如 FX$_{3U}$-7DM 等）、功能扩展板（如 FX$_{3U}$-USB-BD 等）、存储器盒（如 FX$_{3U}$-FLROM-16D）及特殊适配器（如模拟量 FX$_{3U}$-4DA-

ADP）等扩展模块。

2. FX₃U 系列 PLC 的输入/输出扩展模块

FX₃U 系列 PLC 在输入/输出扩展时可以使用 FX₂N 系列 PLC 的输入/输出扩展模块。如 FX₂N-8EYR、FX₂N-16EX 等模块。

FX₃U 系列 PLC 的输入/输出扩展结构如图 2-14 所示。

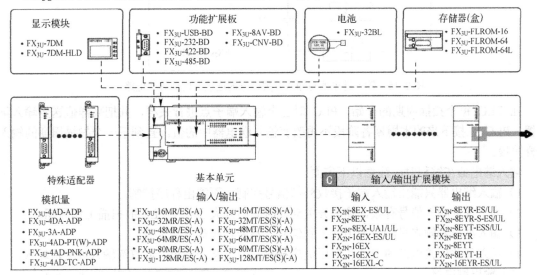

图 2-14　FX₃U 系列 PLC 的输入/输出扩展结构

2.4　FX₂N 系列 PLC 的编程资源及编址

PLC 通过执行用户程序来实现控制要求。PLC 程序面向其内部的编程元件（存储单元）和功能部件进行编程，这些编程元件和功能部件统称为编程资源。

编程资源以编程元件编号或地址的形式出现在程序中。

2.4.1　FX₂N 系列 PLC 的编程资源

PLC 内部编程元件的作用和继电接触式控制系统中使用的继电器十分相似，也有线圈与触点，但它们不是硬继电器，而是 PLC 存储器的存储单元，称之为软继电器或软元件（以下简称继电器或元件），它们也有动合触点和动断触点，可以无限次使用。

FX₂N 系列 PLC 的编程元件包括输入继电器、输出继电器、辅助继电器，以及状态器、定时器、计数器、数据寄存器、变址寄存器等功能部件，常数也作为 PLC 的编程元件。

1. 输入继电器（X）和输出继电器（Y）

（1）输入继电器

输入继电器用于接收和存储外部开关信号的信息，一个输入继电器对应一个 PLC 的输入端子。输入继电器与输入开关信号的连接及内部等效电路如图 2-15 所示。

输入继电器用 X 表示，地址采用八进制表示，编号（即编址，下同）从 X000 开始，其范围和数量由 PLC 产品确定。如基本单元 FX₂N-64M 的输入继电器（32 个输入点）编号固定为 X000~X037，则其扩展单元的输入继电器的起始地址编号为 X040。

例如，当外部开关 SB1 闭合时，输入继电器的线圈 X0 得电，则该继电器"动作"，在程序中表现为该继电器动合触点闭合/动断触点断开。这些触点可以在编程时任意使用，并且使用次数不受限制。

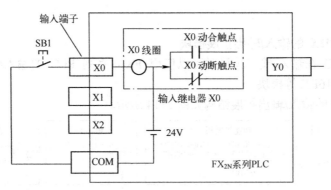

图 2-15 输入继电器与输入开关信号的连接及内部等效电路

在 PLC 每个扫描周期的开始，PLC 对各个输入端子点进行采样，并把采样值送到输入继电器。PLC 在接下来的本周期各阶段不再改变输入继电器中的值，直到下一个扫描周期的输入采样阶段。

输入继电器在编程时应注意以下方面：

1）输入继电器只能由输入端子接收外部信号控制，不能由程序控制。
2）为了保证输入信号有效，输入开关动作时间必须大于一个 PLC 的扫描工作周期。
3）输入继电器触点只能作为中间控制信号，不能直接输出给负载。
4）输入开关外接电源的极性和电压值应符合输入电路的要求，如直流输入或交流输入。

（2）输出继电器

输出继电器线圈只能通过程序控制，一个输出继电器对应一个 PLC 的输出端子，可以作为负载的控制信号。输出继电器与负载电路的连接及内部等效电路如图 2-16 所示。

输出继电器用 Y 表示，地址采用八进制表示，编号范围为 Y000～Y267，编号分配类同输入继电器。

例如，当通过程序使输出继电器线圈 Y0 得电时，该继电器"动作"，在程序中表现为动合触点闭合/动断触点断开，这些触点在程序中使用的次数不受限制，相应的输出端子（Y0）作为控制外部负载的开关信号。

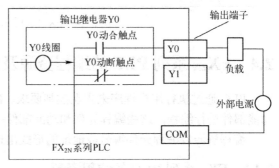

图 2-16 输出继电器与负载电路的连接及内部等效电路

在每个扫描周期的输入采样、程序执行等阶段，并不把输出结果信号直接送到输出锁存器（端点），只有在每个扫描周期的末尾才将结果送到输出继电器，对输出端点进行刷新。

输出继电器在编程时应注意以下方面：

1）输出端点只能由程序写入输出继电器来控制。
2）输出继电器触点不仅可以直接控制负载，同时也可以作为中间控制信号，供编程使用。
3）输出外接电源的极性和电压值应符合输出电路的要求，输出执行部件有继电器、晶体管和晶闸管三种形式，可以根据负载需要选择。
4）在 PLC 继电器输出电路中，输出（软）继电器控制着 PLC 内部的一个实际的继电器，PLC 输出端输出的是这个实际继电器的触点开关状态。继电器输出实现了 PLC 内部电路与负载供电电路的电气隔离，同时，负载所需的外接电源可使用直流或交流，其输出电流、电压值应符合输出触点的要求。

2. 辅助继电器（M）

PLC 内部有许多辅助继电器，它们与继电接触式控制电路中的中间继电器的作用类似。但辅助继电器只能通过程序驱动和用于内部编程，不能直接驱动外部负载。

辅助继电器线圈能够提供无数对动合、动断触点用于编程。

在 FX 系列 PLC 中，辅助继电器又分为三类，其符号用字母 M 表示，采用十进制编号。

（1）通用辅助继电器

FX_{2N}、FX_{3U} 等系列 PLC 的通用辅助继电器有 500 点，编号为 M0~M499。通用辅助继电器常在程序中作为一般中间继电器使用。

（2）断电保持型辅助继电器

PLC 在运行中若突然发生断电，输出继电器和通用辅助继电器线圈全部变为失电状态，有些控制系统要求保持断电前的状态，断电保持型辅助继电器能够实现这种要求。

FX_{2N} 系列 PLC 断电保持型辅助继电器有 2572 点，编号为 M500~M3071。FX_{3U} 系列 PLC 断电保持型辅助继电器有 7180 点，编号为 M500~M7679。

断电保持型辅助继电器又分为断电保持通用继电器和断电保持专用继电器。断电保持通用继电器的编号为 M500~M1023，可通过相关参数设置改变为非断电保持辅助继电器。断电保持专用继电器的地址编号从 M1024 开始，其断电保持特性不可改变。

（3）特殊辅助继电器

FX_{2N} 系列 PLC 的特殊辅助继电器有 256 点，编号为 M8000~M8255。FX_{3U} 系列 PLC 的特殊辅助继电器有 256 点，它们具有特殊的功能（见附录 C）。

常用的部分特殊辅助继电器如下：

1）M8000（运行监视，动合触点）。当 PLC 执行用户程序时，M8000 为 ON（触点闭合），停止执行时为 OFF（触点断开）。

2）M8001（运行监视，动断触点）。当 PLC 执行用户程序时，M8001 为 ON（触点断开），停止执行时为 OFF（触点闭合）。

3）M8002（初始化脉冲，动合触点）。M8002 仅在 PLC 执行用户程序的第一个周期内为 ON，常用于程序初始化的控制。

4）M8004（错误发生）。在执行程序出现错误运算时，M8004 为 ON。

5）M8011~M8014 分别产生周期为 10ms、100ms、1s、1min 的时钟脉冲（占空比为 50%）。编程中可以十分方便地将其触点作为脉冲源使用。

6）M8033 线圈为 ON 时，PLC 进入 STOP 模式，对存储数据保持。

7）M8034 线圈为 ON 时，输出全部禁止，将 PLC 全部输出触点清零。

辅助继电器的简单应用如图 2-17 所示。

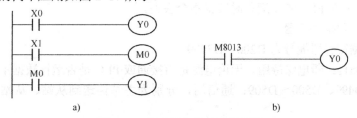

图 2-17 辅助继电器的简单应用

a) 辅助继电器 M0 作为中间继电器　b) 特殊辅助继电器 M8013 产生周期为 1s 的方波（Y0 闪光灯）

图 2-17a 中，当 X0 端子的外部开关闭合时，输入继电器 X0 为 ON，动合触点 X0 接通，输出继电器 Y0 线圈通电；同理当动合触点 X1 接通时，辅助继电器 M0 线圈通电，辅助触点 M0 动作闭合，驱动 Y1 线圈通电。图 2-17b 中，输出继电器 Y0 输出周期为 1s、占空比为 50%的方波。

3. 定时器（T）

定时器是 PLC 中常用的编程元件，主要用于累计时间的增量，其分辨率有 1ms、10ms 和

100ms 三种。定时器的工作过程与继电接触控制系统的时间继电器类同。

当定时器的输入条件满足时开始累计时间增量（当前值），当定时器的当前值达到设定值时，定时器触点动作。该设定值可通过常数 K 直接设定，也可以通过数据寄存器（D）间接设定。按工作方式不同，定时器可分为普通型定时器和累计定时器。

FX_{2N} 系列 PLC 的定时器为通电延时型定时器，编号为 T0～T255。FX_{3U} 系列 PLC 在此基础上增添了 1ms 定时器 256 点，编号为 T256～T511。

4．计数器（C）

计数器用来累计输入脉冲的个数。当输入触发条件满足时，计数器开始累计它的输入端脉冲上升沿（正跳变）的次数；当计数器计数值达到设定值时，计数器触点动作。设定值可以通过常数 K 直接设定，也可以通过数据寄存器（D）间接设定。

FX_{2N}、FX_{3U} 等系列 PLC 将计数器分为内部计数器和高速计数器两类。计数器按十进制编号为 C0～C255，其中，C235～C255 为 32 位高速计数器。

5．数据寄存器（D）

PLC 在进行逻辑控制、模拟量控制以及输入/输出处理时，需要许多数据寄存器存储各种数据。FX_{2N}、FX_{3U} 等系列 PLC 的数据寄存器编号为 D0～D8255，每个数据寄存器都是 16 位，以补码形式可以表示数值范围为 -32768～+32767，最高位为符号位（1 表示负数、0 表示正数）。可用相邻的两个数据寄存器（如 D1D0）存放 32 位数据，如图 2-18 所示。

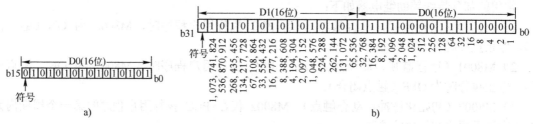

图 2-18　数据寄存器数据存放示意图

a) 16 位数据　b) 32 位数取

根据功能及用途的不同，数据寄存器可分为以下几种。

（1）通用数据寄存器

通用数据寄存器编号为 D0～D199，该类数据寄存器不具有断电保持功能，当 PLC 停止运行时，数据全部清零；但其可以通过特殊辅助继电器 M8033 来实现断电保持，当 M8033 为"1"时，D0～D199 在 PLC 停止运行时数据不会丢失。

（2）断电保持数据寄存器

断电保持数据寄存器编号为 D200～D7999。

1）D200～D511：断电保持用。无论电源是否接通或 PLC 是否运行数据不会丢失。

2）D490～D499、D500～D509：通信用，分别为主站传送到从站、从站传送到主站的数据通信元件。

3）D512～D7999：断电保持专用。断电保持功能不能用软件改变，但可以通过指令清除它们的数据。

4）D1000～D999：根据相关参数设定，可用来作为文件寄存器和存放数据。

（3）特殊数据寄存器

FX_{2N} 系列 PLC 特殊数据寄存器编号 D8000～D8255（FX_{3U} 系列 PLC 特殊数据寄存器编号为 D8000～D8511），用于监控 PLC 的工作方式和软元件。

可以用 D8000 存放监视定时器（WDT）以 ms 为单位的设定时间值，可以通过读取

D8010～D8012 的数据获取 PLC 扫描时间的当前值、最大值和最小值。

6. 变址寄存器（V/Z）

FX 系列 PLC 中有 16 个变址寄存器，编号为 V0～V7 和 Z0～Z7，都是 16 位寄存器。在 32 位数据操作时，可以将 V（高位）、Z（低位）组合使用。变址寄存器用于程序中对地址的变址操作。

7. 指针（P/I）

指针就是地址，FX_{2N} 系列 PLC 指针编号为 P0～P127，FX_{3U} 系列 PLC 指针编号为 P0～P2047。

指针包括分支用指针、子程序指针和中断指针。

（1）分支用指针

分支用指针编号为 P0～P127，用来指定跳转指令（CJ）的入口地址。

（2）子程序指针

子程序指针编号为 P0～P127，用来指定子程序调用指令（CALL）调用子程序的入口地址。

（3）中断指针

中断指针编号为 I□□□～I8□□，用来指示某个中断程序的入口地址，中断指针有以下三种类型。

1）输入中断指针。编号为 I00□～I50□，用来指示由特定输入端的输入信号而产生中断的中断服务程序的入口位置，不受 PLC 扫描周期的影响，可以及时处理外部信息。输入中断指针的编号格式如下：

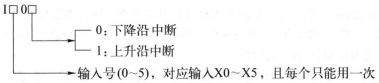

例如，I201 表示当输入 X2 由 OFF 变化为 ON 时，执行以 I201 为标号后面的中断程序，并根据 IRET 指令返回。

2）定时器中断指针。编号为 I6□□～I8□□，用来指示周期定时中断的中断服务程序的入口位置，定时循环处理某些任务。其中，□□表示定时范围，可在 10～99ms 中选取。

3）计数器中断指针。编号为 I010～I060，用在 PLC 内置的高速计数器中，常用于利用高速计数器优先处理计数结果的场合。

8. 状态器（S）

状态器编号为 S0～S999，它是构成状态转移图的重要元件，主要用于步进顺序控制。

9. 常数（K/H）

程序中的常数占用 PLC 内部寄存器的存储空间，因此，常数也属于编程元件。

（1）十进制常数

标号 K 用来表示十进制常数，16 位十进制常数的范围为-32768～32767，32 位十进制常数的范围为-2147483648～2147483647。

（2）十六进制常数

标号 H 用来表示十六进制常数，16 位十六进制常数的范围为 0～0FFFF，32 位十六进制常数的范围为 0～0xFFFFFFFF。

例如，常数 16 在程序中可表示为 K16、H10，常数 123 在程序中可表示为 K123 或 H7B。

2.4.2 FX_{2N} 系列 PLC 的 I/O 编址及扩展

在程序中，编程元件常用编号表示该元件的名称或地址，如前面介绍的编程元件定时器

(T)、计数器（C）、特殊辅助继电器（M）等。本节主要介绍FX$_{2N}$系列PLC基本单元的I/O编址及其扩展编址。

1. FX$_{2N}$系列PLC基本单元的I/O编址

FX$_{2N}$系列PLC基本单元输入继电器（I）/输出继电器（O）的编址是从X000/Y000开始，依次按八进制规则进行编址，并以8个点为单位分组。

输入继电器按组（8组）编址为

| X000～X007 | X010～X017 | X020～027 | X030～X037 |
| X040～X047 | X050～X057 | X060～X067 | X070～X077 |

输出继电器按组（8组）编址为

| Y000～Y007 | Y010～Y017 | Y020～Y027 | Y030～Y037 |
| Y040～Y047 | Y050～Y057 | Y060～Y067 | Y070～Y077 |

X、Y编址前位的数字"0"在编程时可省略，即X000可以表示为X0，Y012可以表示为Y12。FX$_{2N}$系列PLC的输入/输出点数对称分配，基本单元的I/O地址见表2-8。

表2-8 FX$_{2N}$系列PLC基本单元的I/O地址

基本单元	FX$_{2N}$-32M	FX$_{2N}$-48M	FX$_{2N}$-64M	FX$_{2N}$-80M	FX$_{2N}$-128M
输入继电器	X000～X017	X000～X027	X000～X037	X000～X047	X000～X077
输出继电器	Y000～Y017	Y000～Y027	Y000～Y037	Y000～Y047	Y000～Y077

例如，基本单元FX$_{2N}$-48MR分别有24个输入点和24个输出点，输入点编址为X000～X007、X010～X017、X020～X027，输出点编址为Y000～Y007、Y010～Y017、Y020～Y027。

2. FX$_{2N}$系列PLC扩展I/O单元/模块的编址

FX$_{2N}$系列PLC扩展I/O单元/模块的编址是依据模块通信扩展连接前后顺序，在基本单元I/O编址的基础上，以组为单位按序号顺延。

例如，设基本单元FX$_{2N}$-48MR扩展模块/单元按通信连接的先后顺序如图2-19所示，其各I/O单元/模块编址见表2-9。

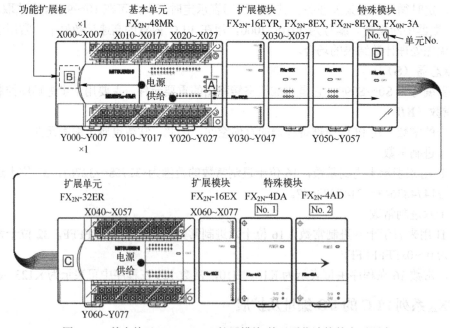

图2-19 基本单元FX$_{2N}$-48MR扩展模块/单元通信连接的先后顺序

表 2-9 FX$_{2N}$ 系列 PLC 的扩展 I/O 单元/模块编址

连接序号	1	2	3	4	5	6
型号	FX$_{2N}$-48MR	FX$_{2N}$-16EYR	FX$_{2N}$-8EX	FX$_{2N}$-8EYR	FX$_{2N}$-32ER	FX$_{2N}$-16EX
名称	基本单元	输出扩展模块	输入扩展模块	输出扩展模块	输入/输出扩展单元	输入扩展单元
输入点编址	X000～X027		X030～X037		X040～X057	X060～X077
输出点编址	Y000～Y027	Y030～Y047		Y050～Y057	Y060～Y077	

可以看出，基本单元 FX$_{2N}$-48M 输入继电器 24 个端子编址为 X000～X027、输出继电器 24 个端子编址为 Y000～Y027；第 2 连接输出扩展模块 FX$_{2N}$-16EYR 编址为 Y030～Y047；第 3 连接输入扩展模块 FX$_{2N}$-8EX 编址为 X030～X037；第 5 连接输入/输出扩展单元 FX$_{2N}$-32ER 的编址分别为 X040～X057 和 Y060～Y077。

例如，基本单元 FX$_{2N}$-48MR 连接了扩展模块 FX$_{2N}$-16EYR，输入继电器与输出继电器地址编址为：输入继电器 X000～X007、X010～X017、X020～X027；输出继电器 Y000～Y007、Y010～Y017、Y020～Y027、Y030～Y047（扩展部分）。

3. FX$_{2N}$ 系列 PLC 特殊模块的编址

图 2-19 中的特殊模块编址按序给出了地址编号。FX$_{0N}$-3A 为模拟量特殊功能模块（2 输入通道、1 输出通道），编址为 No.0（0 号）；FX$_{2N}$-4DA 为 4 通道数-模转换特殊功能模块，编址为 No.1（1 号）；FX$_{2N}$-4AD 为 4 通道模-数转换特殊功能模块，编址为 No.2（2 号）。

特殊模块编址与扩展 I/O 的编址都是独立的，互不影响。

2.5 FX$_{2N}$ 系列 PLC 硬件的工程接线

PLC 工程接线主要包括工作电源接线、输入端口的开关及传感器接线、输出端口的驱动器及负载电源的接线，同时还要考虑电源容量是否满足电器设备的功耗要求。

2.5.1 电源接线及其负载能力

1. 外部电源接线

FX$_{2N}$ 系列 PLC 的供电一般有两种方式。

（1）工频交流电源供电

直接使用工频交流电源供电，通过 PLC 的交流电源输入端直接连接，输入电压为 AC 100～250V。采用交流供电的 PLC 基本单元内置 DC 24V 电源，可以为输入开关控制、传感器等输入器件及输入扩展模块供电。

（2）外部直流电源供电

使用外部直流电源供电，通过 DC 24V 电源输入端子连接。

FX$_{2N}$ 系列 PLC 的基本单元和扩展单元一般采用 AC 电源供电，扩展模块均为 DC 24V 外部供电。FX$_{2N}$ 系列 PLC 的工作电源外部供电接线如图 2-20 所示。

在设计 PLC 外部供电接线时，应注意以下方面：

1）外部接线时，L 端子接 AC 电源相线、N 端子接 AC 电源零线，基本单元的接地端子通过导线接地，其余各模块接地端子通过导线接至基本单元接地导线上。

2）设置供电回路紧急情况处理装置，以及过载、过电流保护装置，如断路器，合理选择其保护参数。

3）当 PLC 输出所控制的负载工作电压与 PLC 供电电压相同时，必须通过控制开关向负载供电。

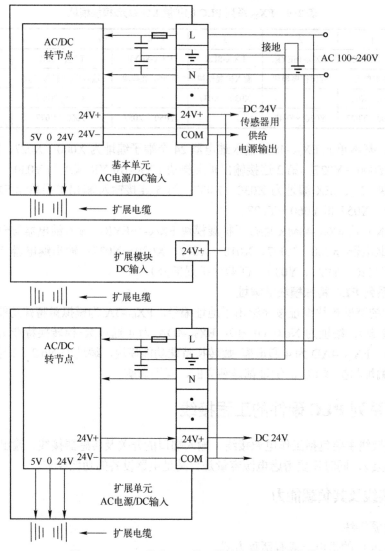

图 2-20　FX_{2N} 系列 PLC 的工作电源外部供电接线

4）电源接入电路时，要严格按照使用说明书要求，相线、零线及地线正确连接相应端子。

5）基本单元或扩展单元为 AC 电源型/DC 输入型时，内部配置有 DC 24V 电源输出，在需要向输入部件或扩展模块供电时，应考虑其负载能力。

6）基本单元和扩展单元的 DC 24V 端子不能并联使用，更不能把外部电源接在基本单元或扩展单元的 DC 24V 端。

7）基本单元的 COM 接线端子与各扩展单元的 COM 端子互连。

8）I/O 信号电缆不要靠近电源电缆，不要共用一个防护套管，低压电缆最好与高压电缆分开并相互绝缘。

9）接地导线横截面积不小于 $2mm^2$，接地点与大功率电路不要接同一个地，接地电阻不大于 100Ω。

10）对于基本单元 FX_{2N}-16M～32M，在 AC 供电时，熔断器额定电流<3A；对于基本单元 FX-48M/E～128M，在 AC 供电时，熔断器额定电流<5A。

当长时间断电或异常电压下降时，PLC 停止工作，输出处于 OFF 状态；当电源恢复供电时，PLC 重新自动运行，此时输出处于 ON 状态。

2. 负载能力

PLC 扩展时，各个扩展模块的工作电源由基本单元或扩展单元自带的 DC 24V 电源供电，其消耗电流必须在可供给单元的总容量（输出电流）以内，否则必须进行容量补充。如果有剩余容量，则可以作为传感器或负载方面的电源供给。

FX$_{2N}$ 系列 PLC 的 DC 24V 电源输出容量及扩展模块消耗电量见表 2-10。

例如，基本单元 FX$_{2N}$-32MR 连接 1 个 FX$_{0N}$-8EX、2 个 FX$_{2N}$-16EX 和 1 个 FX$_{0N}$-8YE 输入扩展设备，依据表 2-10 数据，输入扩展模块消耗电量为 50mA/8 点，输出扩展模块消耗电量为 75mA/8 点，其电源容量裕量计算为 (250-50-50×2-75)mA=25mA，满足要求。

表 2-10　FX$_{2N}$ 系列 PLC 的 DC 24V 电源输出容量及扩展模块消耗电量

类　别	机　型	电源输出容量	消耗电量
基本单元 (AC 电源/DC 输入)	FX$_{2N}$-16M、FX$_{2N}$-32M	250mA	
	FX$_{2N}$-48M～128M	460mA	
扩展单元 (AC 电源/DC 输入)	FX$_{2N}$-32E、FX-32E	250mA	
	FX$_{2N}$-48E、FX-48E	460mA	
输入扩展模块	FX$_{2N}$、FX$_{0N}$		50mA/8 点
	FX$_1$、FX$_2$		55mA/8 点
输出扩展模块	FX$_{2N}$、FX$_{0N}$		75mA/8 点
	FX$_1$、FX$_2$		75mA/8 点
小型中间继电器			40mA

FX$_{2N}$ 系列 PLC 特殊扩展模块的工作电源为 DC 5V，由基本单元或扩展单元供给。FX$_{2N}$ 系列 PLC 各基本单元 DC 5V 的输出容量为 290mA，扩展单元的输出容量为 690mA。

2.5.2　输入端器件外部接线

对于开关量控制系统，PLC 必须通过输入端子获取外部信息。PLC 输入端连接的输入信号主要有开关、按钮及各种量传感器等触点（开关）型。

FX$_{2N}$ 系列 PLC 基本单元、扩展单元的输入回路构成如图 2-21 所示，输入端传感器集电极开路门输入接线如图 2-22 所示，输入端器件外部接线如图 2-23 所示。

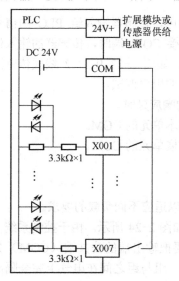

图 2-21　FX$_{2N}$ 系列 PLC 基本单元、
　　　　　扩展单元的输入回路构成

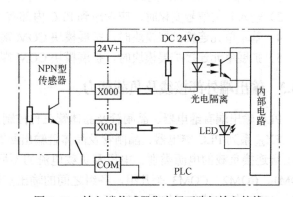

图 2-22　输入端传感器集电极开路门输入接线

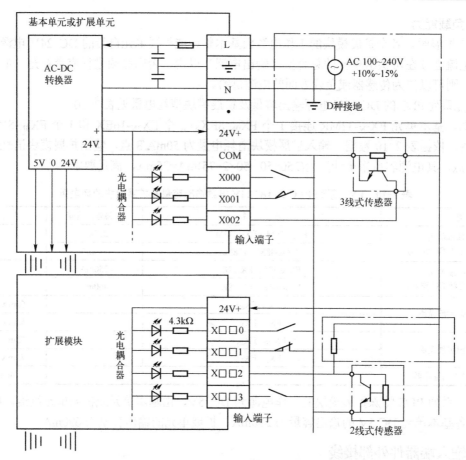

图 2-23 FX$_{2N}$ 系列 PLC 输入端器件外部接线

在设计 FX$_{2N}$ 系列 PLC 输入端器件外部接线时，应注意以下方面：

1）由图 2-21 可以看出，开关、按钮等器件的连接回路电源由 PLC 内部供电，不需要外部连接。因此，在接入 PLC 端子时，每个触点的两端分别连接输入点（如 X001）及输入公共端（COM）。在 PLC 内部，已经将多个 COM 端子连接。

2）由图 2-22 可以看出，这里的传感器为 DC 24V 供电，传感器输入给 PLC 的信号为 NPN 集电极开路门，它必须接入 PLC 的输入端子，发射极接 COM 端时，传感器的输入信号才有效。也可以在集电极与电源之间接入一集电极负载电阻，如图 2-23 中的 2 线式传感器。这样传感器输出的信号在未接入 PLC 输入电路时也有效，方便用户调试。

3）输入开关信号变化时，应考虑到 PLC 内部有 10ms 的响应延时。

4）基本单元连接扩展模块时，扩展模块 COM 端连接基本单元的 COM。

5）扩展单元连接扩展模块时，扩展模块 COM 端连接扩展单元的 COM。

2.5.3 输出端外部接线及负载能力

PLC 输出端有继电器、晶闸管及晶体管三种控制方式，以适应不同负载的要求。

FX$_{2N}$ 系列 PLC 继电器、晶闸管及晶体管输出回路构成如图 2-24 所示。由于控制系统需要输出端连接负载的电源类别、电压及负载电流的不同，需要把输出端的公共端（COM）分为 COM1、COM2、COM3 等几组，各组之间的输出点数不同，组与组之间在电气上完全隔离。FX$_{2N}$-48MR 输出端分组如图 2-25 所示。

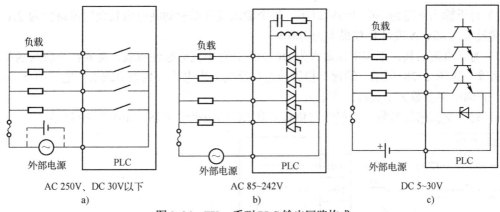

图 2-24 FX$_{2N}$ 系列 PLC 输出回路构成

a) 继电器输出 b) 晶闸管输出 c) 晶体管输出

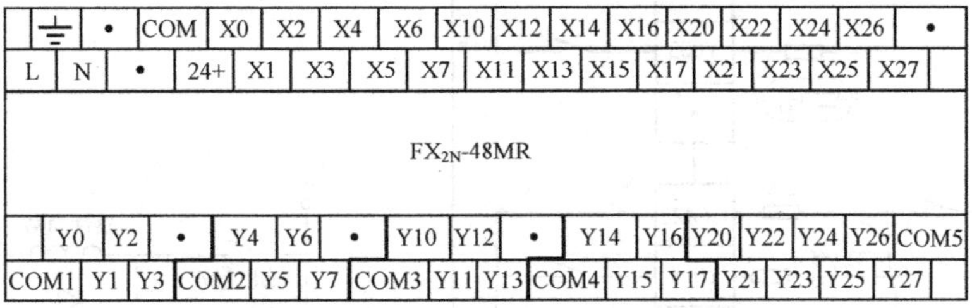

⏚	·	COM	X0	X2	X4	X6	X10	X12	X14	X16	X20	X22	X24	X26	·
L	N	·	24+	X1	X3	X5	X7	X11	X13	X15	X17	X21	X23	X25	X27
						FX$_{2N}$-48MR									
	Y0	Y2	·	Y4	Y6	·	Y10	Y12	·	Y14	Y16	Y20	Y22	Y24	Y26	COM5
COM1	Y1	Y3	COM2	Y5	Y7	COM3	Y11	Y13	COM4	Y15	Y17	Y21	Y23	Y25	Y27

图 2-25 FX$_{2N}$-48MR 输出端分组

在 FX$_{2N}$-48MR 输出端分组中，公共端 COM1 的输出端为 4 点（Y0～Y3），公共端 COM2 的输出端为 4 点（Y4～Y7），公共端 COM5 的输出端为 8 点（Y20～Y27）。

例如，基本单元 FX$_{2N}$-48MR 的外部接线示意图如图 2-26 所示。

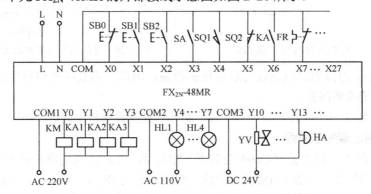

图 2-26 基本单元 FX$_{2N}$-48MR 的外部接线示意图

图中需要控制的负载为接触器 KM 和继电器 KA1～KA3（AC 220V）、指示灯 HL1～HL4（AC 110V）、电磁阀 YV（DC 24V），分别使用公共端 COM1、COM2、COM3 的三组独立的回路向负载供电。

1. 继电器输出端外部接线

继电器输出端外部接线如图 2-27 所示。输出继电器提供一组开关量接点，用来实现对负载的控制，负载主要是继电器、接触器及电磁阀等元件。由于输出继电器线圈和触点没有电气连接，因此，PLC 内部回路与外部负载回路之间电气隔离，提高了系统的抗干扰性能。

在设计 PLC 继电器输出端器件外部接线时，应注意以下方面：

1）以各 COM 为单位块，输出点可以驱动 AC 250V 以下或 DC 30V 以下不同电路电压的负载。

2）对于输出回路为 AC 250V 以下，每个输出点可以驱动纯电阻负载电流最大为 2A 或感性负载最大为 80V·A 或灯负载最大为 100W。

3）对于直流负载，工作电压最大为 DC 30V。对于直流感性负载，需要在负载两端并联续流二极管，如图 2-28 所示。续流二极管应选择反向工作电压参数为负载工作电压的 5～10 倍以上，正向电流参数大于负载工作电流。

4）对于交流感性负载，一般应与负载并联 RC 浪涌吸收电路，如图 2-29 所示。

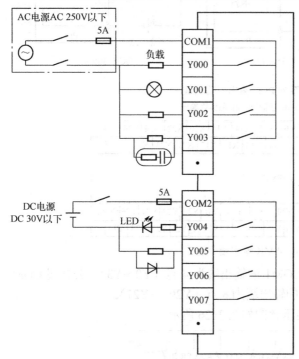

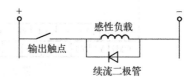

图 2-28 直流感性负载并联续流二极管

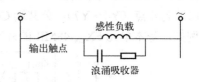

图 2-27 继电器输出端外部接线　　图 2-29 交流感性负载并联 RC 浪涌吸收电路

5）由于 PLC 内部输出电路没有设置保护措施，因此，需要在外电路中设置过载保护电路，如串联熔断器或断路器。

6）2 个以上输出点不允许同时为 ON 时，必须设置互锁保护电路。

2．晶体管输出端外部接线

晶体管输出有 4 点和 8 点（COM 公共点）输出型，PLC 内部电路与输出晶体管之间用光电耦合器进行光电隔离，以各 COM 为单位块，输出点驱动 DC 5～30V 不同电路电压的负载。

晶体管输出端外部接线如图 2-30 所示。

对于输出点 Y000、Y001，每个输出点可以通过 0.3A 的电流；其他输出点可以输出 0.2A 的电流。对于感性负载，同继电器输出一样，需要在负载两端并联续流二极管。

3．晶闸管输出端外部接线

晶闸管输出有 4 点或 8 点（COM 公共点）输出型，PLC 内部电路和晶闸管之间采用光控晶闸管实现隔离。以各 COM 为单位块，输出点可以驱动 AC 100V、AC 200V 等不同电路电压的负载，每个输出点可以通过 0.3A 电流，每 4 点工作电流为 0.8A。

晶闸管输出端外部接线如图 2-31 所示。

对于交流感性负载，同继电器输出一样，需要在负载两端并联 RC 浪涌吸收电路。

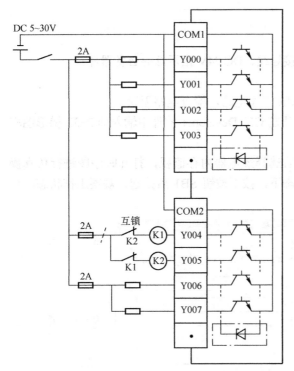

图 2-30 晶体管输出端外部接线　　　　图 2-31 晶闸管输出端外部接线

2.6 实验：PLC 端口接线（闪光灯）

用 FX$_{2N}$ 系列 PLC 控制一个工作电压为 24V 的指示灯，实现周期为 1s 的闪烁，可以人工控制自锁启动和停止。

1．实验目的

1）掌握输入/输出设备与 PLC 端口接线。
2）掌握 PLC 编程资源的使用方法。
3）进一步熟悉编程环境及操作方法。
4）熟悉 PLC 仿真调试和实物调试。

2．实验内容

1）PLC 控制闪光灯硬件端口接线如图 2-32 所示（SB1 为起动按钮，SB2 为停止按钮）。
2）编写梯形图程序，如图 2-33 所示。

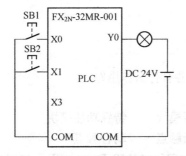

图 2-32 PLC 控制闪光灯硬件端口接线　　　　图 2-33 梯形图程序

3）对控制程序进行仿真、下载及调试。

3．实验设备及元器件

1）线路工具、万用表。

2）PLC 基本单元 FX_{2N}-32MR、按钮、连接导线、DC 24V 指示灯等必备器件。

4．实验步骤

1）硬件接线。参考图 2-32 连接 FX_{2N}-32MR 工作电路，检查电路无误。

2）软件编程。在三菱全系列 PLC 的集成开发 GX Developer 软件中输入图 2-33 梯形图程序，编译成功后下载到 PLC 中。

3）按下梯形图逻辑测试按钮，下载程序后选择继电器内存监视，打开时序图进行仿真操作（操作过程见 3.5 节）。在 PLC 仿真运行状态下，按下按钮 SB1 后抬起，观察工作状态，仿真结果如图 2-34 所示。

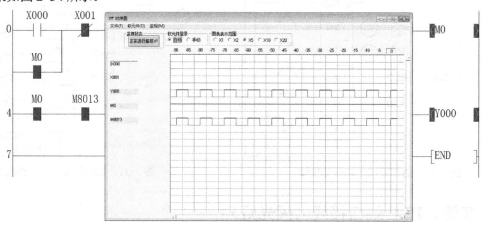

图 2-34　仿真结果

4）仿真成功后，可以下载程序到 PLC 中，进行实物运行调试。

5．注意事项

1）PLC 工作电源必须配备可靠的剩余电流保护器，连接线必须在教师的指导下按用电规范安全要求操作，特别注意相线、零线及可靠地线的正确连接。

2）明确实验要求，按要求完成实验内容。

3）注意元器件的额定工作电压必须与电路的工作电压相符合。

6．实验报告

根据实验过程中所观察电路的工作状态，写出该电路的工作过程。

2.7　思考与习题

1．简述 FX_{2N} 系列 PLC 的硬件体系及特点。

2．简述 FX_{2N} 系列 PLC 的硬件配置。

3．FX_{2N} 系列 PLC 常用的特殊辅助继电器有哪些？各有什么作用？

4．解释下列术语、标号、型号。

编程资源	基本单元	扩展单元	扩展模块	特殊功能模块
输入端子	输入继电器	线圈	动断触点	动合触点
X000	Y000	FX_{3U}-32MR/ES	FX_{2N}-64MR-D	FX_{2N}-16EX

5．分别指出特殊辅助继电器 M8000、M8002、M8013 的功能和主要用途。

6．在 PLC 输入端子 X000 外接一个动合开关，该开关对 PLC 内部的输入继电器 X000 的控制关系是什么？在 PLC 输出端子 Y000 外接一个继电器，则 PLC 内部的输出继电器 Y000 对外接继电器的控制关系是什么？

7. PLC 的输出端口包括哪些类型，其应用特点是什么？
8. 哪些信号可以用来控制输入继电器？哪些信号可以用来控制输出继电器？
9. 输入继电器触点可以直接驱动负载吗？输出继电器触点可以作为中间触点吗？
10. FX_{2N} 系列 PLC 的基本单元和扩展 I/O 单元是怎样编址的？
11. FX_{2N} 系列 PLC 的特殊功能模块是怎样编址的？
12. 分别指出 PLC 输入、输出端子与外部设备（如开关、负载）连接时，应注意哪些方面？
13. 在使用 FX_{2N} 系列 PLC 时，如何配备各模块的工作电源？需要考虑哪些方面的问题？
14. FX_{2N} 系列 PLC 有哪些特殊功能模块？主要用途是什么？
15. 判断题（正确打"√"，错误打"×"）。
1）PLC 可以取代继电接触式控制系统，因此，电器元器件将被淘汰。（   ）
2）PLC 就是专用的计算机控制系统，可以使用任何高级语言编程。（   ）
3）PLC 在外部电路不变的情况下，在一定范围内，可以通过软件实现多种功能。（   ）
4）PLC 为继电器输出时，可以直接控制电动机。（   ）
5）PLC 为继电器输出时，外部负载可以使用交、直流电源。（   ）
6）PLC 可以识别外接输入电路开关是动合开关还是动断开关。（   ）
7）PLC 可以识别外接输入电路开关是闭合状态还是断开状态。（   ）
8）PLC 中的软元件就是存储器中的某些位或数据单元。（   ）
9）PLC 中的定时器是一个软元件，包括线圈和触点。（   ）

第 3 章 FX$_{2N}$ 系列 PLC 的基本指令及应用

指令是计算机能够执行的命令，一条条指令的有序集合就构成了程序。PLC 通过执行用户程序实现控制要求。

本章主要介绍 FX$_{2N}$ 系列 PLC 的基本指令、梯形图编程规则、编程软件使用方法及应用示例仿真调试。

3.1 基本指令及其应用

FX$_{2N}$ 系列 PLC 的指令分为基本指令、步进指令和功能（应用）指令三大部分。

基本指令常用于编写基本逻辑控制、一般顺序控制等开关量控制系统的程序。步进指令用于一些比较复杂的开关量程序结构。功能指令用于多位数据的处理、过程控制及特殊控制的编程。

所有的 PLC 控制程序都离不开基本指令。FX$_{2N}$ 系列 PLC 的基本指令有 27 条，其升级产品 FX$_{3U}$ 系列 PLC 在兼容基本指令的基础上有所扩充。

3.1.1 基本指令格式

FX$_{2N}$ 系列 PLC 编程中常用的指令表示方法有梯形图和指令表。

1. 梯形图

梯形图是使用最广泛的 PLC 图形编程语言，梯形图与继电接触式控制系统的电路图相似，具有直观、易懂的优点。PLC 基本指令梯形图主要由触点、线圈组成。图 3-1a 为 FX$_{2N}$ 系列 PLC 编程手册描述的梯形图，图 3-1b 为 FX$_{2N}$ 系列 PLC 编程软件中生成的梯形图，它们所描述的功能完全相同。

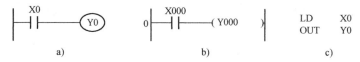

图 3-1 FX$_{2N}$ 系列 PLC 基本指令梯形图及指令表
a) 编程手册中的梯形图 b) 编程软件中的梯形图 c) 指令表

当输入继电器 X0 为 ON 时（即与输入端 X0 连接的开关闭合时），梯形图中 X0（动合触点）闭合，输出继电器 Y0 与左母线接通，输出继电器 Y0 为 ON（输出端 Y0 开关触点闭合）。当输入继电器 X0 为 OFF 时（即与输入端 X0 连接的开关断开时），梯形图中 X0（动合触点）断开，输出继电器 Y0 与左母线断开，输出继电器 Y0 为 OFF（输出端 Y0 开关触点开）。

由于梯形图程序是根据继电接触式系统控制电路结构产生的，有时也将梯形图程序的某些模块称为电路或回路。在梯形图中，为了便于分析各个元器件间的输入与输出关系，可以假想一个概念电流（或电路），也称作能流。如图 3-1 所示指令中 X0 触点接通时，有一个假想的能流流过 Y0 线圈。

2. 指令表

指令表格式一般由指令助记符和操作数两部分组成。助记符为指令英文的缩写，表示指令要执行的功能操作；操作数表示指令执行的对象。

基本指令的指令表格式如下：

| 助记符 | 操作数 |

与图 3-1a、b 中的梯形图功能完全相同的指令表如图 3-1c 所示，其中助记符 LD 表示取指令，X0 表示操作数。

指令表与梯形图有一一对应关系。

3. 操作数的表示方法

指令中的操作数一般由标识符和参数两部分组成。标识符指出操作数使用的编程元件或存储区域，参数则表示该操作数在存储区的具体位置。

例如，操作数 X0 表示输入继电器 X 的第 0 位；Y1 表示输出继电器 Y 的第 1 位；M0 表示通用辅助继电器 M 的第 0 位；D100 表示通用 16 位数据寄存器 D 的第 100 个存储单元。

3.1.2 逻辑取、线圈驱动指令（LD/LDI、OUT）

最常用的基本指令是逻辑取和线圈驱动指令。

1. 逻辑取指令

逻辑取指令包括 LD 和 LDI。

1) 取指令 LD（load）：用于电路（梯形图）开始的动合触点对应的指令，即与左母线相连的动合触点逻辑运算的开始。

2) 取反指令（load inverse）：用于电路（梯形图）开始的动断触点对应的指令，即与左母线相连的动断触点逻辑运算的开始。

以上指令的目标元件（即操作数）为编程元件 X、Y、M、S、T 和 C。该指令还可以与后述的 ANB、ORB 等指令组合，实现逻辑与、逻辑或等功能。

2. 线圈驱动指令

线圈驱动指令 OUT 为输出指令，其目标元件为 Y、M、S、T 和 C。

OUT 指令可以在并行输出时连续多次使用，OUT 指令不能用于输入继电器 X。

设 PLC 外部接线如图 3-2 所示，其中输入端子 X0（输入继电器）由 PLC 外接动合按钮 SB1 控制，X1（输入继电器）由外接动断按钮 SB2 控制，线圈驱动指令应用示例如图 3-3 所示。

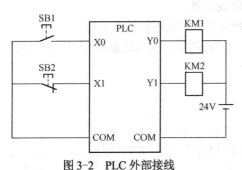

图 3-2 PLC 外部接线

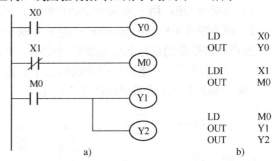

图 3-3 线圈驱动指令应用示例
a) 梯形图 b) 指令表

图 3-3 控制程序执行过程如下：

1) 当输入动合按钮 SB1（按下）闭合时，输入继电器 X0 通电，动合触点 X0 为 ON，Y0 为 ON，输出线圈 KM1 得电。

2) 当输入动断按钮 SB2（未按下）闭合时，输入继电器 X1 通电，动断触点 X1 断开，M0 为 OFF，Y1、Y2 为 OFF，线圈 KM2 失电。

3) 当输入动断按钮 SB2（按下）断开时，输入继电器 X1 不得电，动断触点 X1 闭合，M0 为 ON，Y1、Y2 为 ON，线圈 KM2 得电。

该类指令在使用时应注意:

1) 指令中的动合触点和动断触点作为使能的条件,在语法上和实际编程中可以无限次重复使用。

2) 输出线圈 Y 作为驱动元件,在语法上可以无限次使用。但由于在程序中只有最后一个输出线圈有效,其他都是无效的,因此输出线圈具有最后优先权。所以,同一程序中,OUT 指令后的输出线圈使用一次为宜。

3) 初学者特别要理解,PLC 程序不能识别外部连接的是动合按钮还是动断按钮,PLC 程序只能识别外部按钮是接通状态还是断开状态,并且按其状态由程序进行处理。

3.1.3 触点串联、并联指令

1. 触点串联指令(AND、ANI)

触点串联指令包括 AND 和 ANI。

1) 与指令 AND:用于串联一个动合触点连接指令,实现逻辑与运算。

2) 与非指令 ANI(and inverse):用于串联一个动断触点连接指令,实现逻辑与非运算。

触点串联指令的目标元件为编程元件 X、Y、M、S、T 和 C,可以连续执行串联触点连接指令,但一般情况下,一逻辑行中串联触点不超过 10 个。

AND、ANI 指令应用示例如图 3-4 所示(梯形图与指令表功能相同)。

图 3-4 控制程序执行过程如下:

1) 当输入继电器 X0 为 ON(动合触点 X0 闭合),X1、X2 为 OFF(动断触点 X1、X2 闭合),即触点 X0、X1、X2 同时闭合(逻辑与)时,输出继电器 Y0 为 ON;触点 X0、X1、X2 其中有一个断开时,Y0 为 OFF。

2) 当输入继电器 X3 为 OFF(动断触点 X3 闭合),X4、X5 为 ON(动合触点 X4、X5 闭合)时,输出继电器 Y1 为 ON;触点 X3、X4、X5 其中有一个断开时,Y1 为 OFF。

3) 当输出继电器 Y0、Y1 同时为 ON 时,输出继电器 Y2、Y3 为 ON。

2. 触点并联指令(OR、ORI)

触点并联指令包括 OR 和 ORI。

1) 或指令 OR:用于并联一个动合触点,实现逻辑或运算。

2) 或非指令 ORI(or inverse):用于并联一个动断触点,实现逻辑或非运算。

触点并联指令的目标元件为编程元件 X、Y、M、S、T 和 C,可以连续执行并联触点连接指令。一般情况下,一逻辑行中并联触点不超过 10 个。

OR、ORI 指令应用示例如图 3-5 所示。

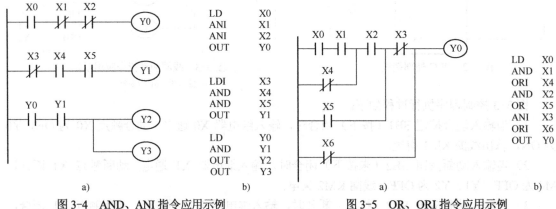

图 3-4 AND、ANI 指令应用示例　　　　　　图 3-5 OR、ORI 指令应用示例
a) 梯形图 b) 指令表　　　　　　　　　　　a) 梯形图 b) 指令表

图 3-5 控制程序执行功能如下：

首先动合触点 X0、X1 实现逻辑与→与动断触点 X4 实现逻辑或→与动合触点 X2 实现逻辑与→与动合触点 X5 实现逻辑或→与动断触点 X3 实现逻辑与→与动断触点 X6 实现逻辑或→Y0 为 ON。其逻辑表达式为

$$Y0=[(X0\times X1+\overline{X4})\times X2+X5]\times\overline{X3}+\overline{X6}$$

【例 3-1】 起动—保持—停止电路功能的 PLC 控制程序。

起动—保持—停止（简称起保停）电路广泛应用于生产实践中，其控制程序如图 3-6 所示。其中 X0 为动合触点，X2 为动断触点，Y5 为输出继电器，该继电器为 ON 时其动合触点 Y5 闭合。

起动—保持—停止电路控制程序最主要的特点是具有记忆功能。

a)

步	指令	软元件号
0	LD	X0
1	OR	Y5
2	ANI	X2
3	OUT	Y5

b)

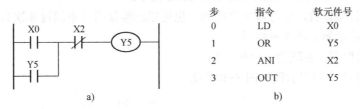

图 3-6　起保停电路控制程序

a) 梯形图　b) 指令表

图 3-6 控制程序执行过程如下：

1）当 X0 为 ON（触点 X0 闭合）、X2 为 OFF（触点 X2 闭合）时，输出继电器 Y5（线圈）为 ON，触点 Y5 闭合，这时，即便 X0 为 OFF，输出继电器 Y5 仍然为 ON，这就是所谓的自锁或者自保持记忆功能。

2）当 X2 为 ON（触点 X2 断开）时，输出继电器 Y5 为 OFF，触点 Y5 断开，即便是 X2 触点重新闭合（X0 已经复位），Y5 线圈依然为断电状态。

3.1.4　块串联、并联指令

1．块串联指令（ANB）

块串联指令 ANB（and block）用于并联回路（电路）块之间的串联连接，实现电路块的逻辑与运算。

两个或两个以上触点并联的回路块称为并联回路块。回路块开始用 LD、LDI 指令，回路块结束用 ANB 指令。

ANB 指令没有操作数，它可以单独使用，也可以连续使用（不超过 8 次）。

ANB 指令应用示例如图 3-7 所示。

a)

LD	X0
ORI	X3
LDI	X1
OR	X4
ANB	
LD	X2
OR	X5
ANB	
OUT	Y0

b)

LD	X0
ORI	X3
LDI	X1
OR	X4
LD	X2
OR	X5
ANB	
ANB	
OUT	Y0

c)

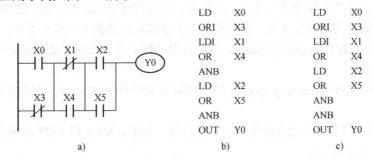

图 3-7　ANB 指令应用示例

a) 梯形图　b) 指令表 1　c) 指令表 2

图 3-7a 梯形图对应指令表 1 为一般编程法，指令表 2 为集中编程法，两种方法的指令表和梯形图功能都是等价的。

【例 3-2】 编程实现逻辑表达式：

$$Y0 = \{[(X0 \times X1 + \overline{X4}) \times (X2 + X5)] + \overline{X6}\} \times \overline{X3}$$

按逻辑表达式要求，梯形图程序如图 3-8 所示。

图 3-8 梯形图程序

2. 块并联指令（ORB）

块并联指令 ORB（or block）用于串联回路（电路）块的并联连接，实现电路块逻辑或运算。

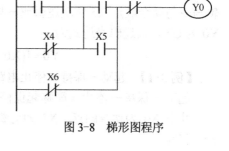

两个或两个以上触点串联的回路称为串联回路块。回路块开始用 LD、LDI 指令，回路块结束用 ORB 指令。

ORB 指令没有操作数，它可以单独使用，也可以连续使用（不超过 8 次）。

ORB 指令应用示例如图 3-9 所示。

【例 3-3】 块串联、并联指令应用示例。

块串联、并联指令应用示例如图 3-10 所示。

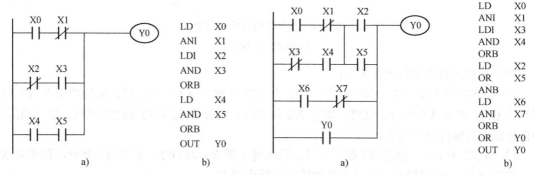

a)

LD	X0
ANI	X1
LDI	X2
AND	X3
ORB	
LD	X4
AND	X5
ORB	
OUT	Y0

b)

图 3-9 ORB 指令应用示例

a) 梯形图 b) 指令表

a)

LD	X0
ANI	X1
LDI	X3
AND	X4
ORB	
LD	X2
OR	X5
ANB	
LD	X6
ANI	X7
ORB	
OR	Y0
OUT	Y0

b)

图 3-10 块串联、并联指令应用示例

a) 梯形图 b) 指令表

3.1.5 堆栈指令（MPS、MRD、MPP）

所谓堆栈，就是采用先进后出、后进先出操作方式的数据存储区。堆栈常用于存放数据处理的中间结果。

FX_{2N} 系列 PLC 有 11 个堆栈存储数据单元，用于存储中间运算结果，有 3 条用于堆栈操作的指令。

1）进栈指令 MPS（memory push）：用于运算（中间）结果的存储。使用一次 MPS 指令，该时刻的运算结果就推入栈的第一单元，即栈顶。在没有使用 MPP 之前，如果再次使用 MPS 指令，当时的运算结果就推入栈顶，而先推入的数据依次向栈的下一单元推移。

2）读栈指令 MRD（memory read）：用于读取 MPS 指令最新存储的运算结果，即栈顶数据，栈顶数据保留。

3）出栈指令 MPP（memory pop）：用于读取并清除栈顶数据，同时栈内其他数据按顺序依次上移。

MPS、MRD 和 MPP 是独立指令，没有操作数。其中，MPS 和 MPP 必须成对使用，而且连续使用次数不超过 11 次。

一层堆栈应用示例如图 3-11 所示，二层堆栈应用示例如图 3-12 所示。

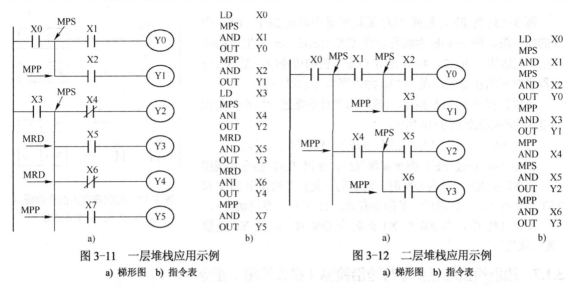

图 3-11 一层堆栈应用示例
a) 梯形图　b) 指令表

图 3-12 二层堆栈应用示例
a) 梯形图　b) 指令表

3.1.6 置位、复位指令（SET、RST）

置位指令 SETR 用于将指定的线圈（软元件）置位（1）。

复位指令 RST（reset）用于将指定线圈（软元件）复位（0）。

SET 和 RST 指令的使用说明如下：

1）SET 指令的操作数可以为 Y、M 和 S；RST 的操作数可以为 Y、M、S、T、C、D、V 和 Z。

2）在执行 RST 操作时，对于位元件（如 Y1）将其状态复位，即置 0；对数据元件（如 D100）将其数据清零。

3）SET 指令执行后，即便指令执行的条件不存在，其执行结果仍然保留，必须通过 RST 指令才能使其复位。

SET、RST 指令应用示例如图 3-13 所示。

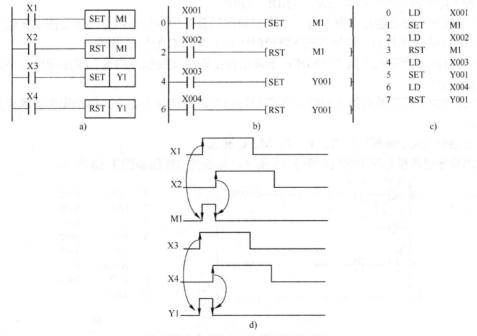

图 3-13 SET、RST 指令应用示例
a) 编程手册中的梯形图　b) 编程软件中的梯形图　c) 指令表　d) 时序图

图 3-13a 为 FX_{2N} 系列 PLC 编程手册中描述 SET、RST 指令的梯形图。图 3-13b 为编程软件 GX Developer 中生成的梯形图，左边数字 0、2、4、6 表示指令需要的指令步。图 3-13c 为程序对应的指令表，图 3-13d 为程序对应的时序图。

可以在程序中通过 SET、RST 指令对电路进行操作，起保停电路的梯形图如图 3-14 所示。

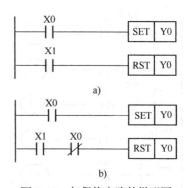

图 3-14 起保停电路的梯形图

a) 复位优先 b) 置位优先

图 3-14 中，X0 和 X1 分别为起动信号和停止信号。

图 3-14a 通过 SET 指令实现保持，通过 RST 指令实现停止。当 X0 和 X1 同时为 ON 时，对于同一元件多次使用 SET 和 RST 指令的情况，仅最后一条指令有效，Y0 复位（复位优先）。

图 3-14b 中，当 X0 和 X1 同时为 ON 时，显然 Y0 置位（置位优先）。

3.1.7 边沿检出触点指令与边沿检测（微分输出）指令

1. 边沿检出触点指令

（1）脉冲上升沿触点指令

脉冲上升沿触点指令有包括 LDP、ANDP、ORP。

1）取脉冲上升沿触点指令 LDP：上升沿检出运算开始的触点指令。梯形图中在触点元件的中间有一个向上的箭头，该触点在上升沿时闭合一个 PLC 的扫描周期。

2）与脉冲上升沿触点指令 ANDP：上升沿检出串联连接触点指令。梯形图中的触点元件指令功能同上。

3）或脉冲上升沿触点指令 ORP：上升沿检出并联连接触点指令。梯形图中的触点元件指令功能同上。

（2）脉冲下降沿触点指令

脉冲下降沿触点指令包括 LDF、ANDF、ORF。

1）取脉冲下降沿触点指令 LDF：下降沿检出运算开始的触点指令。梯形图中在触点元件的中间有一个向下的箭头，该触点在下降沿时闭合一个 PLC 的扫描周期。

2）与脉冲下降沿触点指令 ANDF：下降沿检出串联连接触点指令。梯形图中的触点元件指令功能同上。

3）或脉冲下降沿触点指令 ORF：下降沿检出并联连接触点指令。梯形图中的触点元件指令功能同上。

上述指令可用于编程元件 X、Y、T、M、C 和 S。

边沿检出触点指令应用示例如图 3-15 所示，对应的时序图如图 3-16 所示。

a)

0	LDP	X002
2	ORF	X003
4	AND	X004
5	OUT	Y002
6	LD	X005
7	ANDP	T5
9	OUT	Y003
10	END	

b)

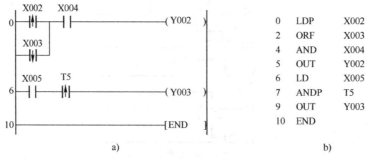

图 3-15 边沿检出触点指令应用示例

a) 梯形图 b) 指令表

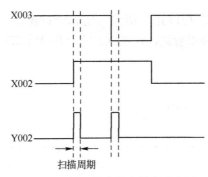

图 3-16 边沿检出触点指令时序图

由图 3-16 可以看出，X002 由 OFF→ON 变化或 X003 由 ON→OFF 变化时，Y002 仅维持一个扫描周期为 ON。

【例 3-4】 某系统输入传感器信号分别连接在输入端 X2 和 X3，输出控制端为 Y2。要求在 X3 为 ON 时锁定 Y2 为 OFF；在 X2 的上升沿和 X3 的下降沿时 Y2 分别输出一个脉冲，即一个 PLC 扫描周期为 ON。对该系统进行仿真调试。

仿真调试的过程简介如下（详见 3.5 节）：

1）上位机（计算机）首先进入 GX Developer 编程环境，创建新工程项目，在程序编辑窗口输入用户程序后存盘，如图 3-17 所示。

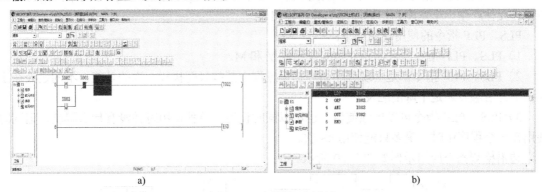

图 3-17 编辑梯形图程序
a) 梯形图 b) 切换为指令表

2）单击工具栏中的"程序变换/编译"按钮对程序进行编译直至成功。

3）单击工具栏中的"梯形图逻辑测试起动/停止"按钮，打开仿真软件 GX Simulator，用户程序被自动写入仿真 PLC，如图 3-18 所示。

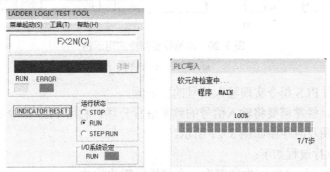

图 3-18 打开仿真软件 GX Simulator

4）在图 3-18 中，选择"菜单起动"→"继电器内存监视"→"时序图"→"起动"，在

"监视状态"框中单击命令"监控停止"即进入仿真调试窗口，如图 3-19 所示，单击按钮 X2、X3 使其状态发生变化，可以看到，仅在 X2 的上升沿或 X3 的下降沿时，Y2 输出一个扫描周期的脉冲。

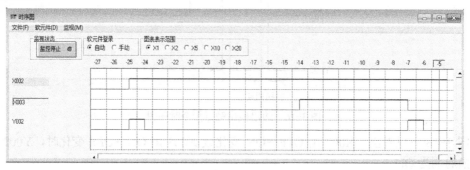

图 3-19 仿真调试

2. 边沿检测（微分输出）指令

边沿检测（微分输出）指令包括 PLS、PLF。

1）上升沿检测指令 PLS：上升沿微分输出指令。当检测到输入脉冲信号的上升沿时，使得操作元件产生一个宽度为扫描周期的脉冲输出。

2）下降沿检测指令 PLF：下降沿微分输出指令。当检测到输入脉冲信号的下降沿时，使得操作元件产生一个宽度为扫描周期的脉冲输出。

PLS、PLF 指令的使用说明如下：

1）PLS、PLF 指令的目标元件为编程元件 Y 和 M。

2）PLS、PLF 指令都是实现程序循环扫描过程中某些只需执行一次的功能，不同之处在于是在上升沿触发还是下降沿触发。

3）PLS、PLF 指令可以单独使用，也可以同时使用。单独使用时并没有什么限制，但同时使用在一个程序中时，最多只能使用 48 次。

边沿检测指令应用示例如图 3-20 所示。

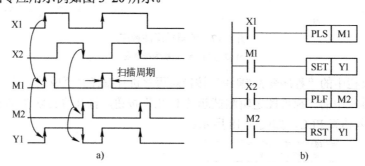

图 3-20 边沿检测指令应用示例
a) 时序图 b) 梯形图

【例 3-5】 使用 PLS 指令实现输入信号的二分频。

在实际应用中，经常需要将输入信号的频率进行分频。利用 PLS 指令实现输入信号 X0 二分频，二分频梯形图及时序图如图 3-21 所示。

图 3-21 程序执行过程如下：

1）当 X0 为 ON 时，M0 产生宽度为一个扫描周期的脉冲。

2）扫描到梯形图第二行时，由于 Y0 为 OFF，因此 M1 为 OFF。

第 3 章 FX₂ₙ 系列 PLC 的基本指令及应用

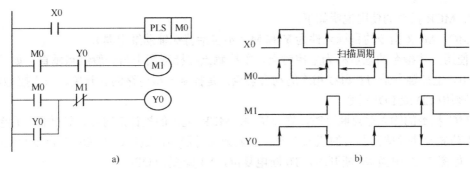

图 3-21 二分频梯形图及时序图
a) 梯形图 b) 时序图

3) 扫描到第三行时，由于 M0 为 ON，Y0 输出为 ON 并自锁，第一次扫描周期结束。
4) 第二个扫描周期开始，M0 为 OFF，M1 线圈仍然为 OFF，Y0 保持输出。
5) 当 X0 再次接通时，M1 为 ON，Y0 输出停止。
按照上述原理可以实现电子开关，即通过一个按钮 X0 就可以实现起动和停止。

3. FX₃ᵤ 系列 PLC 增加的基本指令

在上面指令的基础上，FX₃ᵤ 系列 PLC 又增加了 MEP 和 MEF 指令。

1) MEP（运算结果上升沿为 ON）指令在梯形图中为一个向上的垂直箭头"↑"，在其左边的触点电路的逻辑运算结果的上升沿（由 OFF 到 ON）开始的一个扫描周期内，该触点为 ON。

2) MEF（运算结果下降沿为 ON）指令在梯形图中为一个向下的垂直箭头"↓"，在其左边的触点电路的逻辑运算结果的下降沿（由 ON 到 OFF）开始的一个扫描周期内，该触点为 ON。

3.1.8 其他基本指令

1. 主控触点指令（MC、MCR）

编程时常会遇到这样的情况，即多个线圈同时受一个或一组触点控制，如果在每个线圈的控制电路中都串联同样的触点，将占用很多存储单元。使用主控指令就可以解决这一问题。

主控指令 MC（master control）用于公共串联触点的连接。执行 MC 指令后，左母线移到 MC 触点的后面。

主控复位指令 MCR（master control reset）是 MC 指令的复位指令，用于公共串联触点的清除。即执行 MCR 指令后，恢复原左母线的位置。

MC、MCR 指令应用示例如图 3-22 所示。

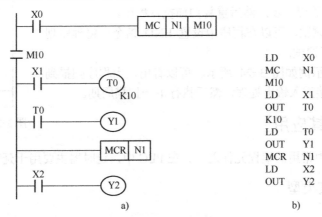

图 3-22 MC、MCR 指令应用示例
a) 梯形图 b) 指令表

MC、MCR 指令的使用说明如下:

1) MC、MCR 指令的目标元件为 Y 和 M（不包括特殊辅助继电器）。

2) 使用主控指令的触点称为主控触点，主控触点在梯形图中与一般触点垂直，如图 3-22 中的 M10。主控触点是与左母线相连的动合触点，是控制一组电路的总开关。与主控触点相连的触点必须用 LD 或 LDI 指令。

3) MC 指令的输入触点断开时，在 MC 和 MCR 之内的累计定时器、计数器、用复位/置位指令驱动的元件保持其之前的状态不变。非累计定时器和计数器、用 OUT 指令驱动的元件将复位。如图 3-22 中当 X0 断开时，T0 断电复位，Y1 即变为 OFF。

4) MC 指令可以嵌套使用，嵌套级数最多为 8 级，编号按 N0→N7 顺序增大，每级的返回用对应的 MCR 指令，编号按 N7→N0 顺序复位。

2. 空操作指令（NOP）

空操作指令 NOP（non processing）不执行操作，占一个程序步。

执行 NOP 指令时并不进行任何操作，当 PLC 执行了清除用户存储器操作后，用户存储器的内容全部变为空操作指令。

在程序中间加入 NOP 指令，PLC 将其忽略继续工作。

3. 取反指令（INV）

取反指令 INV 将执行该指令之前的逻辑运算结果取反（即运行结果为 OFF，则变为 ON；运行结果为 ON，则变为 OFF）。

INV 指令在梯形图中用一条短斜线表示，不需要指定编程元件。

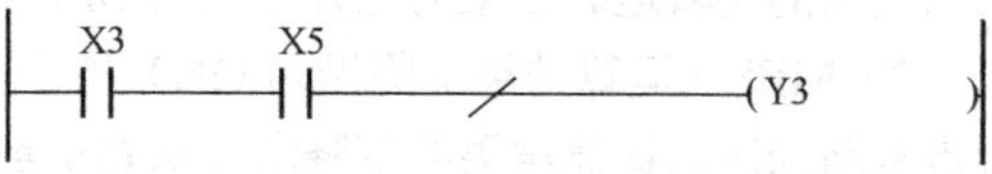

INV 指令应用示例如图 3-23 所示。

图 3-23 INV 指令应用示例

图 3-23 中，当 X3 或 X5 断开时，则 Y3 为 ON；当 X3 和 X5 实现逻辑与同时闭合时，则 Y3 为 OFF。

INV 指令不能直接与母线连接，也不能单独使用。在输入 AND、ANI、ANDP、ANDF 指令的位置处，可以使用 INV 指令。

4. 程序结束指令 END

程序结束指令 END 的使用说明如下:

1) 程序结束指令 END 的功能是结束当前的扫描过程。当 PLC 扫描到该指令时，则结束执行用户程序，可以缩短扫描周期。

2) 当程序中没有 END 指令时，PLC 将从用户程序存储器的第 0 步开始执行到最后的程序步，然后重复扫描执行程序。

3) 为方便程序调试，可以在程序中设置 END 指令，将程序划分成若干段分别进行调试。

END 指令应用示例如图 3-24 所示。可以看出，当程序扫描到 END 指令时，将直接进入输出处理，然后执行下一扫描周期。

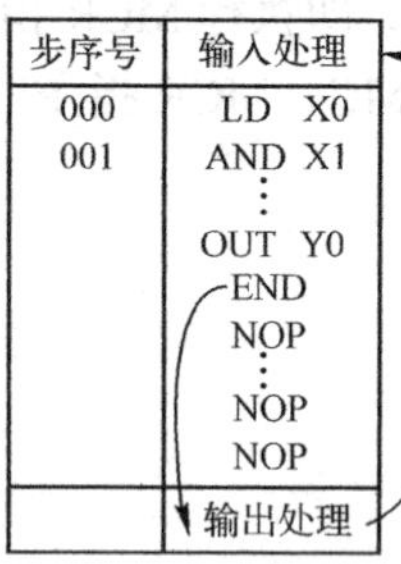

图 3-24 END 指令应用示例

3.2 定时器及其应用

定时器是 PLC 中常用的编程元件之一。在 PLC 中，定时器主要用于延时控制。

3.2.1 定时器及其类型

1. 定时器

PLC 中的定时器是通过对内部时钟脉冲计数来实现定时功能。定时器的主要参数包括分辨率、设定值及定时器编号。

(1) 分辨率

定时器分辨率即定时器对其进行计数的最小时间单位。FX$_{2N}$系列PLC的定时器对其内部1ms、10ms和100ms的时钟脉冲进行加计数。

(2) 设定值

设定值由K与十进制数组成,如K10。定时器在满足一定的输入控制条件后,从当前值按一定的时钟脉冲进行计数增加操作,当计数脉冲个数达到设定值时,定时时间到,定时器位发生动作,即定时器动合触点闭合、动断触点断开,以满足定时位控的需要。

(3) 定时器编号

PLC是通过定时器编号使用定时器的,定时器编号由T与十进制数组成,如T100。定时器以带有定时器编号和设定值的线圈的形式出现在程序中。

定时器编号在程序中不同位置具有不同的含义,具体如下:

1) 定时器编号在定时器指令中表示程序中使用的是哪一个定时器(地址)。
2) 定时器编号在程序中位操作时作为动合触点或动断触点。
3) 定时器编号在数据操作时表示定时器当前值,在应用指令中作为数值使用。

2. 定时器类型

按工作方式不同,定时器可分为一般用途定时器和累计定时器。它们通过分别对1ms、10ms、100ms不同周期时钟脉冲的计数实现定时,当计数脉冲个数达到设定值时,定时时间到,定时器触点动作。

(1) 一般用途定时器

一般用途定时器线圈得电后,定时器开始对时钟脉冲计数,当计数值达到设定值时,定时器触点动作。在任何情况下,当其失电后,定时器线圈不具有保持功能,定时器立即复位(当前计数值为0,触点复位)。FX$_{2N}$系列PLC的一般用途定时器电路及编程资源如图3-25所示。

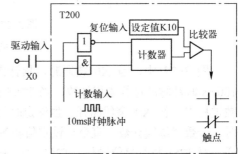

图3-25 FX$_{2N}$系列PLC的一般用途定时器电路及编程资源

一般用途定时器编号为T0~T245。其中,编号为T0~T199的定时器,其时钟脉冲为100ms,定时范围为0.1~3276.7s;编号为T200~T245的定时器,其时钟脉冲为10ms,定时范围为0.01~327.67s。

一般用途定时器应用示例如图3-26所示。

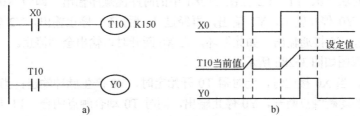

图3-26 一般用途定时器应用示例
a) 梯形图 b) 时序图

图3-26a中,X0用于驱动定时器T10内部的加计数器,K150为定时器内部的设定值,定时器输出触点T10用于驱动Y0。当X0接通时,定时器T10线圈得电,T10的当前值计数器对

67

100ms 时钟脉冲进行累计计数，即每隔 100ms 计数器当前值加 1，并与定时器的设定值 K150 进行比较，当两值相等时，输出触点 T10 动作，Y0 得电；当 X0 断开时，定时器线圈并不具有断电保持功能，定时器线圈失电，定时器复位。

（2）累计定时器

累计定时器线圈得电为 ON 后，定时器开始从当前值对时钟脉冲计数，当计数值达到设定值时，定时器触点动作。在计数过程中，若定时器线圈失电为 OFF，定时器当前计数值保持不变，定时器线圈再次为 ON 时，定时器从当前计数值继续连续计数，当计数值等于设定值时，定时器触点动作。

累计定时器编号为 T246~T255。其中，编号为 T246~T249 的定时器，其时钟脉冲为 1ms，定时范围为 0.001~32.767s；编号为 T250~T255 的定时器，其时钟脉冲为 100ms，定时范围为 0.01~327.67s。

累计定时器应用示例如图 3-27 所示。

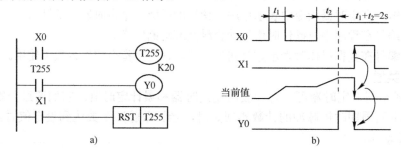

图 3-27 累计定时器应用示例
a) 梯形图　b) 时序图

图 3-27 中，当 X0 接通时，累计定时器 T255 线圈得电为 ON，计数器从当前值开始对 100ms 时钟脉冲进行累积计数，当 T255 的计数值等于设定值 K20 时，T255 的触点动作。在计数过程中，若 X0 突然断开，虽然定时器线圈失电，计数器当前值仍能保持，当 X0 再次接通时，计数器继续计数，直至与设定值相等时定时器触点动作。程序在运行过程中，只要 X1 接通，对 T255 执行复位操作，T255 线圈失电，定时器复位。

3.2.2 定时器的应用

1. 实现顺序控制

顺序控制一般是指若干个输出信号按序有效输出。

【例 3-6】 要求 Y0、Y1、Y2 按图 3-28a 中的时序图顺序输出，即当 X0 接通后，Y0 输出，经过 1s 后，Y0 停止输出，Y1 输出，再经过 1s 后，Y1 停止输出，Y2 输出，又经过 1s 后，Y2 停止输出，Y0 接通输出，如此循环，当 X0 断开时，输出全部停止。

顺序控制梯形图如图 3-28b 所示。

图 3-28b 中，当 X0 接通时，定时器 T0 开始定时，Y0 产生脉冲输出；当定时时间达到设定值 1s 时，T0 的动断触点断开，Y0 停止输出，同时 T0 动合触点闭合，T1 开始定时，Y1 产生脉冲输出；当 T1 定时时间达到时，Y1 停止输出，同时 T1 动合触点闭合，T2 开始定时，Y2 产生脉冲输出；当 T2 定时时间达到时，Y2 停止输出，完成一次扫描，如果此时 X0 还接通，则重新开始顺序脉冲，如此往复循环，直至 X0 输入断开。

2. 实现延时接通与延时断开

一般情况下，用一个定时器就可以实现延时接通、瞬时断开功能。

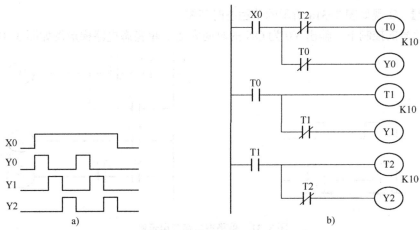

图 3-28 顺序控制应用示例

a) 时序图　b) 梯形图

【例 3-7】 使用定时器实现延时 5s 接通与延时 1s 断开电路。

要实现延时接通与延时断开，需要两个定时器。当 X0 输入接通时，定时器 T0 开始定时，输出 Y0 延时 5s 接通并且自锁，而当 X0 输入断开时，T1 开始定时，输出 Y0 延时 1s 断开。时序图与梯形图如图 3-29 所示。

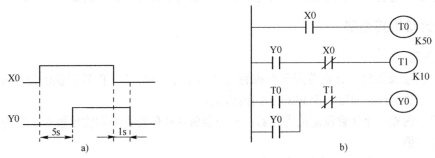

图 3-29 延时接通与延时断开电路应用示例

a) 时序图　b) 梯形图

3. 实现振荡电路

这里的振荡电路其实质就是周期性的通电和断电。

【例 3-8】 设计一个周期为 3s、脉冲宽度为 1s 的振荡器，时序图如图 3-30a 所示。振荡器梯形图如图 3-30b 所示。

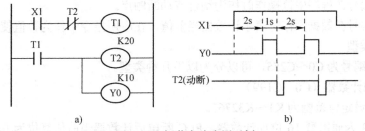

图 3-30 振荡电路应用示例

a) 时序图　b) 梯形图

4. 实现单稳态电路

所谓单稳态电路，是指在输入信号的控制下，输出只有一个稳定的状态，与输入时间长短无关。

【例 3-9】 实现如图 3-31a 所示的单稳态时序图。

在 X0 信号的控制下,输出 Y0 为 ON 的时间为 2s。单稳态电路梯形图如图 3-31b 所示。

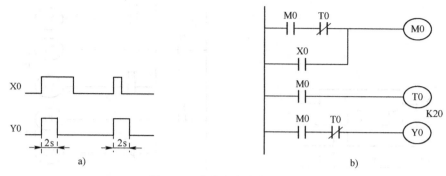

图 3-31 单稳态电路应用示例

a) 时序图 b) 梯形图

3.3 计数器及其应用

在 PLC 中,计数器主要用于对计数脉冲个数的累计。当计数器所累计脉冲的个数(当前值)等于计数设定值时,计数器位触点发生动作,以满足计数控制的需要。

3.3.1 计数器及其类型

1. 计数器

在执行扫描操作时,计数器用于对编程元件 X、Y、M、S、T 等提供的信号频率进行计数,计数信号的动作时间应大于 PLC 的扫描周期。

计数器中内置一个计数设定值寄存器、一个当前计数值寄存器和输出触点映像寄存器。

(1) 设定值

设定值由 K 与十进制数组成,如 K10。

(2) 计数器编号

在 PLC 中,系统通过对计数器编号来使用计数器。计数器地址编号由 C 与十进制数组成,如 C100。计数器以带有计数器编号和计数器设定值的线圈的形式出现在程序中。

计数器编号在程序中不同位置具有不同的含义,具体如下:

1) 计数器编号在计数器指令中表示使用的是哪一个计数器。

2) 计数器编号在程序中位操作时作为动合或动断触点。

3) 计数器编号在数据操作时表示计数器当前值,在应用指令中作为数值使用。

2. 计数器类型

计数器地址编号为 C0~C255,可以分为以下几种类型。

(1) 16 位加计数器(C0~C199)

该类计数器设定值范围为 K1~K32767。

1) C0~C99 为通用型 16 位加计数器,PLC 断电后计数器当前值复位为 0,通电后重新开始计数。

2) C100~C199 为掉电保护型 16 位加计数器,PLC 断电后能保持计数当前值及触点状态,通电后继续计数。

通用型 16 位加计数器应用示例如图 3-32 所示。

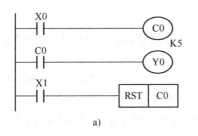 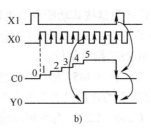

图 3-32 通用型 16 位加计数器应用示例

a) 梯形图　b) 时序图

图 3-32 中，计数器 C0 对外部输入信号 X0 进行计数。X0 每出现一个脉冲，C0 当前计数值加 1。当 C0 的当前值达到设定值 K5 时，其触点 C0 闭合，Y0 得电输出为 ON。此后 X0 接通时，C0 的当前值保持不变。当 X1 接通时，执行 RST 指令，C0 复位，Y0 失电为 OFF。

（2）32 位加/减计数器（C200～C234）

32 位加/减计数器 C200～C234 均为掉电保护型。计数器设定值范围为 K-2147483648～K2147483647，可以通过常数 K 设定，也可以通过数据寄存器 D 进行设定，如果指定的是 D10，则 32 位设定值存放在 D0 和 D1 中。

可以用特殊辅助继电器 M8200～M8234 分别控制计数器 C200～C234 实现加、减计数功能（1 为减计数器、0 为加计数器），其应用示例如图 3-33 所示。

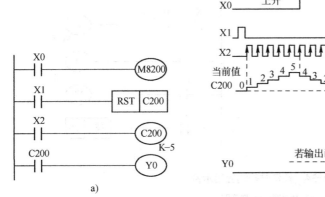 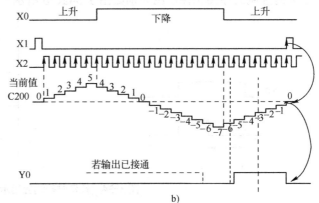

图 3-33　32 位加/减计数器应用示例

a) 梯形图　b) 时序图

图 3-33 中，当 X0 断开时，M8200 为 0，C200 为加计数器，对输入信号 X2 进行加计数。当 X0 接通时，M8200 为 1，C200 为减计数器，对输入信号 X2 进行减计数。C200 的计数设定值为-5，当 C200 的当前值由-6 增加到-5 时，触点 C200 接通，Y0 得电；当 C200 的当前值由-5 减小到-6 时，其触点复位。当 X1 接通时，执行 RST 指令，计数器 C200 复位。

（3）高速计数器（C235～C255）

C235～C255 为高速计数器，均为 32 位加/减计数器，可以用特殊辅助继电器 M8235～M8245 分别设置计数方向（1 为减计数器、0 为加计数器）。

高速计数器的运行机制是建立在中断基础上的，采用中断方式操作，因此不受扫描周期的控制。可以用作高速计数器计数的外部输入端只有 X0～X7（实际使用 X0～X5）。

需要特别注意的是，在对外部脉冲开始计数时，高速计数器的线圈必须是通电的，程序中可以使用 M8000 驱动高速计数器，而计数输入端 X0～X5 并没有在程序中出现。

高速计数器按其功能可分为以下四种：

1) C235~C240 为单相单输入无起动/复位端，其计数输入端口分别为 X0~X5，该类计数器只能用 RST 指令复位。

2) C241~C245 为单相单输入带起动/复位端。其中，C241、C244 的计数输入端为 X0，C242、C245 的计数输入端为 X2，C243 的计数输入端为 X3。

3) C246~C250 为单相双输入，有 2 个计数输入端，如 C246 的加/减计数输入端分别为 X0~X1，可以通过 M8246~M8255 分别监视计数器的计数方向。

4) C251~C255 为双相双输入（A-B 型），有 2 个计数输入端。

高速计数器的计数频率较高，其最高频率受输入端响应速度的影响，FX_{2N} 系列 PLC 的输入端 X0、X2、X3 最高计数工作频率为 10kHz，X1、X4、X5 最高计数工作频率为 7kHz；FX_{3U} 系列 PLC 高速计数器的计数工作频率分别是 10kHz（2 点）和 100 kHz（6 点）。

有关高速计数器输入端的详细情况可参阅 FX_{2N} 系列 PLC 编程手册。

3.3.2 计数器的应用

计数器是 PLC 系统中常用的编程元件，下面仅介绍使用定时器和计数器组合控制实现长延时的应用示例。

【例 3-10】 在 X0 控制下，延时 2h 后使 Y0 输出为 ON。

长延时控制时序图和梯形图分别如图 3-34a、b 所示。

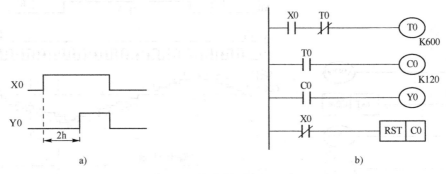

图 3-34 长延时控制应用示例
a) 时序图 b) 梯形图

图 3-34 中，当 X0 为 OFF 时，定时器 T0、计数器 C0 都处于复位状态。当 X0 为 ON 时，定时器开始定时，当时间达到设定值 60s 后，定时器动合触点闭合，C0 计数器当前值加 1；同时定时器的动断触点断开，定时器 T0 即时自复位。复位后，T0 的动断触点又重新接通，T0 重新开始定时，如此往复按 60s 脉冲周期循环工作。每循环一次 C0 的当前值就加 1。计数器 C0 的设定值为 120，当计数值为 120 时（即 60s×120=2h），其动合触点闭合，Y0 得电为 ON。

3.4 梯形图编程规则

在编辑 PLC 梯形图控制程序时，应严格遵循前面介绍的 PLC 梯形图所约定的指令格式，同时还要注意以下基本规则：

1) 避免出现多线圈输出。在一段程序中，如果一个软元件线圈被多次使用，在扫描结束时只有最后一次使用线圈的状态有效。为防止系统出现异常情况，程序中应避免出现双线圈及以上输出现象。

2) 按从上到下、从左到右的顺序处理。与每个继电器线圈相连的全部支路形成一个逻辑行,每个逻辑行始于左母线,终于右母线(可省略,本书中右母线均省略),继电器线圈与右母线直接相连,在继电器线圈右边不能插入其他元素,如图 3-35 所示。

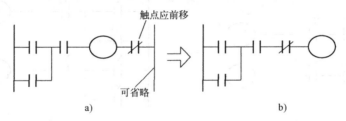

图 3-35 梯形图编程应用示例 1

a) 错误　b) 正确

3)在设计串联电路时,串联触点较多的回路放在上部、单个触点放在右边,以减少编程指令,如图 3-36 所示。

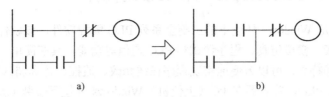

图 3-36 梯形图编程应用示例 2

a) 错误　b) 正确

4)在设计并联电路时,并联触点多靠近左母线、将单个触点放在下边,以减少编程指令,如图 3-37 所示。

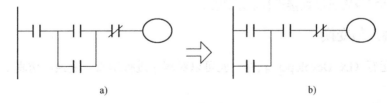

图 3-37 梯形图编程应用示例 3

a) 错误　b) 正确

5)梯形图中垂直方向支路上不能有触点,否则会产生逻辑错误,如图 3-38 所示。

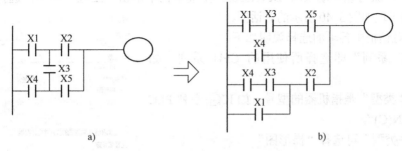

图 3-38 梯形图编程应用示例 4

a) 错误　b) 正确

6)输出类指令,如 OUT、MC、SET、RST、PIS 及大部分应用指令应放在梯形图最右边,可以避免使用 MPS 和 MPP 指令。

7)逻辑行之间的关系清晰,互有牵连且逻辑关系不清晰的逻辑行应进行改进,以方便阅读和编程，如图3-39所示。

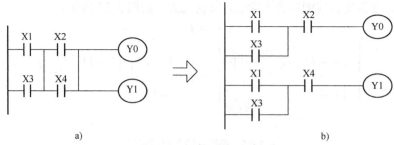

图3-39 梯形图编程应用示例5
a) 错误 b) 正确

3.5 编程软件 GX Developer 与仿真使用简介

GX Developer 是 Windows 环境下的三菱全系列 PLC 编程软件，该软件集成了项目管理、程序编辑、编译链接、模拟仿真、程序调试和 PLC 通信等功能，具有简单、易操作、丰富的可视化界面及工具箱等特点，可以方便地实现程序在线修改、监控、仿真调试等功能。

使用 FX_{2N} 系列 PLC，首先要在 PC（上位机）Windows 环境下安装 GX Developer 编程软件（本书使用的是 GX Developer V8.86 和仿真软件 GX Simulator V6-C），按照编程软件规定的编程语言（指令格式）编写 PLC 控制程序，用户可在该软件环境下进行程序录入编辑、编译、下载、调试、仿真及运行监控。

在 GX Developer 软件环境下，同一程序可以使用梯形图、指令表及 SFC 等编程语言进行编程，梯形图和指令表可以直接进行显示切换。

3.5.1 程序输入与变换

在上位机运行 GX Developer 软件，就可以对程序进行编辑、变换、仿真、调试及下载等各项功能。

1. 建立工程

在 GX Developer 环境下，输入和编辑 PLC 应用程序是通过建立工程文件实现的。

在 Windows 桌面鼠标单击"开始"→"程序"→"MELSOFT 应用程序"→"GX Developer"后，就可以启动 GX Developer。在菜单栏中单击"工程"菜单，选择"创建新工程"命令，将出现如图3-40所示的对话框。

图3-40对话框中各项的选择说明如下：

1)"PLC 系列"即选择所使用的 CPU 系列，如"FXCPU"。

2)"PLC 类型"是指机器的型号，如 FX_{2N} 系列 PLC 则选择"FX2N(C)"。

3)"程序类型"可选择"梯形图"。

4)"生成和程序名同名的软元件内存数据"可以不选择。

5) 选中"设置工程名"复选框，输入路径、工程名。

以上选择确定后，单击"确定"按钮，弹出编程窗口，如图3-41所示。

图3-40 创建新工程

第 3 章　FX₂ₙ 系列 PLC 的基本指令及应用

图 3-41　编程窗口

编程窗口主要包括菜单栏、工具栏、编程区、工程参数列表、状态栏等部分。

1）菜单栏。菜单栏包含工程、编辑、查找/替换、变换、显示、在线、诊断、工具、窗口及帮助菜单。

2）标准工具栏。标准工具栏由工程菜单、编辑菜单、查找/替换菜单、在线菜单、工具菜单中常用的功能组成。

3）数据切换工具栏。使用数据切换工具栏可在程序、参数、注释、软元件内存四个项目中切换。

4）梯形图编程元件符号栏。梯形图编程元件符号栏包含梯形图编辑所需要使用的动合触点、动断触点、线圈、应用指令及连接线等。

5）程序编辑、监控区。该区可完成程序的编辑、修改、监控等功能，中心空白域为梯形图程序编辑域，最左边是左母线，蓝色框表示当前可写入区域，通过鼠标单击梯形图编程元件符号即可得到所需要的线圈、触点等。

6）程序工具栏。使用程序工具栏可进行梯形图模式、指令表模式的转换；进行读出模式、写入模式、监视模式、监视写入模式的转换。

7）SFC 工具栏。使用 SFC 工具栏可对 SFC 程序进行块变换、块信息设置、排序、块监视操作。

8）工程参数列表。工程参数列表显示程序、编程元件的注释、参数、编程元件内存，并可进行相关数据的设定。

9）状态栏。状态栏提示当前的操作，显示 PLC 类型以及当前操作状态等。

2. 程序输入和编辑

在程序编辑区输入梯形图程序，可以在编程窗口的梯形图编程元件符号栏选择编程元件，梯形图元件符号栏每一元件对应于一个按钮，如图 3-42 所示。

图 3-42　梯形图编程元件符号栏

若将光标指向某一元件按钮，在其左下角就会显示其功能。也可以打开"帮助"菜单，查找相关的快捷键列表、特殊功能继电器/寄存器等信息。

若要在程序编辑区输入一个元件，可以单击元件按钮，弹出"梯形图输入"对话框，如图 3-43 所示，在对话框中输入元件名称（地址），单击"确定"按钮即可。

图 3-43 "梯形图输入"对话框

(1) 触点输入

在程序编辑区先后分别设置输入 X0、定时器 T0、计数器 C0 触点，通过鼠标把蓝色光标移动到所需的位置，然后在梯形图编程元件符号栏中选择 F5 动合触点（或按键〈F5〉），在"梯形图输入"对话框中输入 X0（默认为 X000），即可完成写入 X0 动合触点的操作，用同样的方法可设置 T0、C0 触点。

(2) 定时器线圈

在程序编辑区某处输入一个定时器线圈，则在梯形图编程元件符号栏中选择 F7 线圈，在

图 3-44 输入定时器线圈

"梯形图输入"对话框中输入定时器地址编号（如 T0）和设定值（如 K600），如图 3-44 所示。

(3) 计数器

在程序编辑区某处输入一个计数器线圈，则在梯形图编程元件符号栏中选择 F7 线圈，在"梯形图输入"对话框中输入计数器地址编号（如 C0）和设定值（如 K120），如图 3-45 所示。

(4) 指令输入

指令和应用指令输入可以选择梯形图编程元件符号栏中的 F8 指令框，直接在指令框中输入指令。如对计数器进行复位操作，选择 F8 指令框，在"梯形图输入"对话框中输入 RST C0，如图 3-46 所示。

图 3-45 输入计数器线圈

图 3-46 复位指令输入

编辑输入的梯形图如图 3-47 所示。

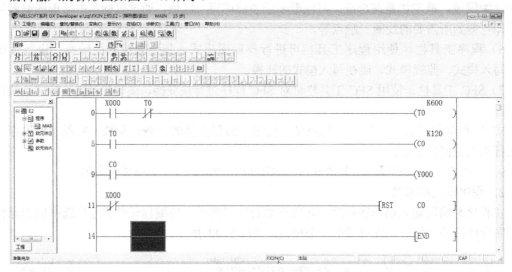

图 3-47 编辑输入的梯形图

图 3-47 梯形图利用定时器、计数器实现了长延时功能，即在 X0 的控制下，延时 2h 后使输出 Y0 为 ON。

(5) 连接线输入

如果需要在梯形图中设置其他一些连接线，可以选择图 3-42 中的 F9、sF9、F10 按钮；输入触点选择 sF5、F6、sF6、sF7、sF8、aF7、aF8、caF10；删除线有 cF9、cF10、aF9 等。

梯形图编程元件符号 sF5 表示快捷键〈Shift+F5〉，aF7 表示快捷键〈Alt+F7〉，caF10 表示快捷键〈Ctrl+Alt+F10〉。

（6）应用示例

按以上方法，用 GX Developer 编制梯形图程序，输入具有互锁功能的电动机正反转梯形图程序，如图 3-48 所示。

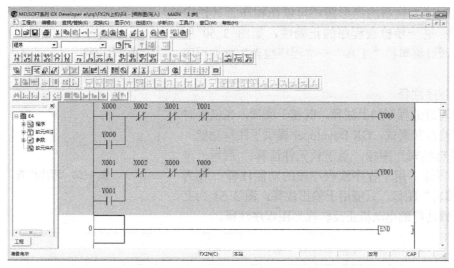

图 3-48　输入具有互锁功能的电动机正反转梯形图程序

3. 程序变换与检查

（1）程序变换

图 3-48 中的梯形图程序呈灰色，表示当前程序还未能变换为 PLC 所能执行的指令。同其他计算机程序设计语言一样，必须把所编写的梯形图程序转换成 PLC 微处理器能识别和处理的目标语言。在 GX Developer 软件环境中，完成这一功能的操作称为程序变换或编译。

可以单击菜单栏"变换"→"变换"，对当前程序进行变换操作，也可以使用快捷键〈F4〉对程序进行变换。

在无语法错误的情况下，经程序变换操作后的梯形图如图 3-49 所示。梯形图左侧的序号为梯形图的步数。

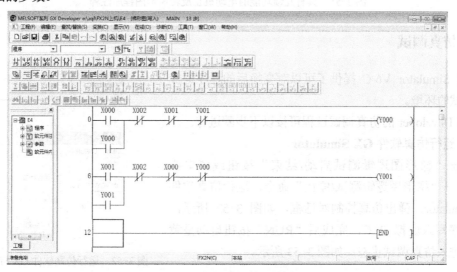

图 3-49　程序变换后的梯形图程序

（2）程序检查

在程序变换过程中，如程序中出现语法错误，则该程序不能进行变换，系统会给出提示。在程序检查结束后，梯形图中出现的蓝色框停留处为语法错误（不能变换），必须对此修改正确后方可进行程序变换。

经过程序变换后的梯形图还可以在程序工具栏中选择 图标进一步检查程序的正确性，如图 3-50 所示；也可通过菜单栏"工具"→"程序检查"查询程序的正确性。

图 3-50 程序检查

（3）程序注释

为编写好的程序加上注释，既便于阅读，也便于对程序进行检查和调试。GX Developer 提供了注释功能： 为"注释编辑"图标，用于软元件注释； 为"声明编辑"图标，用于程序或程序段的功能注释； 为"注释项编辑"图标，只能用于输出注释。图 3-51 为上述具有互锁功能的电动机正反转梯形图程序注释。

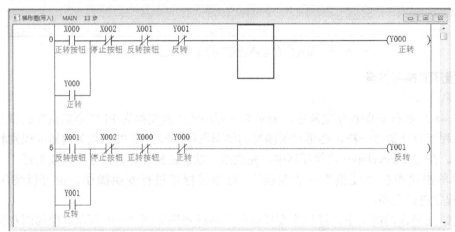

图 3-51 具有互锁功能的电动机正反转梯形图程序注释

3.5.2 仿真调试

GX Simulator V6-C 提供了可以对变换后的程序进行仿真调试的环境。

GX Developer 的仿真调试过程可按以下步骤进行。

1. 运行仿真软件 GX Simulator

单击"梯形图逻辑测试启动/结束"按钮或菜单栏"工具"→"梯形图逻辑测试/停止"命令，运行仿真软件 GX Simulator，弹出仿真控制对话框，如图 3-52 所示，等待程序写入虚拟 PLC，完成后"RUN"按钮自动呈黄色，即进入仿真调试状态，如图 3-53 所示。

图 3-52 运行仿真软件 GX Simulator

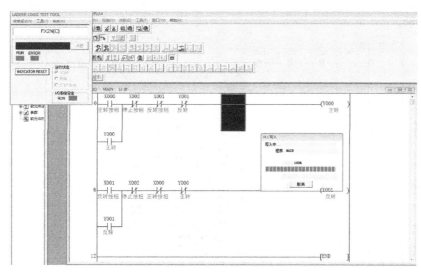

图 3-53 程序写入虚拟 PLC

2. 进行仿真调试

在仿真调试状态下,右键单击已经选择的程序中的输入元件 X0 动合触点,执行"软元件测试"命令,打开软元件测试对话框,选择"强制 ON"状态,即 X0=ON,可观察到仿真运行过程,如图 3-54a 所示;右键单击 X1 动合触点,打开软元件测试对话框,选择"强制 ON"状态,即 X1=ON,可观察到仿真运行过程,如图 3-54b 所示。

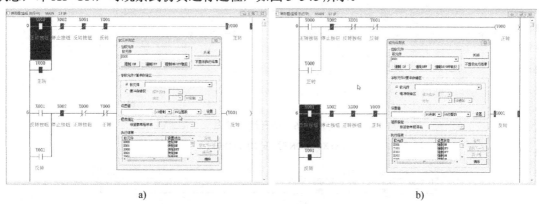

图 3-54 仿真运行过程

a) X0 为 ON 时　b) X1 为 ON 时

3. 继电器内存监视仿真调试

1) 启动继电器内存监视仿真。单击仿真软件 GX Simulator 中的"菜单起动"→"继电器内存监视",在弹出的窗口中单击"软元件"→"位软元件窗口",可以依次调出程序中所需仿真测试的软元件序列在内存中的当前状态,如果在菜单栏"窗口"中选择"并列表示",则可同时显示多个元件的当前状态,如图 3-55 所示。

需要注意的是,在仿真过程中,仿真软件 GX Simulator 的对话框是隐藏的,需要单击屏幕下方的任务栏按钮激活才能弹出。

2) 仿真运行过程。图 3-55 中,双击所需仿真的输入元件,可使其得电呈黄色方块,表示该元件为 ON。程序中相应被驱动的得电输出元件也呈黄色方块,如图 3-56 所示。可以通过这种方法控制要求模拟输入的相关开关信号的变化,观察输出元件是否符合控制要求,以此进行仿真调试,检验程序的正确性。同时按下 X0 和 X1 按钮时,实现互锁,Y0 和 Y1 均为 OFF,

如图 3-57 所示。

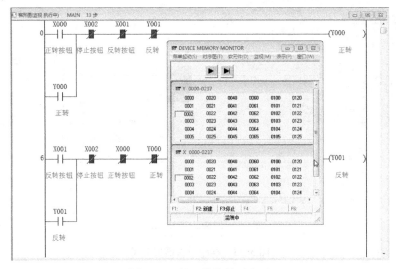

图 3-55　软元件的并列表示

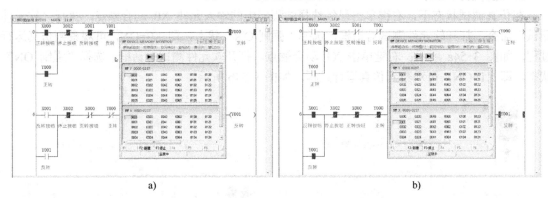

a)　　　　　　　　　　　　　　　　b)

图 3-56　仿真运行过程

a) X0 为 ON 时　b) X1 为 ON 时

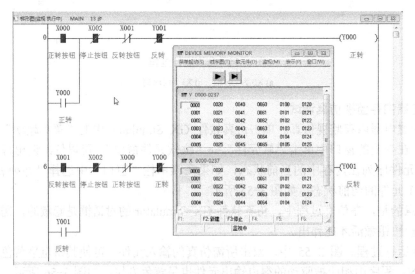

图 3-57　仿真互锁过程

3.5.3 PLC 与 PC 通信与程序下载

PLC 用户程序在上位机（PC）变换成功后，可以通过通信设置将程序下载到 PLC 中，PLC 控制系统运行后才能实现用户程序功能。

1. PLC 与 PC 的连接方式

FX$_{2N}$ 系列 PLC 与 PC 的通信连接通常采用以下方式。

（1）使用三菱标准编程电缆 SC-09

三菱标准编程电缆 SC-09 一端为 9 孔 D 形插头，用于连接 PC；另一端有两个连接端，其一是 25 针 D 形插头，用于连接已经停产的 FX$_1$、FX$_2$ 系列 PLC 等老机型；其二是圆形 8 针插头，用于连接 FX$_{2N}$ 系列 PLC 等机型。

（2）使用其他编程电缆

三菱的编程电缆不是简单的 RS-232 转 RS-422，在电缆中有很多芯片和电阻，引脚接线方式也相当独特。20 世纪 90 年代以来，国内有不少厂商在三菱原型号基础上生产出了新型的电缆，使用简单、方便。如有专门用于远程监控的电缆、两个连接头的简易型电缆及带有信号放大器且长达数百米的电缆。

（3）与笔记本计算机连接

笔记本计算机与 PLC 的通信可以使用带有 USB 口的通信电缆，也可以使用 USB 转 RS-232 的连接器。

通常情况下，编程软件通过 PC 的 COM1 向 PLC 读取程序，PC 的 9 针串口为 COM1 口，而 USB 口可能是 COM2、COM3 口，所以要通过通信设置选择连接通信端口。

2. 通信设置与程序下载

（1）通信设置

程序下载前必须进行正确的通信设置。

在编程软件的菜单栏单击"在线"→"传输设置"，弹出"传输设置"窗口，双击窗口中的"串行 USB"按钮，弹出对话框如图 3-58 所示。

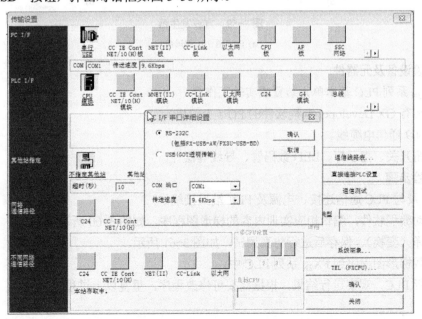

图 3-58 "传输设置"对话框

这里必须确定 PLC 与计算机的连接端口（COM1、COM2、USB），并做出相应选择。传输速度可以选择默认的 9.6kbit/s。单击"通信测试"按钮，即可检测设置正确与否。

（2）程序下载

通信设置成功后可进行程序下载，其操作如下：

1）首先将 PLC 面板上的开关由 RUN 拨向 STOP 状态。

2）然后打开"在线"菜单，进入"PLC 写入"窗口设置（或直接单击 ）。

3）在"写入 PLC"窗口，选中"MAIN"和"PLC 参数"后，单击"开始执行"按钮，即可完成 PLC 程序下载。

3.6 实验：基本指令应用

3.6.1 GX Developer 编程软件练习

1. 实验目的

掌握 GX Developer 编程软件的编辑、编译、仿真调试程序及程序下载的操作方法。

2. 实验内容

1）熟悉 GX Developer 编程软件的菜单栏、工具栏、状态栏的功能和使用方法。

2）利用 GX Developer 编写梯形图程序实现周期为 1s 的方波发生器，如图 3-59 所示，并进行仿真调试、程序下载运行。

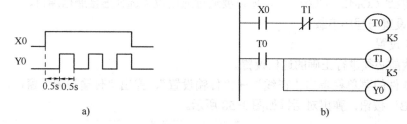

图 3-59 方波发生器

a）时序图 b）梯形图

3. 实验设备及元器件

1）FX$_{2N}$ 系列 PLC 基本单元装置或实验工作台。

2）安装有 GX Developer 编程软件的 PC（上位机）。

3）SC-09 通信电缆线。

4）按钮开关、指示灯、LED 数码管、导线等器件。

4. 实验步骤

1）PC 及与 PLC 通信连接、电源及 PLC 端口接线。

2）启动编程软件，编辑相应实训内容的梯形图程序，如图 3-60 所示。

3）编译（变换）、保存后进行仿真调试，如图 3-61 所示。

4）下载梯形图程序到 FX$_{2N}$ 系列 PLC 中。

5）运行 PLC，观察运行结果，根据需要可修改程序，重复以上过程。

第 3 章　FX$_{2N}$ 系列 PLC 的基本指令及应用

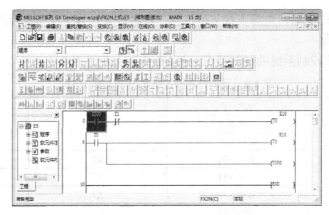

图 3-60　编辑梯形图

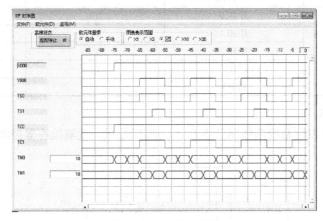

图 3-61　仿真时序图

5．实验报告

1）分析仿真调试后的梯形图程序和结果。
2）总结程序调试的步骤。
3）使用梯形图编辑用户程序时如何选择和操作元件符号、应用指令和连接线？
4）通过示例简述仿真调试的过程和方法。
5）如何配置 PC 与 FX$_{2N}$ 系列 PLC 的通信参数？
6）简述程序下载的条件和操作。

3.6.2　竞赛抢答器控制系统

1．实验目的

通过竞赛抢答器控制系统设计掌握基本指令梯形图程序的设计过程和方法。

2．实验内容

设参赛者分为 3 组，第 1 组参赛选手 2 人，第 2 组参赛选手 2 人，第 3 组参赛选手 1 人。每人各操作一抢答按钮。

1）主持人按下开始按钮后，开始指示灯亮方可抢答，否则违例，桌上指示灯闪烁。
2）要求第 1 组只需一人按下抢答按钮就抢答成功，对应指示灯亮；第 2 组需两人同时按下抢答按钮抢答才成功，对应指示灯亮。
3）只要有选手抢答成功，其他选手抢答无效。
4）抢答开始 15s 后无人抢答时响铃，表示抢答时间已过。

5）当一题抢答结束后，主持人按复位按钮，状态恢复，为下次抢答做准备。

3．I/O 端口分配

根据竞赛抢答器控制系统的控制要求，其 I/O 端口分配见表 3-1。

表 3-1 竞赛抢答器控制系统 I/O 端口分配

类 别	电气元件	PLC 软元件	功 能
输入（I）	按钮 SB0	X0	开始抢答
	按钮 SB1	X1	停止、复位
	按钮 SB2	X2	第 1 组抢答
	按钮 SB3	X3	第 1 组抢答
	按钮 SB4	X4	第 3 组抢答
	按钮 SB5	X5	第 2 组抢答
	按钮 SB6	X6	第 2 组抢答
输出（O）	灯 HL0	Y0	抢答开始灯
	灯 HL1	Y1	第 1 组抢答成功灯
	灯 HL2	Y2	第 3 组抢答成功灯
	灯 HL3	Y3	第 2 组抢答成功灯
	铃 HA	Y4	抢答时间到

4．I/O 端口接线

根据竞赛抢答器控制系统的控制要求及 I/O 端口分配，竞赛抢答器控制系统 I/O 端口接线如图 3-62 所示。

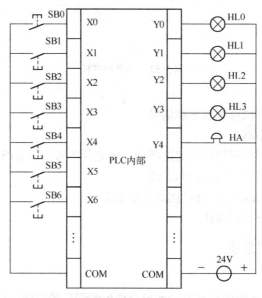

图 3-62 竞赛抢答器控制系统 I/O 端口接线

图 3-62 中，每个输入元件都应与 COM 端连接，其负载电源使用 DC 24V。

5．梯形图设计

竞赛抢答器控制系统梯形图程序的主要设计思路（算法）如下：

1）主持人按下开始按钮才能开始抢答，因此要设计 X0 接通 Y0，而 Y1、Y2、Y3 需与 Y0 串联，并都用 X1 动断触点复位，使所有状态复位。

2）由于第 1 组只需一人按下按钮即抢答成功，因此 X2 和 X3 并联；而第 2 组要求两人都按下即抢答成功，因此 X5 和 X6 串联。

3）一组抢答成功后，其他组不能再进行抢答，因此要将 Y1、Y2 和 Y3 的动断触点进行互锁。
4）设计振荡电路，在违规时实现灯闪烁。

竞赛抢答器控制系统梯形图程序如图 3-63 所示。

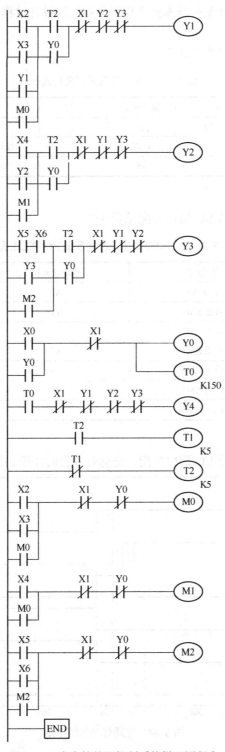

图 3-63 竞赛抢答器控制系统梯形图程序

3.6.3 交通灯控制

1．实验目的

通过交通灯控制系统设计掌握基本指令梯形图程序的设计过程和方法。

2．控制要求

十字路口交通灯变化规律见表 3-2。

表 3-2　十字路口交通灯变化规律

东西方向	交通灯	绿灯	绿灯闪烁	黄灯	红灯		
	时间/s	30	3	2	35		
南北方向	交通灯	红灯			绿灯	绿灯闪烁	黄灯
	时间/s	35			30	3	2

3．I/O 端口分配

根据交通灯控制要求，其 I/O 端口分配见表 3-3。

表 3-3　十字路口交通灯控制系统 I/O 端口分配

类　别	电气元件	PLC 软元件	功　能
输入（I）	开关 SA	X0	交通灯开启、关闭开关
输出（O）	线圈 KM1	Y1	东西方向绿灯
	线圈 KM2	Y2	东西方向黄灯
	线圈 KM3	Y3	东西方向红灯
	线圈 KM4	Y4	南北方向绿灯
	线圈 KM5	Y5	南北方向黄灯
	线圈 KM6	Y6	南北方向红灯

4．时序图

根据交通灯控制要求以及 I/O 端口分配，交通灯动作时序图如图 3-64 所示。

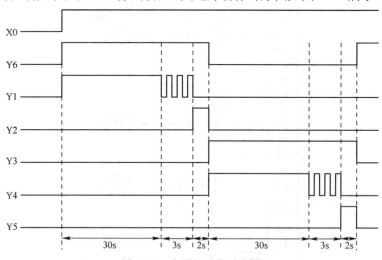

图 3-64　交通灯动作时序图

5．梯形图程序设计

依据交通灯控制要求，用 T0、T1、T2 三个定时器分别实现定时 30s、33s、35s 的延时，绿灯闪烁，T3、T4 用于实现多谐振荡电路。

交通灯控制梯形图程序如图 3-65 所示。

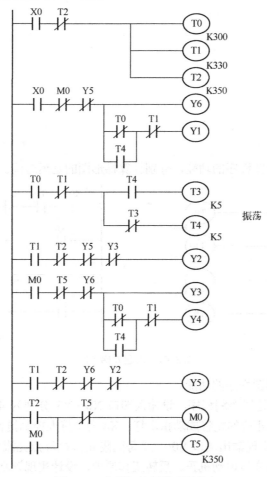

图 3-65 交通灯控制梯形图程序

3.7 思考与习题

1. FX$_{2N}$ 系列 PLC 的编程元件有哪些？分别指出其功能。
2. 在编写 PLC 梯形图程序时应遵守哪些规则？
3. 在程序中出现的定时器符号 T0 或计数器符号 C0 有几种含义？其作用是什么？
4. 写出图 3-66 中梯形图对应的指令表。

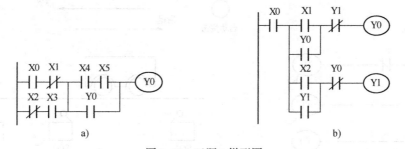

图 3-66 习题 4 梯形图

5. 写出与下列指令表同样功能的梯形图程序。

   LDI X1
   LD   X0
   OR   Y0
   ANB
   LD   X2
   ANI X3
   AN4 X4
   ORB
   OUT Y0

6. 分析图 3-67 梯形图程序的功能，分别计算梯形图的延迟时间。

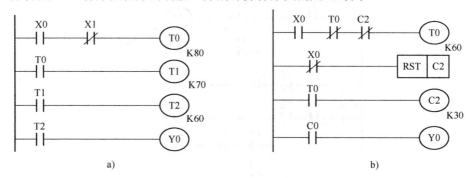

图 3-67　习题 6 梯形图

7. 分析图 3-68 梯形图程序的功能。

8. 编写简易 4 人抢答器控制程序，设输入端口 X0～X3 分别为 4 位抢答者的控制按钮，输出端口 Y0～Y3 分别为相应的抢答成功指示灯，X4 为主持人控制抢答开始按钮。

9. 设计一段程序，实现输出端口 Y0～Y7 每间隔 0.5s 循环点亮流水灯。

10. 学习和查阅交流异步电动机正、反转工作原理，设计实现该功能的梯形图程序。

11. 对输入端口 X0 的开关（脉冲）进行计数，当计数值达到 100 时，停止计数，同时输出端口 Y0 为 ON（控制外部执行机构动作）。

12. 利用定时器、计数器和比较等指令，编程实现学校作息自动打铃控制梯形图程序（时间段自行选择）。

13. 小车运动如图 3-69 所示，按下启动按钮后，小车前进，碰到 SQ2 时，小车停止 1s 后后退，碰到 SQ1 时小车停止，2s 后再次前进，碰到 SQ2 小车不停止，直到碰到 SQ3 小车停止，3s 后返回，碰到 SQ2 不停止，直到碰到 SQ1 小车停止；如此循环。试设计 PLC 梯形图程序。

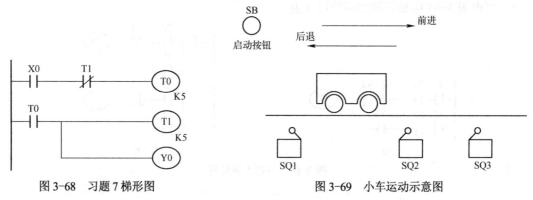

图 3-68　习题 7 梯形图　　　　　　图 3-69　小车运动示意图

14. 一个 4 条带运输机的传输系统，分别用 4 台电动机 M1、M2、M3、M4 驱动。控制要求如下：

1）按下起动按钮 X0 时，先起动最前一条带运输机，每延时 2s 后，依次起动其他带运输机，即 M1→M2→M3→M4。

2）按下停止按钮 X1 时，先停最后一条带运输机，每延时 1s 依次停止其他带运输机，即 M4→M3→M2→M1。

试设计满足上述控制要求的 PLC 梯形图控制程序。

15．设计图 3-70 时序图要求的梯形图程序。

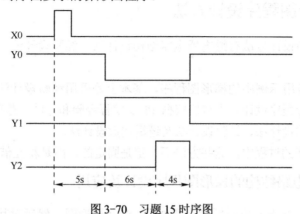

图 3-70　习题 15 时序图

16．将如图 3-71 所示的继电接触式控制系统移植为 PLC 控制系统，要求如下：

1）画出 I/O 分配表。

2）画出 I/O 连线图。

3）画出梯形图，并写指令表。

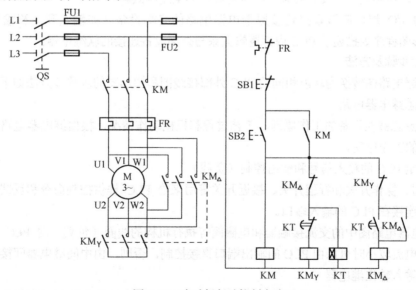

图 3-71　电动机起动控制电路

第4章 开关量及顺序控制程序设计方法

本章在 PLC 基本指令编程的基础上,首先整理和介绍了开关量梯形图程序设计方法,然后重点介绍了顺序控制的编程方法、状态转移图及 FX_{2N} 系列 PLC 顺序类型控制指令的编程及应用。

4.1 开关量梯形图程序设计方法

常用的 PLC 程序设计方法有继电器电路结构设计法、经验设计法、逻辑代数设计法和顺序控制设计法。

前面章节 PLC 应用示例中的梯形图程序,基本上是采用经验设计法和继电器电路结构设计法相结合的方法进行程序设计。本节仅依据 PLC 编程经验和方法,整理、归类介绍 PLC 梯形图的继电器电路结构设计法、经验设计法及逻辑代数设计法。

在设计梯形图程序的过程中,这些方法不一定是固定的,而是相互借鉴和相互融合的。

4.1.1 基于继电器电路结构的梯形图程序设计及应用

将传统的继电器(梯形)电路转换为相似的 PLC 梯形图,然后对其进行适当调整,是设计 PLC 梯形图程序的直观有效的方法。

继电器电路是通过电气元器件组成的硬件电路实现其相应的控制功能的。在使用 PLC 替代继电器电路时,首先要进行 PLC 外部电路接口(硬件)设计,然后根据接口电路设计梯形图程序(软件),这种软硬件设计必须与相应的继电器电路等效。

PLC 的 I/O 端口应该直接连接原继电器电路的终端设备(如输入开关和输出继电器负载),而梯形图程序则描述了 PLC 内部逻辑关系与外部设备连接的软继电器。

1. 设计步骤及方法

将继电器电路图转换为功能相同的 PLC 外部接线图和梯形图的步骤和方法如下。

(1) 熟悉继电器电路

了解和熟悉被控设备的工作原理、工艺过程和机械动作情况,根据继电器电路图分析和掌握控制系统的工作原理。

(2) 确定 PLC 的输入信号和输出控制(负载)

1) 按钮、操作开关和行程开关、接近开关等用来给 PLC 提供控制命令和反馈信号,它们的触点直接连接在 PLC 的输入端口。

2) 继电器电路图中的交流接触器和电磁阀等执行机构的线圈(负载)由 PLC 的输出位控制,在负载电流较小时可以由 PLC 的输出端口直接控制,否则,由中间继电器间接控制。

(3) 非输入输出继电器

继电器电路图中的非输入输出继电器,如时间继电器、中间继电器和具有保护功能的继电器,可以用 PLC 内部的定时器及辅助继电器等元件完成,并确定元件号(地址)。

(4) 画出 PLC 的外部接线图

确定 PLC 各开关量输入信号与输出负载对应的输入位和输出位的地址(即 I/O 分配),画出 PLC 的外部接线图,为梯形图的设计打下基础。

（5）根据上述对应关系画出梯形图

根据继电器电路结构画出 PLC 的梯形图程序后，根据电路情况对梯形图进行修改直至满足控制要求。

将继电器电路直接转换为梯形图程序时，应注意：

1) 起动控制开关。如果 PLC 外部端口对应的起动控制开关为动合开关，则梯形图程序中相应的动合触点不变；如果 PLC 外部端口对应的起动控制开关为动断开关，则梯形图程序中相应的触点必须为动断触点。

2) 停止控制开关。如果 PLC 外部端口的停止控制开关为动合开关，则梯形图程序中相应的触点为动断触点；如果 PLC 外部端口的停止控制开关为动断开关，则在梯形图程序中对应为动合触点。

【例 4-1】 继电器自锁控制电路转换为 PLC 控制电路及梯形图程序。

继电器自锁控制电路转换为 PLC 控制电路及梯形图程序如图 4-1 所示。其中，图 4-1a 为继电器自锁控制电路；图 4-1b 为转换后的 PLC 梯形图程序；图 4-1c 为转换后的 PLC 端口接线。

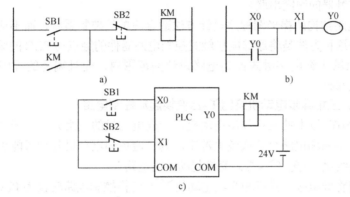

图 4-1　继电器自锁控制电路转换为 PLC 控制电路及梯形图程序

a) 继电器自锁控制电路　b) 梯形图程序　c) PLC 控制电路

可以看出，SB1、SB2 的控制功能和继电器自锁控制电路完全一样，梯形图程序和继电器自锁控制电路的结构基本相同。起动控制（动合）按钮 SB1 控制输入继电器 X0；停止控制（动断）按钮 SB2 控制输入继电器 X1，在梯形图中对应动合触点（X1），从而保证在停止按钮未按下（导通）时电路正常工作。

2. 注意事项

根据继电器电路图设计 PLC 的外部接线图和梯形图程序时应注意以下方面。

（1）遵守梯形图语言中的语法规定

由于工作原理不同，梯形图不能照搬继电器电路中的某些处理方法。如在继电器电路中，触点可以放在线圈的两侧，但在梯形图中，线圈必须放在电路的最右边。

（2）对继电器电路进行分离

1) 设计梯形图的基本原则是程序的易阅读和理解。继电器电路设计的基本原则是尽量减少电路中使用的触点的个数，以降低成本，但这往往会使某些线圈的控制电路交织在一起。由于梯形图中的触点基本上都是软触点，软触点使用个数基本上不受限制，因而梯形图程序的逻辑性更加合理。

2) 设计梯形图时应以线圈为单位，分别考虑继电器电路中每个线圈受到哪些触点和电路的控制，然后以此设计相应的等效梯形图。

（3）尽量减少 PLC 的 I/O 点数

PLC 的价格与 I/O 点数有关，因此减少输入、输出信号的点数是降低硬件费用的主要措施。

（4）设置中间单元

在梯形图中，如果多个线圈同时由某一触点串并联后控制，为了简化程序，在梯形图中可以设置中间单元来控制某存储位，一般使用动合触点。这种中间单元类似于继电器电路中的中间继电器。

（5）设立外部互锁电路

控制异步电动机正反转的交流接触器，为了防止其同时动作出现事故，除了在梯形图中设置互锁软触点外，还需要在 PLC 外部设置硬件互锁电路。

（6）外部负载的额定电压

PLC 双向晶闸管输出模块与继电器输出模块一般只能驱动额定电压 AC 220V 的负载，如果继电器电路原来交流接触器的线圈电压为 380V，则在 PLC 控制时，应改用线圈电压为 220V 以下的交流接触器或中间继电器进行转换。

（7）热继电器过载信号的处理

如果热继电器属于自动复位型，其触点提供的过载信号必须通过输入电路提供给 PLC，用梯形图实现过载保护；如果热继电器属于手动复位型，其动断触点可以在 PLC 输出电路中与控制电动机的交流接触器的线圈串联。

基于继电器电路结构的梯形图程序设计方法适合简单的控制系统，而不适合较复杂的继电器控制电路。因为这种方法是将原继电接触式控制电路器件的触点与 PLC 的编程符号一一对应而成的，程序仍束缚于继电接触式控制电路设计的范围内，而且编写的程序往往不能一次通过，需要反复调试修改。

3．应用示例：三相异步电动机绕组丫-△变换起动控制电路

对于 10kW/380V 以上的三相异步电动机，一般电动机的绕组为三角形（△）联结，由于起动电流过大，对电网和电路会造成较大冲击。为了避免因电动机起动可能引起的电路故障，通常采用电动机绕组星-三角（丫-△）变换起动控制电路。

下面介绍如何将继电接触式三相交流电动机丫-△变换控制电路转换为 PLC 控制电路。

（1）继电接触式丫-△变换起动控制电路

继电接触式丫-△变换起动控制电路如图 4-2 所示。

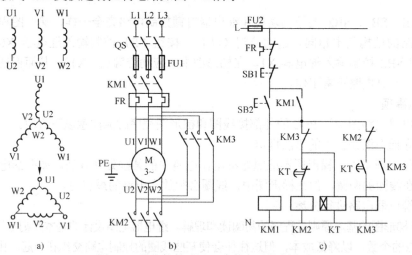

图 4-2　继电接触式丫-△变换起动控制电路
a）电动机绕组 丫-△接线　b）主电路　c）控制电路

由图 4-2 可知，开关 QS 闭合，按下起动按钮 SB2 后，KM1 线圈通电并自锁，KM2 和 KT 也同时通电，因此 KM1 和 KM2 主触点都闭合，电动机绕组丫联结起动，时间继电器 KT 开始延时，延时时间到，KT 动断触点动作，使得 KM2 断电，同时时间继电器 KT 动合触点也动作，使得 KM3 线圈通电并自锁，这时，KM1 和 KM3 通电，电动机绕组转换为△联结，从而实现电动机丫-△减压起动。

热继电器 FR 触点的动断串联在控制电路中，实现过载保护。

（2）转换为 PLC 控制电路

根据图 4-2 电路，对 PLC 的 I/O 地址进行分配，时间继电器可以用 PLC 中的定时器来替代，接触器及按钮对应的 PLC 软元件见表 4-1。

表 4-1　PLC 控制系统 I/O 地址分配

类　别	电气元件	PLC 软元件	功　能
输入（I）	热元件 FR	X0	过载保护
	按钮 SB1	X1	停止按钮
	按钮 SB2	X2	起动按钮
输出（O）	接触器 KM1	Y1	定子绕组主接触器
	接触器 KM2	Y2	星形联结的接触器
	接触器 KM3	Y3	三角形联结的接触器

根据继电接触式丫-△变换起动控制电路的工作原理以及 PLC 控制系统 I/O 地址分配表，PLC 的外部接线图如图 4-3 所示，其中接触器的工作电源为工频 220V。

（3）转换为梯形图

根据继电接触式丫-△变换起动控制电路，按照顺序直接转换为丫-△起动 PLC 控制梯形图程序如图 4-4a 所示，这种直接转换的梯形图有时并不能满足控制要求，需要根据梯形图编程规则及相关元件的工作特点，将图 4-4a 梯形图进行调整（或仿真调试），调整后的梯形图如图 4-4b 所示。

（4）仿真调试

对调整后的梯形图进行仿真，仿真时序如图 4-5 所示。

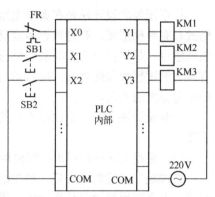

图 4-3　PLC 的外部接线图

由图 4-5 可以看出，主电路的热继电器触点正常状态是导通的，因此设置对应梯形图中的动合触点 X0 为 ON，在按下起动按钮 X2 后，输出继电器 Y1、Y2 为 ON（Y3 为 OFF），主电路电动机绕组为星形联结起动，T1 延时 8s（可以根据电动机容量调整延迟时间）后，变换为 Y1、Y3 为 ON（Y2 为 OFF），主电路电动机绕组为三角形联结运行。

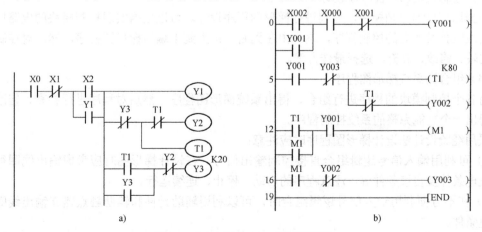

图 4-4　丫-△起动 PLC 控制梯形图

a）直接转换的梯形图　b）调整后的梯形图

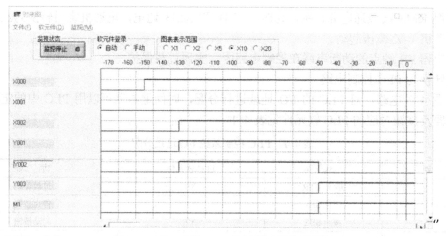

图 4-5 Ⅰ-△起动 PLC 控制梯形图仿真时序

4.1.2 梯形图经验设计法

梯形图经验设计法是在典型电路的基础上，根据被控对象对控制系统的具体要求，不断地修改和完善梯形图，有时需要多次反复地进行调试和修改梯形图，不断地增加中间编程元件和辅助触点，最终得出符合要求的梯形图程序。因此，经验设计法没有普遍的规律可以遵循，具有很大的试探性和随意性，最后的结果也不是唯一的，设计所用的时间、设计质量与设计者的经验有很大的关系。

经验设计法适合用于比较简单的梯形图程序设计。用经验设计法编程，可归纳为以下四个步骤：

（1）根据工艺分析得出控制模块

在准确了解控制要求后，对控制系统中的事件进行模块划分，得出控制要求需要几个模块组成、每个模块要实现什么功能、模块与模块之间的联系及联络方法等内容，将要编制的梯形图程序分解成功能独立的子梯形图程序。

（2）功能及端口定义

对控制系统中的输入主令元件和输出执行元件进行功能、编码与 I/O 口地址的分配，设计外部接线图。为方便后期的程序设计，对于一些后期要用到的内部软元件，也要进行地址分配。

（3）控制模块梯形图程序设计

根据已划分的控制模块，分别进行梯形图程序设计。可以根据实现控制模块的电路原理、电路实践经验及典型的控制程序，逐步由左到右、由上到下编写梯形图程序，然后对控制程序进行比较、修改、补充，选择最佳方案。

（4）组合为系统梯形图程序

将各个控制模块的程序进行组合，得出系统梯形图程序，然后对程序进行补充、修改和完善，得出一个功能完整的系统控制程序。

采用经验设计法设计梯形图程序时应注意：

1）可利用输入信号逻辑组合直接控制输出信号。在设计梯形图时应考虑输出线圈得电条件、失电条件及自锁条件等，注意程序的启动、停止、连续运行。

2）在不方便利用输入信号逻辑组合时，可以利用辅助元件和辅助触点建立输出线圈得电和失电条件。

3）在输出线圈得电和失电条件中，需要定时、计数或应用指令的执行结果时，可对它们的触点进行逻辑组合来实现。

4) 在梯形图主要功能部分能够满足要求后，再增加其他的功能。如可以串联各个输出线圈间的互锁条件等。

5) 要注意和利用系统是否出现异常时的动作条件，作为生产过程中发生故障或安全方面的保护条件，或直接作为输出线圈逻辑（与）组合使能控制的条件之一。

4.1.3 梯形图逻辑代数设计法

当 PLC 主要用于对开关量控制时，使用梯形图逻辑代数设计法思路清晰，编写的程序易于优化，是一种较为实用可靠的程序设计方法。

由于电气控制电路与逻辑代数有一一对应的关系，因此对开关量的控制过程可用逻辑代数式表示、分析和设计。

逻辑代数设计法的基本步骤如下：

1) 用不同的逻辑变量来表示各输入、输出信号，根据控制要求列出逻辑代数表达式。
2) 对逻辑代数表达式进行化简。
3) 根据化简后的逻辑代数表达式设计梯形图。

例如，设某控制系统要求实现的逻辑表达式为

$$M0 = (M8002 + M1 \times \overline{X0} + X0) \times \overline{X1}$$

可以判断，该逻辑表达式不是最简的，可以化简为

$$M0 = (M8002 + M1 + X0) \times \overline{X1}$$

根据化简后的逻辑表达式，首先对 M8002、M1、X0 三个触点实现逻辑或，然后与 $\overline{X1}$ 实现逻辑与，梯形图程序如图 4-6 所示。

【例 4-2】 根据如图 4-7 所示的某工艺状态转移示意图（见 4.2 节），写出对应的逻辑关系表达式，并设计梯形图程序。

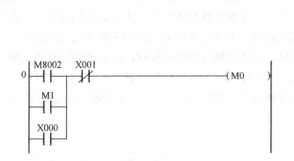

图 4-6 逻辑代数转换为梯形图程序

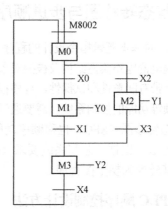

图 4-7 某工艺状态转移示意图

这里使用辅助继电器位 M0、M1、M2 及 M3 表示各状态（步），则对应的逻辑关系表达式为

$$M0 = (M8002 + M3 * X4 + M0) * \overline{M1} * \overline{M2}$$

$$M1 = (M0 * X0 + M1) * \overline{M3}$$

$$M2 = (M0 * X2 + M2) * \overline{M3}$$

$$M3 = (M1 * X1 + M2 * X3) * \overline{M0}$$

Y0 = M1
Y1 = M2
Y2 = M3

根据以上 7 个逻辑关系表达式,可得对应的梯形图程序如图 4-8 所示。

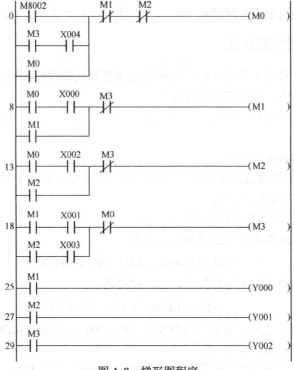

图 4-8 梯形图程序

4.2 状态转移图与步进顺序控制指令编程

PLC 的基本逻辑指令设计的程序,并没有统一固定的编程方法,设计者往往根据自身的工作经验或继电器电路典型结构及被控对象的具体要求,来设计梯形图程序。由于这样的设计方法在某种程度上带有随意性和试探性,程序很容易出现错误。尤其对于需要大量的中间单元完成记忆、互锁和联锁等功能的控制系统,需要通过反复调试、不断地修改梯形图程序,以求达到满意的结果。

状态转移图(SFC)也称顺序功能图,是一种先进的、便于初学者接受的 PLC 顺序控制程序设计方法。根据工艺和系统要求(步序图或状态流程图)可以十分方便地设计状态转移图,然后将其转换为梯形图程序。

4.2.1 PLC 顺序控制设计方法

所谓顺序控制,就是按照生产过程规定的操作顺序,把生产过程分成各个操作段,在输入信号的控制下,根据过程内部运行的规律、要求和输出对设备的控制,按顺序一步一步地进行操作。

利用顺序控制设计方法,可以较容易编写出复杂的顺序控制程序,从而大大提高工作效率。

顺序控制设计方法主要有步进顺序控制指令(简称步进指令)状态转移梯形图设计、状态转移图语言设计和非状态元件的顺序梯形图设计。

1. 状态转移梯形图设计

将状态转移图转换为梯形图程序,称为状态转移梯形图编程,简称梯形图,其设计步骤如下:

1）首先将被控对象的工作过程按输出状态的变化分为若干步（步序图），并指出工步之间的转换条件和每个工步的被控对象，以此确定 PLC 的 I/O 端口分配。

2）以步为核心，画出描述被控对象及过程的状态转移图。

3）使用专用的 PLC 状态元件（步进指令）将状态转移图转换为梯形图程序。

2. 状态转移图语言设计

1993 年 5 月公布的 PLC 标准（IEC 61131）中，将顺序功能图定为 PLC 的编程语言。

编程软件 GX Developer 为用户提供了利用状态转移图语言的编程方法，在编程软件中生成状态转移图后便完成了编程工作，也可以十分方便地在编程软件中将其转换为梯形图，并可以用仿真软件 GX Simulator 对其进行仿真调试。

3. 非状态元件的顺序梯形图设计

可以使用非状态元件将状态转移图转换为梯形图程序，如置位、复位指令和移位寄存器指令。

4.2.2 状态转移图的基本知识

状态转移图是专用于工业顺序控制程序设计的编程语言。利用状态转移图能完整地描述控制系统的工作过程、功能和特性。状态转移图也可以向用户提供控制问题描述方法的规律，用户可以十分方便地把状态转移图转换为梯形图程序。

状态转移图的基本元素为步、转移、有向线段和动作说明。

1. 步（状态）

顺序控制编程方法的基本思想是将控制系统的工作周期划分为若干个顺序执行的工作阶段，这些阶段称为步，也称流程步、工作步或状态，它表示控制系统中的一个稳定状态。在状态转移图中，步以矩形框表示，框中用 PLC 状态器 S 位软元件（在进行梯形图设计时也可以使用辅助继电器 M）代表各步，如图 4-9a 所示。

系统的初始状态，即系统运行的起点，也称为初始步，其图形符号用双线矩形框表示，如图 4-9b 所示。每一个状态转移图至少需要一个初始步。

图 4-9 步及初始步的图形
a) 步 b) 初始步

2. 状态器

在 PLC 状态转移图中，状态器 S 是表示状态的重要元件。

基于状态器 S 的状态转移图主要用于顺序控制的 SFC 编程，同时也可以作为步进指令梯形图编程的主要依据。

FX$_{2N}$ 系列 PLC 中，专门提供了编程软件状态器 1000 点，其分配及用途如下：

1）S0～S9 用作状态转移图的初始状态。

2）S10～S19 在多运行模式控制中用作原点返回状态。

3）S20～S499 用作状态转移图的中间状态。

4）S500～S899 用作停电保持。

5）S900～S999 用作报警元件。

3. 状态的三要素

在状态转移图中，每个状态都具备以下三要素。

1）驱动负载：指该状态所要执行的功能操作。如图 4-10 所示，Y0 为状态 S20 的驱动负载。驱动负载可以使用输出指令 OUT，也可用置位指令 SET。SET 指令

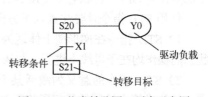

图 4-10 状态转移图三要素示意图

驱动的输出只能用 RST 指令使其复位,而 OUT 指令驱动的输出在指令关闭后自动关闭。

2) 转移条件:指在满足设置的条件下状态间实现转移。图 4-10 中,状态 S20 实现转移的条件是 X1 为 ON。

3) 转移目标:指转移到什么状态。图 4-10 中状态 S21 是状态 S20 的转移目标。

需要指出的是,如果转移目标是顺序转移,用转移指令 SET 置位目标状态;如果转移目标为顺序非连续转移,转移指令必须使用 OUT 指令,如图 4-11 所示。

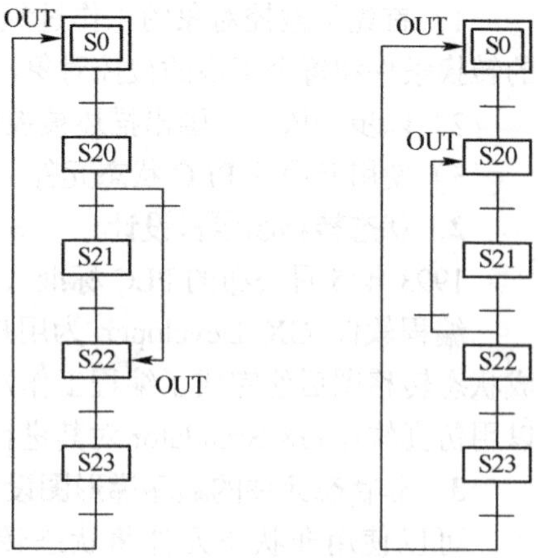

4. 状态转移图

根据各状态的三要素,将其连接为状态转移图。

图 4-11 顺序非连续状态转移图

4.2.3 步进指令

FX_{2N} 系列 PLC 用于顺序控制编程的步进指令有步进接点指令和步进结束指令,其指令助记符与功能见表 4-2。

表 4-2 步进指令

指令名称	助 记 符	梯形图符号	功 能
步进接点指令	STL	─┤├─ S	步进接点驱动
步进结束指令	RET	─[RET]─	步进程序结束返回

1) STL 指令用于控制每一步进状态的开始。

2) RET 指令用于整个步进程序的结束。

STL 指令应用示例如图 4-12 所示。

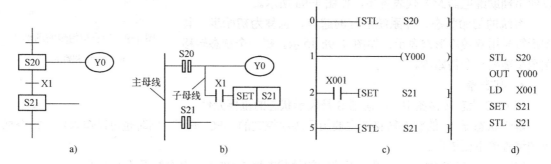

图 4-12 STL 指令应用示例

a) 状态转移图　b) 梯形图　c) 编程软件中的梯形图　d) 指令表

特别指出,在 STL 指令单流程状态转移图中,一次扫描周期内只有一个状态被激活,被激活的状态自动关闭激活它的前一个状态。当某个状态被关闭后,该状态中所有 OUT 指令的输出全部复位为 OFF,但状态中使用 SET 指令置位的结果保留,必须通过 RST 指令复位。

使用 STL 指令时要注意以下方面:

1) STL 指令在梯形图上体现为从主母线引出的状态接点,具有建立子母线的功能,以使该状态的操作均在子母线上进行,与该子母线连接的起始接点必须使用 LD 指令或 LDI 指令。

2) STL 指令的意义为激活某个状态,该触点闭合后,被激活的程序段才被扫描执行。否则,该步进接点控制的程序段将不被执行(不进行扫描)。

3）同一元件的线圈在不同的 STL 状态内部多次使用，但定时器线圈不能在相邻的状态中出现。

4）STL 指令段内的子母线上可以有多个线圈同时输出，但经 LD 或 LDI 指令编程后，输出指令不能与新母线连接。

5）STL 指令可以驱动软元件 Y、M、S、T，同一状态寄存器只能使用一次。

6）在执行完所有 STL 指令后，为防止出现逻辑错误，一定要使用 RET 指令表示步进功能结束，子母线返回到主母线。

7）STL 指令不能用于子程序编程。

4.2.4 状态转移图与步进指令的编程规则

在编制状态转移图和步进指令程序时，应该遵守以下规则：

1）SFC 和步进指令程序同其他编程语言一样，是由单流程（顺序结构，包括循环结构）、选择性分支及并行结构流程组成的。

2）顺序连续转移时，一般用 SET 指令设置转移目标状态；顺序非连续转移时，则必须用 OUT 指令实现转移目标状态。

3）转移条件可以是单个或多个，但转移条件不能用 ANB、ORB、MPS、MRD、MPP 等指令，因此，对于复合转移条件应对状态转移图进行逻辑转换，如图 4-13 所示。

4）状态自复位时，SFC 中要用符号"↓"表示，相应程序中用 RST 指令表示，如图 4-14 所示。

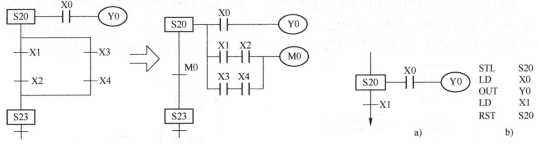

图 4-13 复合转移条件的处理　　图 4-14 自复位处理

5）编程时应先驱动后转移，即先执行该状态的活动步，再进行状态转移。

6）在 STL 指令段内，并不是所有的基本指令都能使用。基本指令在步进指令段内的使用情况见表 4-3。

表 4-3 基本指令在步进指令段内的使用情况

使用状态		基本指令		
		LD、LDI、OUT AND、ANI、OR、ORI SET、RST、PLS、PLF	ANB、ORB MPS、MRD、MPP	MC、MCR
初始状态		可用	可用	不可用
分支汇合 状态	输出处理	可用	不可用	不可用
	转移处理			

4.2.5 单流程的编程

单流程是指状态转移只有一种顺序，每个状态只有一个转移条件和一个转移目标。

单流程编程要紧紧围绕状态的三要素，按先驱动、后转移进行编程，初始状态可由其他状态驱动或初始条件驱动，也可用 M8002 触点驱动。

下面通过一个工程实例说明单流程状态编程的思想和方法。

某工艺台车自动往返示意图如图 4-15 所示,用 FX$_{2N}$ 系列 PLC 通过状态编程对其进行控制。

1．根据工艺要求绘制状态流程图（步序图）

图 4-15 中,假设台车一个周期内自动地往返控制要求如下:

1）按下启动按钮 SB,小车前行。

2）台车前进过程中碰触行程开关 SQ2 时,停止前进并开始后退。

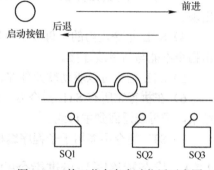

图 4-15 某工艺台车自动往返示意图

3）台车后退过程中碰触行程开关 SQ1 时,小车停止,10s 后第二次前进。

4）台车前进过程中碰触行程开关 SQ3 时,停止前进并开始后退。

5）台车后退过程中碰触行程开关 SQ1 时,小车停止。

根据上述控制要求,该工艺控制可用状态流程图表示,如图 4-16 所示,其特点如下:

1）复杂的控制任务分解成了若干个工序,有利于程序的结构化设计。

2）工序任务明确且具体,方便局部编程。

3）可读性强,容易理解,能清晰反映整个工艺流程。

2．根据状态流程图设计状态转移图

可以将图 4-16 中的每个工序作为 SFC 中的一种状态,该状态可以通过编程元件状态器 S 来表示。状态之间的转移通过有向线段及转移条件来表示,各工序需要执行的功能驱动通过相应的指令操作实现,按编程手册格式描述的台车运行单流程状态转移图如图 4-17 所示。

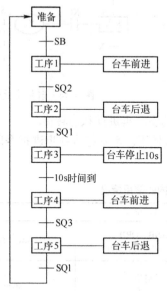

图 4-16 台车运行状态流程图

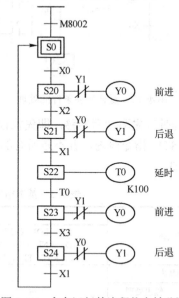

图 4-17 台车运行单流程状态转移图

图 4-17 中,按钮 SB 作为转移条件 X0 的控制信号;行程开关 SQ1、SQ2、SQ3 分别作为转移条件 X1、X2、X3 的控制信号;延时 10s 用设定值为 K100 的定时器 T0 来实现;前进、后退分别用线圈 Y0、Y1 来实现。

3．将状态转移图转换为步进指令梯形图

将图 4-17 台车运行单流程状态转移图转换为步进指令梯形图,如图 4-18 所示。

4. 编程环境中的状态梯形图

在编程环境中，可以直接按照状态转移图编辑输入梯形图，如图 4-19 所示，指令表如图 4-20 所示。

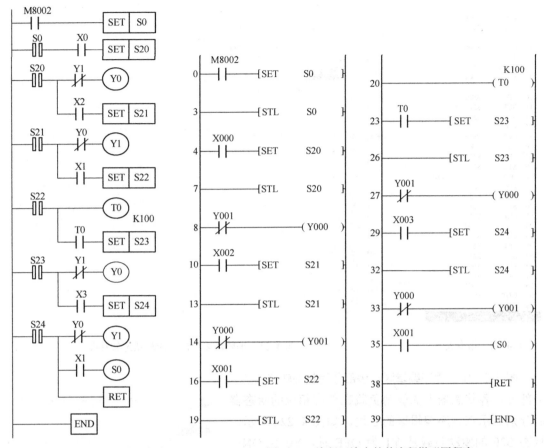

图 4-18 台车运行单流程步进指令梯形图

图 4-19 编程环境中的单流程梯形图程序

台车运行单流程程序结构和功能如下：

1) 首先通过 M8002 置位状态位 S0。
2) STL 指令的触点 S0（"胖"触点）为 ON，进入 S0 状态。
3) 在转移条件 X0 为 ON 时，置位状态位 S20，S0 状态自动复位。
4) STL 指令的触点 S20（"胖"触点）为 ON，进入 S20 状态。执行该状态的活动步指令，即 Y1 为 OFF 时，Y0 为 ON。
5) 在转移条件 X2 为 ON 时，置位状态位 S21，S20 状态自动复位。
6) STL 指令的触点 S21（"胖"触点）为 ON，进入 S21 状态。执行该状态的活动步指令，即 Y0 为 OFF 时，Y1 为 ON。

以此类推，直至进入状态 S24，RET 指令表示所有步进程序结束，但不影响状态 S24 向其他状态的转移。

需要说明的是，状态 S24 向初始状态 S0 转移的过程，实际上是所有状态的又一次循环执行，这在程序设计中称为循环（结构）编程。

5. 编程环境中的状态转移图语言编程

在编程软件 GX Developer "创建新工程" 对话框中，选择程序类型为 "SFC"，可以按

SFC 特定的操作方法逐步进行状态转移图语言编程，图 4-17 对应的编程环境中的单流程状态转移图如图 4-21 所示。

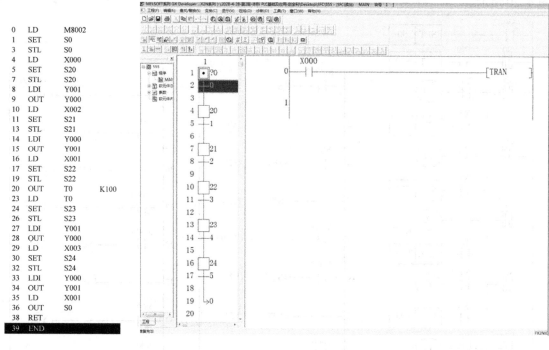

图 4-20　指令表

图 4-21　编辑环境中的单流程状态转移图

图 4-21 中，程序编辑区左边部分为状态转移图的主干部分，各状态器下的驱动负载在单击相应的状态器后分别显示在程序编辑区的右边。如图 4-22a 所示，状态 S20 的驱动负载是 Y1 为 OFF 时，Y0 为 ON；如图 4-22b 所示，状态 S20 的转移条件是 X2 为 ON。

6. 对单流程 SFC 进行变换和仿真

对 SFC 程序进行变换后，单击"梯形图逻辑测试启动"仿真按钮，设置软元件，仿真结果如图 4-23 所示。可以看出，在满足转移条件 1（X2 为 ON）时，激活状态器 S21（当前状态），驱动负载 Y1 为 ON。

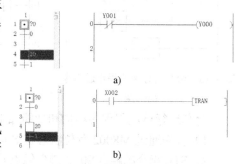

图 4-22　单流程 SFC
a) S20 状态驱动负载 Y0 为 ON
b) S20 状态转移条件 X2 为 ON

4.2.6　选择性分支与汇合的编程

选择性分支需要进行分支处理和汇合处理。

1. 选择性分支状态转移图的特征

选择性分支的状态转移图如图 4-24a 所示，其特征如下：

1）从多个分支流程顺序中根据条件选择执行其中一个分支，而其余分支的转移条件不能满足，即每次只满足一个分支转移条件的分支方式称为选择性分支。

2）分支程序编程时，先进行分支状态的驱动处理，再依顺序进行转移处理。

3）汇合状态编程时，先进行汇合前状态的驱动处理，再依顺序进行向汇合状态的转移处理。

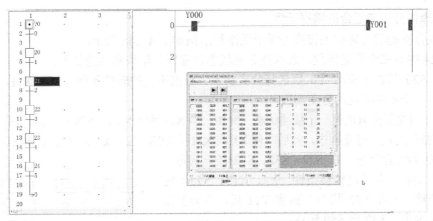

图 4-23 单流程 SFC 仿真结果

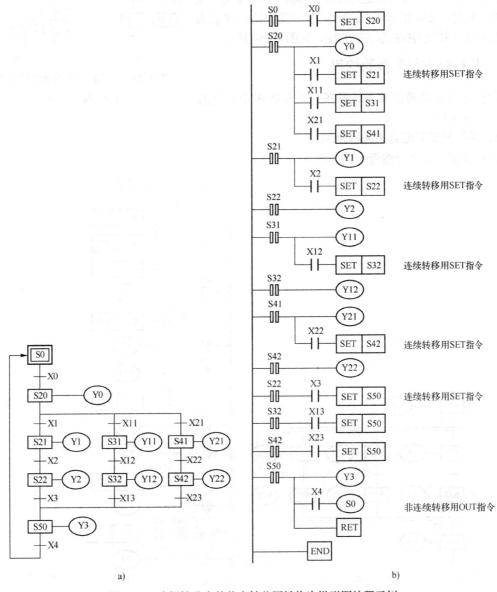

a)

b)

图 4-24 选择性分支的状态转移图转换为梯形图编程示例
a) 状态转移图 b) 梯形图

2. 选择性分支与汇合的编程示例

选择性分支的状态转移图转换为梯形图编程示例如图 4-24b 所示。

图 4-24 中有三个分支流程，选择性分支状态转移图的结构和功能如下：

1）在 S20 状态下驱动 Y0 后选择分支状态。根据不同的转移条件（X1、X11、X21），选择执行其中一个条件满足的分支流程。

2）同一时刻最多只能有一个接通状态。例如，当 X11 为 ON 时，S20 向 S31 转移，S20 变为 OFF，并扫描执行这一分支程序，此后即使 X1 或 X21 为 ON，S21 或 S41 也不会被激活。

3）S50 为汇合状态，在 S22、S32、S42 任一状态下执行相关驱动后，在满足转移条件（X3、X13、X23）时进行状态转移。如 S32 状态下驱动 Y12 后，在转移条件 X13 为 ON 时，S32 向 S50 转移。

需要说明的是，非标准选择性分支的状态转移图是不能编程的，如图 4-25a 所示。在这种情况下可以增加一个状态位 S111，将其转换为标准状态转移图，如图 4-25b 所示。

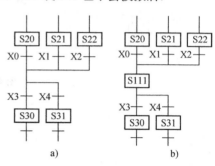

图 4-25 选择性分支的状态转移图
a) 非标准 b) 标准

4.2.7 并行分支与汇合的编程

并行分支是当满足某个转移条件后使得多个分支流程顺序同时执行。

1. 并行分支与汇合的编程示例

并行分支与汇合的编程示例如图 4-26 所示。

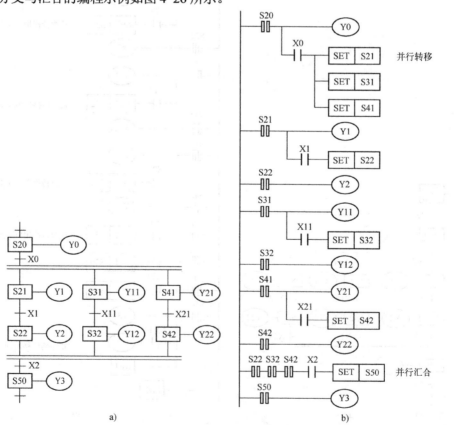

图 4-26 并行分支与汇合编程示例
a) 状态转移图 b) 梯形图

图 4-26 中并行分支与汇合的程序结构和功能如下：

1) 根据并行分支的转移条件，同时进行并行各分支状态的转移处理。以分支状态 S20 为例，S20 的驱动负载为 Y0，转移条件是 X0 为 ON，转移方向为状态 S21、S31、S41。

2) 同时进行并行各分支状态的驱动处理，按分支顺序对 S21、S22、S31、S32、S41、S42 状态进行输出处理。

3) 并行分支汇合状态的编程。汇合前各分支的最后一个状态（S22、S32、S42）完成驱动处理后，同时满足转移条件 X2 为 ON 时，完成 S22、S31、S41 汇合到 S50 状态的转移。

2. 并行分支与汇合的编程注意事项

并行分支与汇合的编程注意事项如下：

1) 首先进行并行分支的转移编程，如图 4-27 所示。
2) 然后按状态序处理各分支的驱动。
3) 完成各分支汇合。在完成汇合前状态的驱动处理后，按顺序进行汇合状态的转移处理。
4) 并行分支汇合的分支数不能超过 8。
5) 进入并行分支后，如果各分支的开始出现转移条件则是不能编程的，如图 4-28a 中*1、*2 所示，可以对此进行修改，转换为可以编程的状态转移图，如图 4-28b 中*1、*2 所示。
6) 在汇合前，如果各分支的结束设有转移条件则是不能编程的，如图 4-28a 中※1、※2 所示，可以对此进行修改，转换为可以编程的状态转移图，如图 4-28b 中※1、※2 所示。

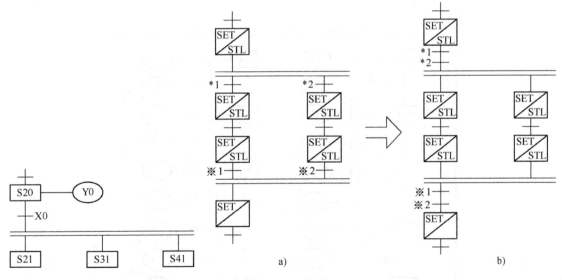

图 4-27 并行分支的转移编程

图 4-28 并行分支与汇合的状态梯形图
a) 不可编程 b) 可编程

7) 在非标准状态转移图中插入中间状态。如图 4-29a 所示的非标准并行分支状态转移图是不能编程的，可以插入一个中间状态（也称虚拟状态）完成向标准并行分支状态转移图的转换，如图 4-29b 所示。

4.2.8 状态编程应用示例

下面以 3.6.3 节的交通灯控制为例，按照控制要求及 I/O 端口分配，采用状态编程法进行程序设计。由于交通灯东西方向和南北方向同时工作,因此可以采用并行分支状态编程。

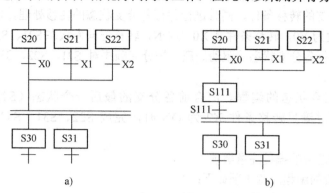

图 4-29 并行分支的状态梯形图
a) 不可编程 b) 可编程

1. 状态转移图编程

交通灯自动控制状态转移图如图 4-30 所示。在 X0(启动开关)的控制下,并行进入 S20 和 S30 状态,分别执行东西方向红绿灯和南北方向红绿灯的控制;在 S23 和 S33 状态下,同时满足 T1 和 T5 为 ON,则返回 S0 状态,系统循环。

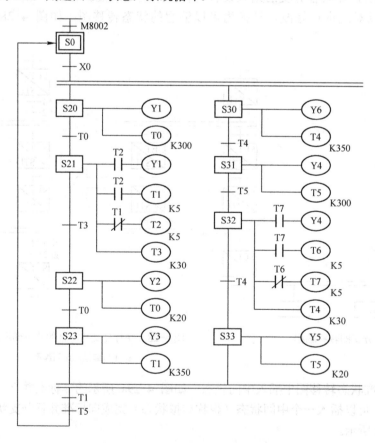

图 4-30 交通灯自动控制状态转移图

2. 状态梯形图编程

图 4-30 状态转移对应的步进指令梯形图如图 4-31 所示,输出端口 Y010 控制工作指示灯。

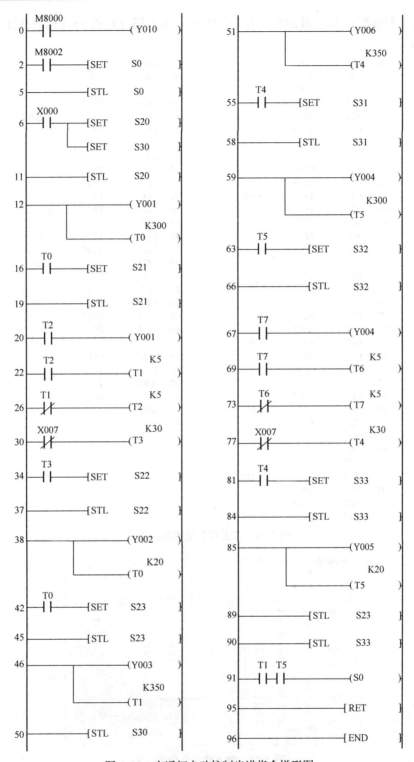

图 4-31 交通灯自动控制步进指令梯形图

3. 指令表
图 4-32 为图 4-31 对应的指令表。

4. 状态仿真
图 4-33 所示为图 4-32 指令表对应的状态软元件仿真结果,可以看出,在转移条件 X0 为

ON 时，程序并行运行在 S20 和 S30 状态，点亮 Y1（东西绿灯）和 Y6（南北红灯），同时启动定时器 T0 和 T4。

0	LD	M8000			55	LD	T4	
1	OUT	Y010			56	SET	S31	
2	LD	M8002			58	STL	S31	
3	SET	S0			59	OUT	Y004	
5	STL	S0			60	OUT	T5	K300
6	LD	X000			63	LD	T5	
7	SET	S20			64	SET	S32	
9	SET	S30			66	STL	S32	
11	STL	S20			67	LD	T7	
12	OUT	Y001			68	OUT	Y004	
13	OUT	T0	K300		69	LD	T7	
16	LD	T0			70	OUT	T6	K5
17	SET	S21			73	LDI	T6	
19	STL	S21			74	OUT	T7	K5
20	LD	T2			77	LDI	X007	
21	OUT	Y001			78	OUT	T4	K30
22	LD	T2			81	LD	T4	
23	OUT	T1	K5		82	SET	S33	
26	LDI	T1			84	STL	S33	
27	OUT	T2	K5		85	OUT	Y005	
30	LDI	X007			86	OUT	T5	K20
31	OUT	T3	K30		89	STL	S23	
34	LD	T3			90	STL	S33	
35	SET	S22			91	LD	T1	
37	STL	S22			92	AND	T5	
38	OUT	Y002			93	OUT	S0	
39	OUT	T0	K20		95	RET		
42	LD	T0			96	END		
43	SET	S23						
45	STL	S23						
46	OUT	Y003						
47	OUT	T1	K350					
50	STL	S30						
51	OUT	Y006						
52	OUT	T4	K350					

图 4-32　交通灯自动控制指令表

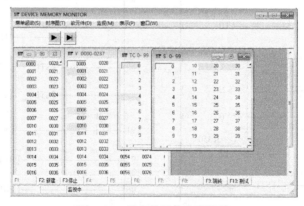

图 4-33　状态软元件仿真结果

4.3　非状态元件实现顺序控制编程

可以使用辅助继电器实现顺序控制设计，其基本设计思想是使用位存储器 M 表示状态步，当某一状态步为活动步时，相应的存储器位 M 为"1"状态，其余步均为"0"状态。其设计方法为:首先根据顺序控制的状态流程图设计基于 M 位的状态转移图,然后将其转换为非状态元件的顺序控制梯形图程序。

需要注意的是,非状态元件实现的状态转移图不能作为程序使用,只能作为设计顺序梯形图程序的依据。

4.3.1 基于起保停电路的顺序控制

所谓起保停电路编程方法,即找出工作步的启动条件、停止条件,工作步的转换条件为前级步为活动步且满足转换条件。起保停电路仅仅使用触点及线圈编程即可实现状态激活和转换。

基于起保停状态编程的梯形图如图 4-34 所示。为了实现步的转换,必须满足前级步为活动步且转换条件成立,因此,总是将代表前级步的继电器的动合触点与转换条件对应的触点串联,作为代表后续步的继电器得电的条件。当后续步被激活时,应将前级步关断,所以,代表后续步的继电器动断触点应串联在前级步的电路中。考虑到起保停电路在自启动条件时,往往采用 M8002 的动合触

图 4-34 基于起保停状态编程的梯形图

点,其接通的时间只有开机后的一个扫描周期,因此,必须设计有记忆功能的控制电路程序。

图 4-35a 为状态流程图的一般表示。图中当 $n-1$ 步为活动步且转换条件 B 成立时,转换实现,n 步变为活动步,同时 $n-1$ 步关断。由此可见,第 n 步成为活动步的条件为:$X_{n-1}=1$,b=1;第 n 步关断的条件只有一个,即 $X_{n+1}=1$。用逻辑表达式表示状态流程图的第 n 步开通和关断条件为

$$X_n = (X_{n-1}B + X_n)\overline{X_{n+1}}$$

其中,等号左边 X_n 表示第 n 步的状态;等号右边 X_n 表示自保持信号,B 表示转换条件,$\overline{X_{n+1}}$ 表示关断第 n 步的条件。

使用 M0、M1、M2 分别表示第 $n-1$、n、$n+1$ 步的状态,如图 4-35b 所示。

假设转换条件 B 是 X0 为 ON,第 n 步(M1)动作为驱动 Y1,则第 n 步状态的梯形图如图 4-36 所示。

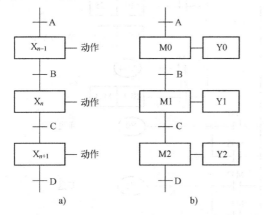

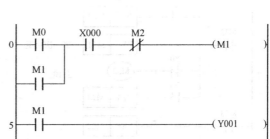

图 4-35 非状态元件的状态转移图
a) 状态流程图 b) 非状态元件的状态转移图

图 4-36 第 n 步状态的梯形图

按照同样的方法,可以画出第 $n-1$、$n+1$ 步状态的梯形图。

基于起保停状态编程的梯形图可以完善地实现每一状态的起始、保持（本步自锁）及停止。

在很多情况下，状态流程图和状态转移图还要包括选择和循环等比较复杂的结构，为了方便程序设计，可以首先利用逻辑关系将状态转移图转换为逻辑代数表达式，然后通过逻辑代数表达式直接画出梯形图（见例 4-2）。

4.3.2 基于置位、复位指令的顺序控制程序设计

PLC 可以实现同一个线圈的置位和复位。所以，置位和复位指令可以实现以转换条件为中心的顺序控制编程。

在当前步为活动步且转换条件成立时，使用置位 S 指令将代表后续步的继电器置位（激活），同时使用复位 R 指令将该步复位（关断）。

置位、复位指令的顺序控制设计方法有规律可循，即每一步的转换都对应一个置位、复位操作。

【例 4-3】 以图 4-16 台车自动往返单流程的状态流程图为例，用置位、复位指令将其转换为梯形图。

（1）状态转移图

将图 4-16 台车运行状态流程图转换为 M 继电器表示的状态转移图，其中准备状态（初始状态）用 M20 表示；工序 1～工序 5（中间状态）用 M21～M25 表示；各状态转移条件及驱动负载与图 4-17 相同。基于 M 继电器的状态转移图如图 4-37 所示。

（2）梯形图

用置位、复位指令将图 4-37 状态转移图转换为梯形图，如图 4-38 所示。

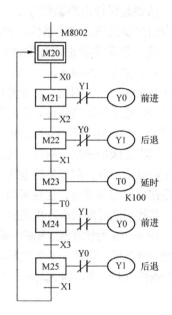

图 4-37 基于 M 继电器的状态转移图

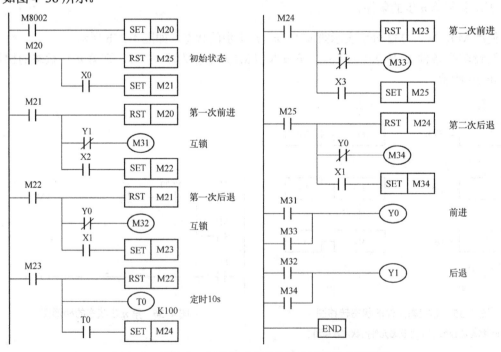

图 4-38 用置位、复位指令将状态转移图转换为梯形图

4.3.3 基于移位寄存器的顺序控制程序设计

利用 PLC 的移位寄存器 V/Z 及相关专用指令也可以实现顺序控制程序设计。

移位寄存器由许多继电器位顺序排列组成。移位寄存器的各位数据可在移位脉冲的作用下按一定方向移动。可以设置移位寄存器中的第一位为"1"、其余各位为"0"作为初始状态位。在移位条件（移位脉冲）触发下，这个"1"依次转移作为被激活的状态元件，在这个状态元件的控制下实现状态功能，而移位脉冲则作为状态的转移条件。

4.4 实验：顺序控制指令及其应用

4.4.1 钻孔动力头顺序控制

1. 控制要求

某自动线工艺的钻孔动力头工序及时序图如图 4-39 所示。工艺对钻孔动力头的控制过程如下：

1) 在限位开关 SQ1（原位）处，按下启动按钮 SB，接通电磁阀 YV1，钻孔动力头快进。

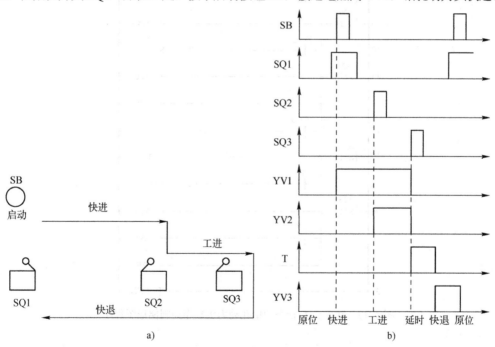

图 4-39 钻孔动力头工序及时序图
a) 工序 b) 时序图

2) 到达限位开关 SQ2 处，接通电磁阀 YV1、YV2，钻孔动力头由快进变为工进。
3) 到达限位开关 SQ3 处，开始延时，时间为 12s。
4) 延时时间结束时，接通电磁阀 YV3，钻孔动力头快退。
5) 回到原位（停止），等待下一次起动。

2. I/O 地址分配

根据控制要求，钻孔动力头 I/O 地址分配见表 4-4。

表 4-4 钻孔动力头 I/O 地址分配表

类 别	电气元件	PLC 软元件	功 能
输入(I)	启动按钮 SB	X0	启动系统
	限位开关 SQ1	X1	开始快进
	限位开关 SQ2	X2	开始工进
	限位开关 SQ3	X3	开始延时
输出(O)	电磁阀 YV1	Y1	快进
	电磁阀 YV2	Y2	工进
	电磁阀 YV3	Y3	快退

3. 梯形图程序

1）请读者自行画出钻孔动力头的顺序控制状态转移图。

2）基于 STL 指令的钻孔动力头顺序控制梯形图程序设计，如图 4-40 所示。

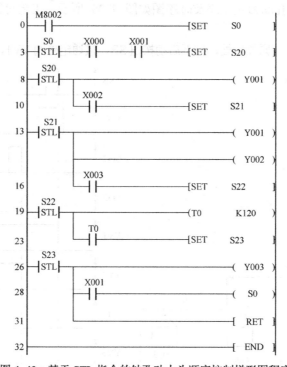

图 4-40 基于 STL 指令的钻孔动力头顺序控制梯形图程序

4.4.2 机械手控制

1. 控制要求

某工艺机械手的结构如图 4-41 所示。

机械手控制要求如下：

1）机械手将一个工件由 A 处传送到 B 处，工件的上升、下降和左移、右移的执行分别用双线圈二位电磁阀推动气缸完成。

2）当某个电磁阀线圈通电时，就一直保

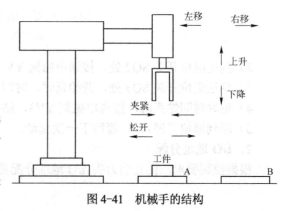

图 4-41 机械手的结构

持相关机械动作,直到其他线圈通电为止。

3)夹紧、松开由单线圈二位电磁阀推动气缸完成,线圈通电时执行夹紧动作,线圈断电时执行松开动作。

4)设备装有上、下、左、右限位开关,其控制工程共有 9 个状态、8 个动作。在紧急停止时,要求机械手回到原点位置。

机械手动作过程如图 4-42 所示。

2. I/O 地址分配

根据控制要求,机械手 I/O 地址分配见表 4-5。

表 4-5 机械手 I/O 地址分配表

类 别	电气元件	PLC 软元件	功 能
输入(I)	启动按钮 SB1	X0	开始工作
	停止按钮 SB2	X1	停止工作
	限位开关 SQ1	X2	下行限位
	限位开关 SQ2	X3	上行限位
	限位开关 SQ3	X4	右行限位
	限位开关 SQ4	X5	左行限位
输出(O)	YV1	Y0	下降
	YV2	Y1	上升
	YV3	Y2	左移
	YV4	Y3	右移
	YV5	Y4	机械手夹紧
	HL0	Y5	原点指示灯

3. I/O 接线图

根据控制要求和 I/O 地址分配表,机械手控制系统 I/O 接线图如图 4-43 所示。

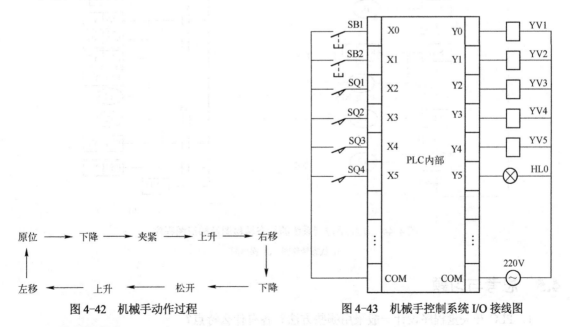

图 4-42 机械手动作过程   图 4-43 机械手控制系统 I/O 接线图

4. 梯形图程序

机械手控制系统的状态转移图及梯形图程序如图 4-44 所示。

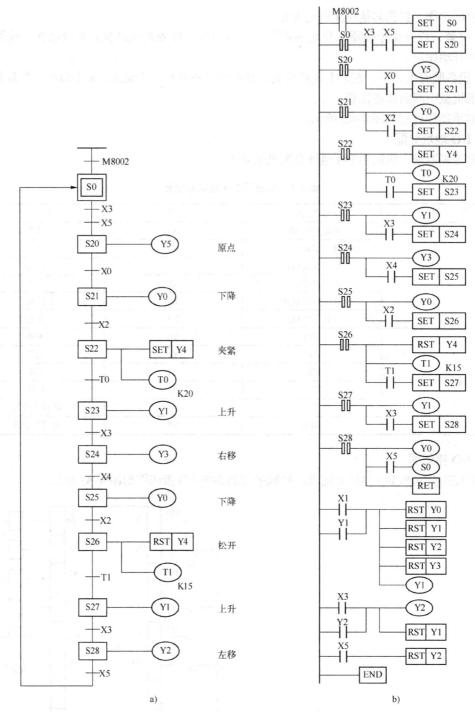

图 4-44 机械手控制系统的状态转移图及梯形图程序
a) 状态转移图   b) 梯形图

4.5 思考与习题

1. PLC 开关量程序设计一般采用哪些方法？各有什么特点？
2. PLC 顺序控制的编程方法有哪些？
3. 说明状态流程图、状态转移图、梯形图的含义。

4．说明状态编程思想的特点及应用场合。

5．试分别指出基于 M 继电器的顺序控制编程、S 状态器的状态转移图和状态梯形图程序的编程方法，并举一简例说明。

6．一小车运行示意图如图 4-45 所示。小车原位在后退终端，当小车压下后限位开关 SQ1 时，按下启动按钮 SB，小车前进，当运行至料斗下方时，前限位开关 SQ2 动作，此时打开料斗给小车加料，延时 10s 后关闭料斗，小车后退返回，SQ1 动作时，打开小车底门卸料，5s 后结束，完成一个周期，如此循环，试利用状态编程思想设计其状态转移图。

7．将如图 4-46 和图 4-47 所示的状态转移图转换为对应的状态梯形图程序。

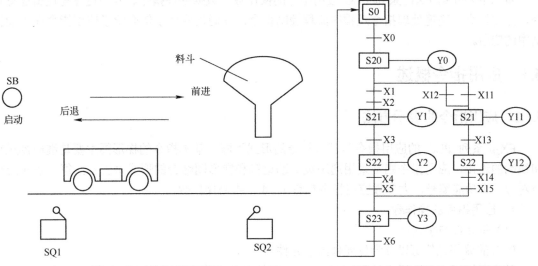

图 4-45　小车运行示意图　　　　　　图 4-46　选择性分支状态转移图

8．某工艺分别通过输出端口 Y0～Y3 控制四台设备，动作时序分别由 M1～M4 控制，如图 4-48 所示。

要求：M1 的循环动作周期为 34s，M1 动作 10s 后 M2、M3 启动；M1 动作 15s 后，M4 动作；M2、M3、M4 的循环动作周期均为 34s。

试对其进行状态转移图及梯形图编程。

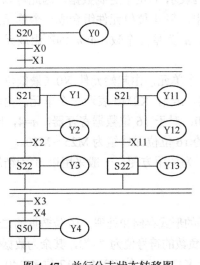
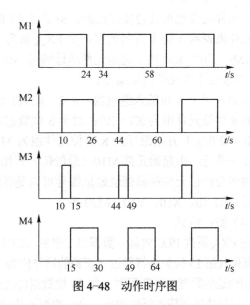

图 4-47　并行分支状态转移图　　　　　图 4-48　动作时序图

第 5 章 FX$_{2N}$ 系列 PLC 的应用指令

PLC 作为一类计算机控制装置，不仅可以用基本指令实现对开关量的控制，而且也能够应用于多位数据处理、模拟量处理及过程控制等领域。几乎所有厂家生产的 PLC 都配备了用于特殊控制领域的指令，这些指令称为应用指令或功能指令。

本章主要介绍 FX$_{2N}$ 系列 PLC 应用指令的操作数、数据处理指令、四则运算与逻辑运算指令、方便指令、高速处理指令及程序流程控制指令，并通过应用示例介绍了应用指令在工业控制中的应用。

5.1 应用指令概述

5.1.1 应用指令的表示方法

FX$_{2N}$ 系列 PLC 的应用指令与基本指令的形式不同，基本指令的梯形图主要是继电器触点和线圈的连接，应用指令则是采用通用英文助记符和梯形图结合的形式来表示，每一条应用指令对应一个功能编号，大多数应用指令都有 1~4 个指令操作数。

1. 应用指令的操作数

（1）位元件与字元件

PLC 的编程元件可以分为位元件与字元件。

基本逻辑指令主要用于处理 ON/OFF 状态的元件，称为位元件（软继电器），如 X、Y、M、S 等；而字元件由 16 位寄存器（二进制数）组成，用于处理 16 位数据，如数据寄存器 D、变址寄存器 Z，以及计数器 C 和定时器 T 的计数值都是字元件。

（2）常数

常数 K、H 和指针 P 以 16 位数据的形式存放在 PLC 的存储单元中，因此，也属于字元件。

（3）位元件组合

位元件组合也可处理多位数据。由于 4 位 BCD 码表示 1 位十进制数据，因此可以使用 4 个位元件来表示 1 位十进制数据。在 FX$_{2N}$ 系列 PLC 中，每 4 位位元件组合成一个单元，表示为 KnMi，即由 Kn 加上起始元件地址编号 Mi 组成，n 为单元个数，4×n 为所组成元件的位数，i 为最低位的元件地址编号。

例如，对于 8 位输入继电器，n=2，K2X0 表示 2 个单元，由起始元件 X0（最低位）开始组成的 8 位位元件组为 X7~X0；对于 8 位数据寄存器，n=2，K2M0 表示 2 个单元，由起始元件 M0（最低位）开始组成的 8 位位元件组为 M7~M0；对于 16 位数据寄存器，n=4，K4M10 表示 4 个单元，由起始元件 M10（最低位）开始组成的 16 位位元件组为 M25~M10。

被组合的位元件的最低位地址编号可以是任意的，为使用方便，一般采用以 0 为结尾的地址编号，如 X0、X10、Y10、M20 等。

（4）数据格式

在 FX$_{2N}$ 系列 PLC 内部，数据以二进制（BIN）补码的形式存储和处理，16 位数据的二进制补码最高位（第 15 位）为符号位（正数的符号位为 "0"，负数的符号位为 "1"），其余为数据位。

当传送的数据位不匹配时，如 16 位数据传送到 4 位 K1M0、8 位 K2M0、12 位 K3M0 位元件组时，只能传送相应的低位数据，高位数据不传送；在进行 16 位数操作时，如果操作数的位元件不足 16 位，不足高位部分均作 0 处理。在这种情况下，由于符号位为 0，只能处理无符号数据。

2. 应用指令的表示形式

FX$_{2N}$ 系列 PLC 的应用指令用编号 FNC 00～FNC 246 表示不同功能，FX$_{3U}$ 系列 PLC 增加了数据表处理、变频器通信及扩展文件寄存器控制等应用指令，增加了编号 FNC 250～FNC 295。

FX$_{2N}$ 系列 PLC 的应用指令同时采用计算机通用的助记符和梯形图结合的形式表示。大多数应用指令的执行需要基本指令的软继电器触点驱动。

例如，应用指令编号为 FNC 45 的助记符是 MEAN（求平均值），表示形式如图 5-1 所示，其中图 5-1a 为 FX 编程手册描述的梯形图，图 5-1b 为 FX 编程软件中用户输入的实际梯形图，两者描述的功能完全相同。

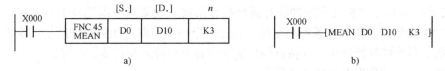

图 5-1 应用指令的表示形式

a) FX 编程手册描述的梯形图　b) FX 编程软件描述的梯形图

图 5-1 应用指令中操作数符号的说明如下。

X000：执行条件。X000 为 ON 时，执行该应用指令。

S：源操作数。该数据在指令执行过程中保持不变。当使用变址功能作为源操作数时，用加 "." 符号表示即[S.]。当源操作数的数量较多时，以[S1.]、[S2.]、…的形式表示。

D：目标操作数。该数据按指令功能执行而改变。当使用变址功能作为目标操作数时，用加 "." 符号表示即[D.]。当目标操作数的数量较多时，以[D1.]、[D2.]、…的形式表示。

n：操作数的数量。

图 5-1 中，源操作数 D0 为 16 位数据寄存器，K3 表示有 3 个 16 位操作数，源操作数为 D0、D1、D2，目标操作数为 D10，当 X0 为 ON 时，执行操作为

$$[(D0)+(D1)+(D2)]/3 \to D10$$

运算的结果送入 D10 中。

注意： D0、D1、D2、D10 分别表示数据寄存器单元编号（地址），(D0)、(D1)、(D2) 则分别表示该单元的内容（下同）。

应用指令由指令助记符和操作数表示（有些应用指令不含操作数）。指令助记符表示该指令执行的操作，占 1 个程序步；操作数是指需要操作的数据，每个 16 位操作数占 2 个程序步、每个 32 位操作数占 4 个程序步。

3. 数据长度和指令执行形式

（1）图形表示方法

FX$_{2N}$ 系列 PLC 的应用指令可以是 16 位数据指令，也可以是 32 位数据指令；可以是连续执行指令，也可以是脉冲执行指令。在 FX 编程手册中，使用如图 5-2 所示的图形表示。图中，D 表示能使用 32 位数据指令，P 表示可以使用脉冲执行指令，右上角的三角形图形表示使用连续执行指令后，每一扫描周期源操作数的内容会发生变化。

图 5-2 应用指令数据位数与执行形式的图形表示

a) 完整表示　b) 连续执行　c) INC 指令

图 5-2a 为完整的指令表示方式，表示既能使用 16 位数据指令，也能使用 32 位数据指令，既能使用连续执行指令方式，也能使用脉冲执行指令方式；图 5-2b 表示在使用连续执行指令方式时，每一扫描周期源操作数的内容都发生变化；图 5-2c 为 INC 指令的图形表示。

（2）梯形图表示方法

1）指令助记符前加"D"扩展数据位。FX_{2N} 系列 PLC 中的数据寄存器 D 为 16 位，用于存放 16 位二进制数。在应用指令的助记符前加"D"可表示 32 位数据指令。数据长度的表示如图 5-3 所示。

图 5-3 中，当 X0 为 ON 时，MOV 指令将 D0 中的 16 位二进制数据传送到 D2 中；当 X1 为 ON 时，DMOV 指令将 D1（高 16 位）、D0（低 16 位）组成的 32 位数据寄存器的内容传送到 D3（高 16 位）、D2（低 16 位）组成的目标单元中。

2）应用指令有连续执行和脉冲执行两种执行形式。如果指令助记符中有"P"，则表示该指令是脉冲执行形式，在执行条件满足时仅执行一个扫描周期；如果指令助记符中没有"P"，则表示该指令是连续执行形式，在执行条件满足时每个扫描周期都要被执行。

脉冲执行指令的梯形图如图 5-4 所示。

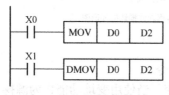
图 5-3 数据长度的表示

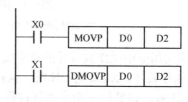
图 5-4 脉冲执行指令的梯形图

指令助记符可以同时添加脉冲执行形式"P"和扩展数据位"D"功能。

5.1.2 变址操作数

变址操作数是指该操作数作为可以修改的地址的形式出现在指令中，变址操作数必须存放在变址寄存器中。

FX_{2N} 系列 PLC 有 16 个 16 位变址寄存器，分别为 V0~V7 和 Z0~Z7。在传送、比较指令中，变址寄存器 V 和 Z 用来修改操作数据所在的编程元件的编号（地址），通常在循环程序中使用变址寄存器对数据进行操作。

当指令中的操作数为[S.]或[D.]时，表示可以进行变址操作。

变址操作应用示例如图 5-5 所示。

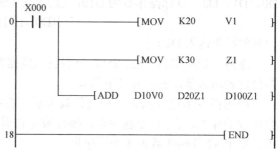
图 5-5 变址操作应用示例

图 5-5 中，执行 MOV 指令将常数 K20、K30 分别传送到变址寄存器 V1 和 Z1 中，在 ADD 指令中，源操作数元件编号分别为

$$D10V0=D(10+V0)=D30$$
$$D20Z1=D(20+Z1)=D50$$

目标操作数元件编号为

$$D100Z1=D(100+Z1)=D130$$

指令功能为

$$(D30)+(D50)\rightarrow D130$$

即将数据寄存器 D30 单元和 D50 单元的数据之和送入 D130 单元。

在进行 32 位变址运算时，常用变址寄存器 V 和 Z 自动组对，分别组成（V0、Z0）、

(V1、Z1)、…、(V7、Z7)，其中 V 为高 16 位，Z 为低 16 位，这时指令中指定 Z，就表示 V 和 Z 的 32 位组合。如 32 位变址指令中的 Z0，表示 V0 与 Z0 的组合。

应用指令中使用的常数 K 也允许进行变址操作。如，K100V1 表示十进制常数为 100+(V1)，H0010V1 表示十六进制常数为 0010+(V1)，但在基本指令中，常数是不能进行变址操作的。

5.2 数据处理指令

数据处理指令包括数据比较、数据传送、数据变换、循环和移位及复位等指令。

5.2.1 比较指令

比较指令的编号为 FNC 10～FNC 11，包括比较指令 CMP 和区间比较指令 ZCP。

1. 比较指令 CMP

比较指令 CMP（compare）的编号为 FNC 10，其功能为将源操作数[S1.]和[S2.]的数据进行比较，比较的结果（>、=、<）分别存入目标操作数[D.]（3 个连续位单元）中。比较指令应用示例如图 5-6 所示。

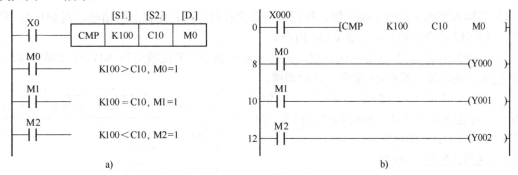

图 5-6 比较指令应用示例

a) 编程手册梯形图　b) 编程软件梯形图

图 5-6 中，当 X0 为 ON 时，比较指令将十进制常数 100 和计数器 C10 的当前值进行比较，比较的结果为

[S1.]>[S2.]，M0 置 1（Y0 为 ON）；

[S1.]=[S2.]，M1 置 1（Y1 为 ON）；

[S1.]<[S2.]，M2 置 1（Y2 为 ON）。

应用比较指令时应注意以下方面：

1) 比较指令的操作数按代数形式进行大小比较。
2) 指定的元件种类或元件号超出允许范围时将会出错。
3) 源操作数可以取任意的数据格式，目标操作数可以取 Y、M 和 S。
4) CMP(P)指令占 7 个程序步，DCMP(P)指令占 13 个程序步。

【例 5-1】 4 位 BCD 码输入的密码锁设计。

4 位密码锁设计如图 5-7 所示，设置 4 位密码为 8251，实现功能如下：将 4 位 BCD 码数字开关 X3、X2、X1、X0 按序分别输入密码 8（1000）、2（0010）、5（0100）、1（0001）时，分别按下确认键，输入密码正确，则输出位 Y0 为 ON，电磁锁得电开锁。

该密码锁采用 CMP 指令将数字开关输入数据与设定的密码进行比较，当两个数相等时，相应的辅助继电器为 1（ON），其指令执行过程如下：

119

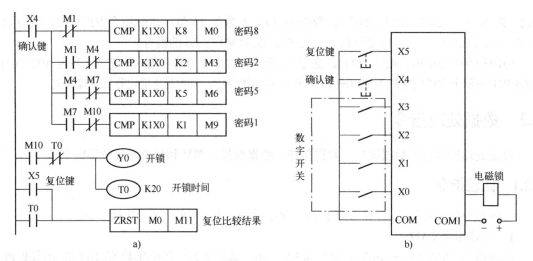

图 5-7 4位密码锁设计
a) 梯形图 b) PLC 外部接线图

1）当输入密码 8 时按下确认键，执行第一条比较指令，若比较结果相等，则 M1=1，即断开第一条 CMP 指令，执行第二条 CMP 指令。

2）接着输入密码 2 时按下确认键，执行 CMP 指令，若比较结果 M4=1，则断开第二条 CMP 指令，接通第三条 CMP 指令，依次类推。

3）输入最后一个密码 1 按下确认键后，M10=1，电磁锁得电开锁，同时启动定时器 T0，2s 后断电并复位所有比较结果。

2. 区间比较指令 ZCP

区间比较指令 ZCP（zone compare）的编号为 FNC 11，区间源操作数为[S1.]和[S2.]，其中[S1.]<[S2.]。其功能为将源操作数[S.]与区间中的数据进行比较，然后将比较结果传送到目标操作数[D.]为首地址的 3 个连续软元件中。区间比较指令应用示例如图 5-8 所示。

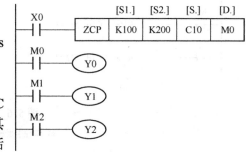

图 5-8 区间比较指令应用示例

图 5-8 中，当 X0 为 ON 时，将 C10 中的当前值与 K100 和 K200 进行比较，比较结果为

C10 当前值<K100，则 M0 置 1（Y0=1）；

K100≤C10 当前值≤K200，则 M1 置 1（Y1=1）；

C10 当前值>K200，则 M2 置 1（Y2=1）。

注意：应用区间比较指令时，[S1.]中的数据不能大于[S2.]中的数据，否则，[S2.]会被看作与[S1.]一样大。

ZCP 指令的源操作数可以取所有数据格式，目标操作数可以取 Y、M、S。

【例 5-2】 用区间比较指令实现模拟量区间的状态。

假设模拟量为压力，以 MPa 为单位，其检测数据存放在数据寄存器 D5 中，模拟量区间设置范围为 10~15MPa，Y0、Y1、Y2 分别控制指示灯指示压力过低、压力正常、压力过高。区间比较指令实现模拟量区间的状态应用示例如图 5-9 所示。

图 5-9 中，当 X0 为 ON 时，执行区间比较指令，其过程如下：

1）当检测到的压力值低于 10MPa 时（压力过低），M1 为 ON，Y0 指示灯按 M8013 周期为 1s 的时钟脉冲闪烁。

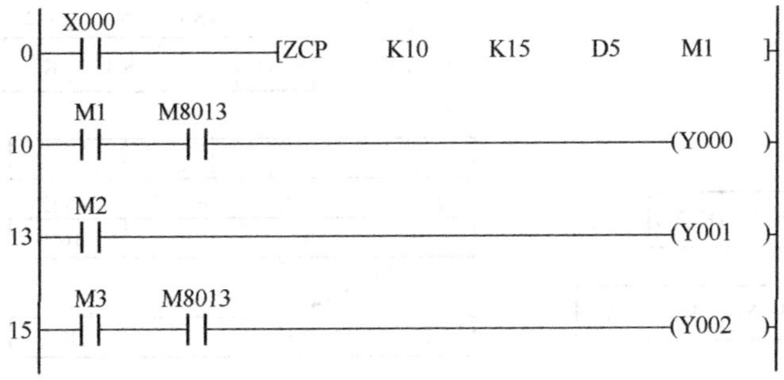
X000
0
ZCP
K10
K15
D5
M1
M1
M8013
10
Y000
M2
13
Y001
M3
M8013
15
Y002

图 5-9　区间比较指令实现模拟量区间的状态应用示例

2）当检测到的压力值在 10～15MPa 区间时（压力正常），M2 为 ON，Y1 指示灯点亮。

3）当检测到的压力值高于 15MPa 时（压力过高），M3 为 ON，Y2 指示灯按 M8013 周期为 1s 的时钟脉冲闪烁。

5.2.2　传送与交换指令

传送指令的编号为 FNC 12～FNC 17，包括数据传送及交换等功能。

1．传送指令 MOV

传送指令 MOV（move）的编号为 FNC 12，其功能是将源操作数[S.]中的数据传送到目标操作数[D.]中。传送指令应用示例如图 5-10 所示。

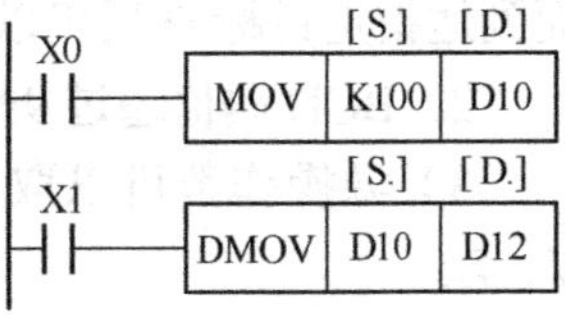
X0
[S.]
[D.]
MOV
K100
D10
X1
[S.]
[D.]
DMOV
D10
D12

图 5-10　传送指令应用示例

图 5-10 中，当 X0 为 ON 时，将源操作数中的常数 100 传送到目标操作数 D10 中；当 X1 接通时，将 D11、D10 组成的 32 位源操作数传送到目标操作数 D13、D12 中。

MOV 指令中的源操作数可以取所有数据格式，目标操作数可以取 K*n*Y、K*n*M、K*n*S、T、C、D、V、Z。

MOV(P)指令占 5 个程序步，DMOV(P)指令占 9 个程序步。

【例 5-3】 8 人抢答器设计示例。

假设 8 个输入抢答按钮分别控制 X0～X7，对应 8 个输出端 Y0～Y7（指示灯），在主持人按下按钮 X10 后开始抢答。最先按下按钮者的指示灯点亮，同时 Y10 为 ON，蜂鸣器得电。8 人抢答器的梯形图如图 5-11 所示，其工作过程如下：

1）未按下按钮 X10 时，不执行指令，抢答按钮 X0～X7 无效。

2）按下 X10（开始抢答）的瞬时，由于抢答者的按钮均未按下，所以 K2X0=0，同时将 K2X0 的值 0 传送到 K2Y0 中，同时由 CMP 指令将 K2Y0 值与 0 进行比较，由于 K2Y0=0，所以比较结果为 M1=1，这时，即使 X10 按钮复位断开，将由 M1 接通 MOV 和 CMP 指令。

3）当有抢答者按下抢答按钮时，如 X1 按钮先按下，则 K2X0=00000010，经传送比较后，K2Y0=00000010，即 Y1=1，对应指示灯点亮，同时执行 CMP 指令，K2Y0=2>0，比较结果为 M0=1，Y10 得电，蜂鸣器响，抢答成功。若 M1=0，断开 MOV 和 CMP 指令，本次抢答结束。

2．移位传送指令 SMOV

移位传送指令 SMOV（shift move）的编号为 FNC 13，其功能是将[S.]中的 16 位二进制数据以 BCD 码的形式按指定位传送到[D.]中指定的位置。

移位传送指令应用示例如图 5-12 所示。

图 5-12 中，当 X0 为 ON 时，移位传送指令 SMOV 执行过程如下：

1）源操作数 D1（二进制码）被转换成 BCD 码进行移位传送。

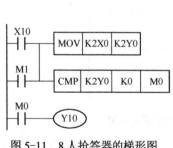

图 5-11 8人抢答器的梯形图

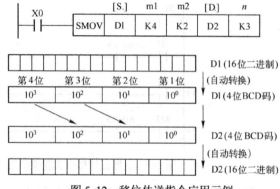

图 5-12 移位传送指令应用示例

2) 源数据 BCD 码按指定位右起第 4 位（m1=4）开始的 2 位（m2=2）数据移到目标操作数 D2 的第 3 位（n=3）和第 2 位。

3) 然后目标操作数 D2 中的 BCD 码自动转换为二进制码，目标操作数中的第 1 位和第 4 位的 BCD 码不受移位传送指令的影响。

使用移位传送指令时应注意以下方面：

1) 数据寄存器 D 只能存放二进制数，SMOV 指令在执行过程中以 BCD 码的方式传送，而到达指定目标 D 后仍以二进制数存放。

2) BCD 码值超过 9999 时会出错。

3) 源操作数可以取所有数据格式，而目标操作数可取 KnY、KnM、KnS、T、C、D、V、Z。

4) SMOV(P)指令只有 16 位运算，占 11 个程序步。

3. 取反传送指令 CML

取反传送指令 CML（complement）的编号为 FNC 14，其功能是将源操作数[S.]中的各位二进制数按位取反，然后传送到目标操作数[D.]中。

取反传送指令应用示例如图 5-13 所示。

图 5-13 中，目标操作数 K1Y0 为由起始元件 Y0（最低位）开始组成的位元件组 Y3~Y0（4 位数据）。当 X0 为 ON 时，执行 CML 指令，将源操作数 D1 中的二进制数按位取反后低 4 位传送到 Y3~Y0 中（Y17~Y4 不变化）。

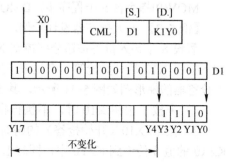

图 5-13 取反传送指令应用示例

使用取反传送指令时应注意以下方面：

1) 源操作数可以取所有数据格式，而目标操作数可以取 KnY、KnM、KnS、T、C、D、V、Z。

2) 如果源数据为常数 K，该数据会自动转换为二进制数。

3) CML(P)指令占 5 个程序步，DCML(P)指令占 9 个程序步。

4. 块传送指令 BMOV

块传送指令 BMOV（block move）的编号为 FNC 15，其功能是将源操作数[S.]指定的元件开始的 n 个数据组成的数据块传送到目标操作数[D.]中，n 可以取 K、H 和 D。

块传送指令应用示例如图 5-14 所示。

图 5-14 中，源操作数元件与目标操作数元件的数据类型相同，块传送时为防止源数据块重叠时源数据在传送过程中被改写，既可以按元件编号从高到低进行传送，也可以从低到高进行传送，传送的顺序自动决定。

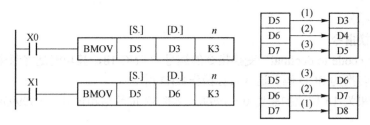

图 5-14 块传送指令应用示例

使用块传送指令时应注意以下方面：

1）数据仅传送到指令允许的范围。

2）源操作数可以取 KnX、KnY、KnM、KnS、T、C、D 和文件寄存器，目标操作数可以取 KnY、KnM、KnS、T、C、D 和文件寄存器。

3）M8024 为 BMOV 指令的方向特殊功能继电器。M8024 为 OFF，源数据块中的数据传送到目标数据块中；M8024 为 ON，则将目标数据块中的数据传送到源数据块中。

4）BMOV(P)指令只有 16 位操作，占 7 个程序步。

5. 多点传送指令 FMOV

多点传送指令 FMOV（fill move）的编号为 FNC 16，其功能是将源操作数[S.]中的数据传送到目标操作数[D.]开始的 n 个文件中，传送后 n 个文件中的数据完全相同。多点传送指令应用示例如图 5-15 所示。

图 5-15 中，当 X0 为 ON 时，将常数 1 传送到 D0～D7 中。这条指令实际上是将 D0～D7 中的数据全部置 1。

使用多点传送指令时应注意以下方面：

1）数据仅传送到指令允许的范围。

2）源操作数可以取所有数据类型，目标操作数可以取 KnY、KnM、KnS、T、C、D、V 和 Z，其中 $n \leq 512$。

3）FMOV(P)指令占 7 个程序步，DFMOV(P)指令占 13 个程序步。

6. 数据交换指令 XCH

数据交换指令 XCH（exchange）的编号为 FNC 17，其功能是将数据在指定的目标元件之间进行交换。数据交换指令应用示例如图 5-16 所示。

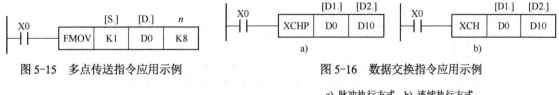

图 5-15 多点传送指令应用示例

图 5-16 数据交换指令应用示例

a) 脉冲执行方式 b) 连续执行方式

图 5-16a 为交换指令脉冲执行方式，在 X0 为 ON 时，将 D0 和 D10 中的数据进行相互交换（仅执行一次）；图 5-16b 为交换指令连续执行方式，在每一个扫描周期都要将 D0 和 D10 中的数据进行相互交换。

数据交换指令的两个目标操作数可以取 KnY、KnM、KnS、T、C、D、V 和 Z。

XCH(P)指令占 5 个程序步，DXCH(P)指令占 9 个程序步。

5.2.3 变换指令

变换指令包括 BCD 变换指令（将二进制数转换为 BCD 码）及 BIN 变换指令（将 BCD 码

转换成二进制数据)。

1. BCD 变换指令

BCD (binary code to decimal) 变换指令的编号为 FNC 18,其功能是将源操作数[S.]中的数据(二进制数)转换为 BCD 码并送入目标操作数[D.]中。

如果执行结果为 16 位数据超过 0~9999,或者 32 位数据超过 0~99999999 时,PLC 认定为出错。

BCD 变换指令常用于将 PLC 中的二进制数变换成 BCD 码输出以驱动 LED 显示器。BCD 变换指令应用示例如图 5-17 所示。

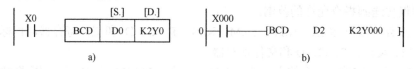

图 5-17 BCD 变换指令应用示例

a) 编程手册梯形图　b) 编程软件梯形图

图 5-17 中,当 X0 为 ON 时,将 D0 的二进制数转换成 BCD 码后传送到 K2Y0 中。

【例 5-4】 将计数器当前值 C4 中的二进制数 0000 0010 1010 0110 (678) 转换为 BCD 码送输出 Y13~Y10 (百位)、Y7~Y4 (十位)、Y3~Y0 (个位) 显示。

可以使用脉冲执行方式的 BCDP 变换指令(在执行条件满足时仅执行一个扫描周期)将 C4 中的 BIN 数据(678)转换为 BCD 码,BCD 码输出控制外部 7 段 BCD 译码器,译码器的输出通过限流电阻连接 7 段数码显示器。梯形图、转换格式及 BCD 码输出如图 5-18 所示。

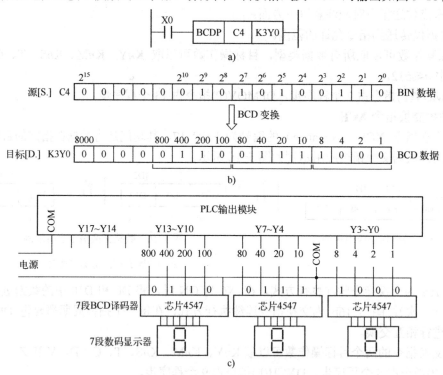

图 5-18 例 5-4 梯形图、转换格式及 BCD 码输出

a) 梯形图　b) 转换格式　c) BCD 码输出

BCD 变换指令的源操作数可以取所有数据格式,目标操作数可以取 KnY、KnM、KnS、

T、C、D、V 和 Z。BCD(P)指令占 5 个程序步，DBCD(P)指令占 9 个程序步。

2. BIN 变换指令

BIN（binary）变换指令的编号为 FNC 19，其功能是将源操作数[S.]中的 BCD 码数据转换为二进制数并送入目标操作数[D.]中。

BIN 变换指令应用示例如图 5-19 所示，当 X0 为 ON 时，将 X0~X7 的 2 位 BCD 码转换为二进制数存入 D10 中。

图 5-19 BIN 变换指令应用示例

例如，控制系统需要的设定值可以使用 BCD 码数字拨码开关输入，但 PLC 指令是按二进制数处理的，可以用 BIN 变换指令将其转换为二进制数。

【例 5-5】 将 K3X0（Y13~Y10 为百位、Y7~Y4 为十位、Y3~Y0 为个位）输入的 3 位 BCD 码 0010 0011 0110（236）转换为二进制数，转换结果存入数据存储器 D8 中。

可以使用脉冲执行方式的 BINP 变换指令（在执行条件满足时仅执行一个扫描周期）将 K3X0 输入的 BCD 码数据转换为二进制数，梯形图、转换格式及 BIN 数据输出如图 5-20 所示。

注意：BIN 变换指令要求源操作数必须是 BCD 码数据（即 0000~1001），否则出错。

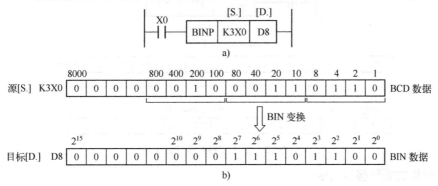

图 5-20 例 5-5 梯形图、转换格式及 BIN 数据输出
a) 梯形图 b) 转换格式

5.2.4 循环移位指令与移位指令

循环移位指令与移位指令主要用于对指定数据的各种移位等操作，共有 10 条，编号为 FNC 30~FNC 39。

1. 循环移位指令

循环移位指令包括循环右移指令 ROR（rotation right，FNC 30）和循环左移指令 ROL（rotation left，FNC 31），该类指令只有目标操作数。

（1）循环右移指令 ROR

执行循环右移指令 ROR 时，目标操作数[D.]中的各位数据向右移动（从高位向低位）n 位，n 为常数（16 位指令和 32 位指令中的 n 应分别小于 16 或 32），最高位分别移入最低位，最后一次移出来的最低位同时存入进位标志 M8022 中。

循环右移指令应用示例如图 5-21 所示。

ROR 指令的目标操作数可以取 KnY、KnM、KnS、T、C、D、V 和 Z。

ROR(P)指令占 5 个程序步，DROR(P)指令占 9 个程序步。

（2）循环左移指令 ROL

执行循环左移指令 ROL 时，目标操作数[D.]中的各位数据向左移动（从低位向高位）n

位，n 为常数（16 位指令和 32 位指令中的 n 应分别小于 16 或 32），最低位分别移入最高位，最后一次移出来的最高位同时存入进位标志 M8022 中。

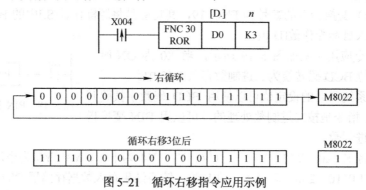

图 5-21　循环右移指令应用示例

循环左移指令应用示例如图 5-22 所示。

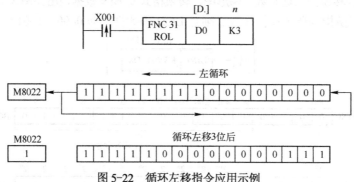

图 5-22　循环左移指令应用示例

2. 带进位的循环移位指令

带进位的循环指令包括带进位的循环右移指令 RCR（rotation right with carry，FNC 32）和带进位的循环左移指令 RCL（rotation left with carry，FNC 33），该类指令只有目标操作数。

（1）带进位的循环右移指令 RCR

执行带进位的循环右移指令 RCR 时，将目标操作数[D.]中的各位数据同进位标志 M8022 一起右移 n 位。最低位分别移入进位标志，原进位标志位分别移入目标操作数的最高位。

带进位的循环右移指令（脉冲执行方式）应用示例如图 5-23 所示。

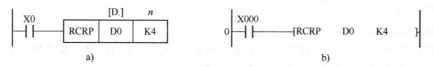

图 5-23　带进位的循环右移指令（脉冲执行方式）应用示例
a）编程手册梯形图　b）编程软件梯形图

RCR 指令的目标操作数可以取 KnY、KnM、KnS、T、C、D、V 和 Z。
RCR(P)指令占 5 个程序步，DRCR(P)指令占 9 个程序步。

（2）带进位的循环左移指令 RCL

执行带进位的循环左移指令 RCL 时，将目标操作数[D.]中的各位数据同进位标志 M8022 一起左移 n 位。最高位分别移入进位标志，原进位标志位分别移入目标操作数的最低位。

带进位的循环左移指令（脉冲执行方式）应用示例如图 5-24

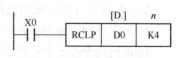

图 5-24　带进位的循环左移指令（脉冲执行方式）应用示例

所示。

3. 移位指令

移位指令包括位右移指令、位左移指令、字右移指令及字左移指令。

(1) 位右移指令 SFTR

位右移指令 SFTR (shift right) 的编号为 FNC 34，其功能是使位元件[D.]中的数据按指定要求向右移动，由 $n1$ 指定位元件的长度，[S.]为移入的数据，$n2$ 指定移入（移动）的位数，一般 $n2 \leqslant n1 \leqslant 1024$。

位右移指令（脉冲执行方式）应用示例如图 5-25 所示。

图 5-25 中，$n1=16$，$n2=4$，由 X3~X0 组成一组 4 位移位数据，由 M15~M0 组成 16 位位元件，当 X1 为 ON 时，M15~M0 中的数据向右移动 4 位，其中低 4 位数据丢失，X3~X0 数据移入高 4 位。

SFTR 指令一般使用脉冲执行方式。如果采用连续执行方式，则每个扫描周期都会被执行一次。

SFTR 指令的源操作数可以取 X、Y、M 和 S，目标操作数可以取 Y、M、S。

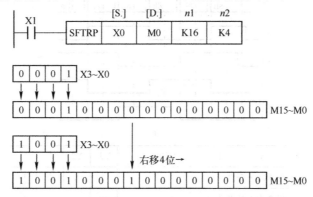

图 5-25 位右移指令（脉冲执行方式）应用示例

SFTR(P)指令的操作数只能为 16 位，占 9 个程序步。

(2) 位左移指令 SFTL

位左移指令 SFTL (shift left) 的编号为 FNC 35，其功能是使位元件[D.]中的数据按指定要求向左移动，由 $n1$ 指定位元件的长度，[S.]为移入的数据，$n2$ 指定移入（移动）的位数，一般 $n2 \leqslant n1 \leqslant 1024$。

位左移指令（脉冲执行方式）的应用示例如图 5-26 所示。

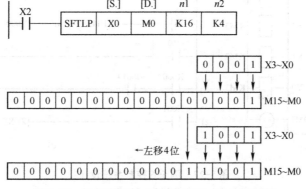

图 5-26 位左移指令（脉冲执行方式）应用示例

图 5-26 中，$n1=16$，$n2=4$，由 X3～X0 组成一组 4 位移位数据，由 M15～M0 组成 16 位位元件，当 X2 为 ON 时，M15～M0 中的数据向左移动 4 位，其中高 4 位数据丢失，X3～X0 数据移入低 4 位。

SFTL 指令一般使用脉冲执行方式。如果采用连续执行方式，则每个扫描周期都会被执行一次。
SFTR 指令的源操作数可以取 X、Y、M 和 S，目标操作数可以取 Y、M、S。
SFTR(P)指令的操作数只能为 16 位，占 9 个程序步。

【例 5-6】 PLC 输出端 Y0～Y3 控制接触器 KM1～KM4（分别驱动 4 台三相异步电动机运行）。控制系统要求如下（不含主电路）：
1）X0 为系统起动控制按钮，两台电动机正常运行，另外两台电动机备用。
2）每隔 8h 切换一台，使 4 台电动机轮流两台运行。
3）用 SFTL 指令实现系统要求。

控制系统设计如图 5-27 所示。

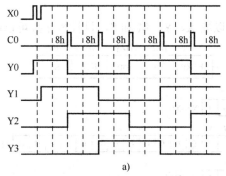

X0	C10	Y3	Y2	Y1	Y0
第 1 次上升沿		0	0	0	1
第 2 次上升沿		0	0	1	1
	第 1 次为 ON	0	1	1	0
	第 2 次为 ON	1	1	0	0
	第 3 次为 ON	1	0	0	1
	第 4 次为 ON（循环）	0	0	1	1

b)

图 5-27 例 5-6 控制系统设计
a) 时序图 b) 真值表 c) PLC 外部接线 d) 梯形图

图 5-27a 为 4 台电动机轮流运行时序，初始状态时 Y3~Y0 均为 0，M0=1，当通断一次 X0 时，M0 的 1 左移到 Y0，第一台电动机起动，起动结束再将 X0 闭合，又产生一次移位，这时 Y1=Y0=1，M0=0，使第一、第二台电动机起动运行，计数器 C0 开始对以分钟为周期的脉冲 M8014 触点计数，当计满 480 次即 8h 时，C0 接通一个扫描周期，产生一次移位，使 Y1=Y2=1，M0=0，第二、第三台电动机起动运行。这样每 8h 左移位一次，更换一台电动机，从而使每台电动机轮流工作。

图 5-27b 为依据 4 台电动机轮流运行时序设计的真值表。图 5-27c 为 PLC 外部接线。图 5-27d 为梯形图控制程序。

（3）字右移指令 WSFR

字右移指令 WSFR（word shift right）的编号为 FNC 36，其功能为以字为单位，对指定 $n1$ 个字元件[D.]成组地右移 $n2$ 个字，$n2 \leqslant n1 \leqslant 512$。

字右移指令（脉冲执行方式）应用示例如图 5-28 所示。

图 5-28 中，当 X1 为 ON 时，执行 WSFRP 指令，D15~D0 中的字数据分别右移 4 个字，其中 D15~D4 中的数据分别传送到 D11~D0，D23~D20 中的数据传送到 D15~D12 中。

WSFR 指令的源操作数可以取 KnX、KnY、KnM、KnS、T、C 和 D，目标操作数可以取 KnY、KnM、KnS、T、C 和 D。

（4）字左移指令 WSFL

字左移指令 WSFL（word shift left）的编号为 FNC 37，其功能为以字为单位，对指定 $n1$ 个字元件[D.]成组地左移 $n2$ 个字，$n2 \leqslant n1 \leqslant 512$。

字左移指令（脉冲执行方式）的应用示例如图 5-29 所示。

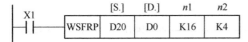
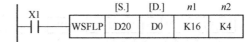

图 5-28 字右移指令（脉冲执行方式）应用示例　　图 5-29 字左移指令（脉冲执行方式）应用示例

图 5-29 中，当 X1 为 ON 时，执行 WSFLP 指令，D15~D0 中的字数据分别左移 4 个字，其中 D11~D0 中的数据分别传送到 D15~D4，D23~D20 中的数据传送到 D3~D0 中。

WSFR 和 WSFL 指令只有 16 位运算。

4. 移位寄存器写入、读出指令

移位寄存器又称为 FIFO（first in first out，先入先出）堆栈，堆栈的长度为 2~512 字。移位寄存器写入指令 SFWR 和移位寄存器读出指令 SFRD 用于 FIFO 堆栈的读、写，即实现数据的先入（写入）先出（读出）操作。

（1）移位寄存器写入指令 SFWR

移位寄存器写入指令 SFWR（shift register write）的编号为 FNC 38，其功能是将源操作数 [S.]中的数据依次传送到目标操作数[D.]中，$2 \leqslant n \leqslant 512$，$n$ 为堆栈长度。

移位寄存器写入指令（脉冲执行方式）应用示例如图 5-30 所示。

图 5-30 中，当 X0 第一次为 ON 时，将 D0 中的数据传送到 D2 中，当 X0 第二次为 ON 时，将 D0 中的新数据传送到 D3 中……，即源操作数 D0 中的数据依次写入堆栈。每传送一次数据，指针 D1 中的数据加 1，当指针 D1 中的数据等于 $n-1$ 时，不再执行写入操作且进位标志位 M8022 置 1。

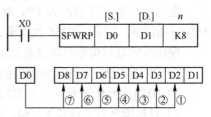

图 5-30 移位寄存器写入指令（脉冲执行方式）应用示例

SFWR 指令的源操作数可以取所有数据类型，目标操作数可以取 KnY、KnM、KnS、T、C 和 D。

SFWR(P)只有 16 位操作数。

（2）移位寄存器读出指令 SFRD

移位寄存器读出指令 SFRD（shift register read）的编号为 FNC 39，其功能是将源操作数[S.]中的数据依次读出到目标操作数[D.]中。

移位寄存器读出指令（脉冲执行方式）应用示例如图 5-31 所示。

图 5-31 中，当 X1 第一次为 ON 时，将 D2 中的数据传送到 D10 中，指针 D1 中的数据减 1，同时左边的数据逐次向右移 1 位，当 X1 第二次为 ON 时，将 D2 中的新数据读出到 D10 中……，即源操作数 D2 中的数据依次弹出堆栈，每读出一次数据，指针 D1 中的数据减 1，当指针 D1 中的数据为 0 时，M8020=1。

【例 5-7】 编程实现某数据的 FIFO 功能。

由 X3～X0 输入 BCD 码，将 49 个 4 位十进制数写入 D2～D50 中，按照 FIFO 原则，读取数据到 D101 中并转换为 BCD 码，由 Y3～Y0 输出给 4 位 7 段 BCD（数码管）译码器。

采用移位寄存器写入和读出指令实现 FIFO 功能，梯形图程序如图 5-32 所示。

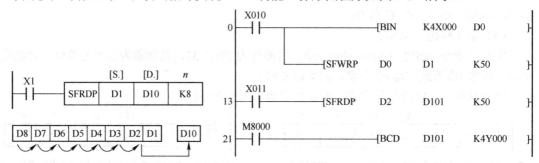

图 5-31 移位寄存器读出指令（脉冲执行方式）应用示例

图 5-32 例 5-7 梯形图程序

5.2.5 其他数据处理指令

其他数据处理指令用来处理数据比较复杂的运算或控制，共有 10 条，编号为 FNC 40～FNC 49。

（1）区间复位指令 ZRST

区间复位指令 ZRST（zone reset）的编号为 FNC 40，其功能是将[D1.]～[D2.]之间的指定元件号范围内的同类元件成批复位。区间复位指令应用示例如图 5-33 所示。

图 5-33 中，当 X0 为 ON 时，执行 ZRST 指令，分别将 M500～M599、C235～C255 数据单元复位。

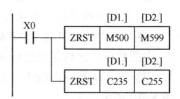

图 5-33 区间复位指令应用示例

使用区间复位指令时应注意以下方面：

1）[D1.]与[D2.]必须指定相同的组件区域。

2）[D1.]的元件编号应小于[D2.]的元件编号。

3）目标操作数可以取 Y、M、S、T、C 和 D。

4）ZRST(P)只有 16 位操作数，占 5 个程序步。

（2）译码指令 DECO

译码（解码）指令 DECO（decode）的编号为 FNC 41，其功能是将[S.]的 n 位二进制数进行译码，结果分别用目标操作数 [D.]的第 2^n 个元件置 1 来表示。译码指令（位元件）应用示例如图 5-34 所示。

图 5-34a 中，当 X10 为 ON 时，执行 DECO 指令，对 3 位位元件 X2、X1、X0 进行译码，译码真值表如图 5-34b 所示，当 X2X1X0=011 时，相当于十进制数 3，则将 2^3 位目标操作数 M7~M0 中的 M3 置 1，其余位为 0；当 X2X1X0= 111 时，则 M7 被置 1。

使用译码指令时应注意以下方面：

1) [S.]可以取位元件 X、T、M、S 或字元件 K、H、T、C、D、V、Z；[D.]可以取位元件 Y、M、S 或字元件 T、C、D。

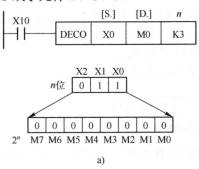

	X2	X1	X0	M7	M6	M5	M4	M3	M2	M1	M0
0	0	0	0	0	0	0	0	0	0	0	1
1	0	0	1	0	0	0	0	0	0	1	0
2	0	1	0	0	0	0	0	0	1	0	0
3	0	1	1	0	0	0	0	1	0	0	0
4	1	0	0	0	0	0	1	0	0	0	0
5	1	0	1	0	0	1	0	0	0	0	0
6	1	1	0	0	1	0	0	0	0	0	0
7	1	1	1	1	0	0	0	0	0	0	0

图 5-34 译码指令（位元件）应用示例

a) 梯形图及译码输出　b) 译码真值表

2) 若目标操作数[D.]为位元件，要求 $1 \leqslant n \leqslant 8$。$n=8$ 时，目标操作数为 256 点位元件。

3) 若目标操作数[D.]为字元件，要求 $1 \leqslant n \leqslant 4$。$n=4$ 时，目标操作数为 16 位。

【例 5-8】 对数据寄存器 D0 的 b2~b0 位进行译码，译码结果送入数据寄存器 D1。

梯形图及译码真值表如图 5-35 所示。

图 5-35 中，对 D0 源操作数状态进行译码。当 X3 为 ON 时，执行 DECO 指令，若 D0 中的 b2b1b0=011 时，相当于十进制数 3，则将 2^3 位目标操作数 D1 的 b7~b0 中的 b3 位置 1，其余位为 0。

（3）编码指令 ENCO

编码指令 ENCO（encode）的编号为 FCN 42，其功能是将[S.]的 2^n 位中 1 的最高位进行编码，编码存放在目标操作数[D.]的低 n 位中。编码指令应用示例如图 5-36 所示。

	X3		DECO	D0	D1	K3

	D0			D1							
	b2	b1	b0	b7	b6	b5	b4	b3	b2	b1	b0
0	0	0	0	0	0	0	0	0	0	0	1
1	0	0	1	0	0	0	0	0	0	1	0
2	0	1	0	0	0	0	0	0	1	0	0
3	0	1	1	0	0	0	0	1	0	0	0
4	1	0	0	0	0	0	1	0	0	0	0
5	1	0	1	0	0	1	0	0	0	0	0
6	1	1	0	0	1	0	0	0	0	0	0
7	1	1	1	1	0	0	0	0	0	0	0

图 5-35 例 5-8 梯形图及译码真值表

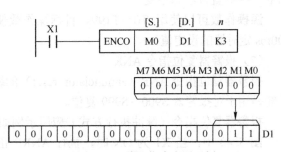

图 5-36 编码指令应用示例

图 5-36 中,当 X1 为 ON 时,执行 ENCO 指令,将[S.]的各位中 1 的最高位 M3 所在位数("3")存入目标元件 D1 中,即把 011 放入 D1 的低 3 位。

1)若源操作数[S.]为位元件,要求 1≤n≤8。n=8 时,源操作数为 256 点位元件。
2)若目标操作数[S.]为字元件,要求 1≤n≤4。n=4 时,源操作数为 16 位(字)。

(4) ON 位数统计指令 SUM

ON(位元件的值为 1)位数统计指令 SUM 的编号为 FNC 43,其功能是用来统计指定元件中值为 1 的个数,将[S.]中位元件值为 1 的个数存放在[D.]中,无 1 时零标志 M8020=1。

ON 位数统计指令应用示例如图 5-37 所示。

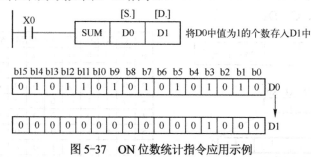

图 5-37 ON 位数统计指令应用示例

图 5-37 中,当 X0 为 ON 时,执行 SUM 指令,D0 中有 8 个 1,则 D1 中的数据为 8。

(5) ON 位判别指令 BON

ON 位判别指令 BON（bit on check）的编号为 FNC 44,其功能是判断[S.]的指定位 n 是否为 1,为 1 时,[D.]=1,为 0 时,[D.]=0。ON 位判别指令应用示例如图 5-38 所示。

(6) 报警器置位指令 ANS

状态 S900~S999 可以用于外部故障诊断的输出,故称为信号报警器。报警器置位指令 ANS（annunciator set）的编号为 FNC 46,其功能是用于驱动信号的报警。

报警器置位指令应用示例如图 5-39 所示。

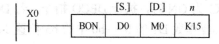

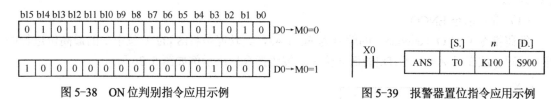

图 5-38 ON 位判别指令应用示例　　　图 5-39 报警器置位指令应用示例

图 5-39 中,当 X0 为 ON 时,执行 ANS 指令,T0 延时 10s 后 S900 置位,即使 X0 变为 OFF,S900 置位状态不变。

源操作数可以使用 T0~T199,目标操作数使用范围为 S900~S999,n=1~32767（n 为 100ms 定时器的设定值）。

(7) 报警器复位指令 ANR

报警器复位指令 ANR（annunciator reset）的编号为 FNC 47,其功能是用于对报警器 S900~S999 复位。

报警器复位指令（脉冲执行方式）应用示例如图 5-40 所示。

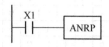

图 5-40 报警器复位指令（脉冲执行方式）应用示例

图 5-40 中,当 X1 为 ON 时,执行 ANRP 指令,将已经动作的报警器复位。如果多个报警器同时处于置位状态,每按下一次复位按

钮（X1 为 ON），按报警器元件编号递增的顺序逐个将其状态复位。ANR 指令无操作数。

【例 5-9】 报警器实现监控送料小车的限位运行。

如图 5-41a 所示，送料小车从 O 点出发，报警信号控制过程如下：

1）如果前进时间超过 10s 还没有到达 A 点，则报警器 S900 动作。

2）如果前进时间超过 20s 还没有到达 B 点，则报警器 S901 动作。

3）小车在 B 点后退时，如果超过 20s 还没有到达 O 点，则报警器 S902 动作。

4）只要报警器 S900～S902 中有一个动作，则 M8048=1，使 Y10=1，启动报警器报警。

5）X10 按钮对已动作的报警器 S900～S902 进行复位。

6）如果多个报警器同时动作，如 S901 和 S902 同时动作，则第一次按下按钮 X10，最小编号 S901 先复位，再一次按下按钮 X10，S902 复位。

7）所有报警器全部复位后，M8048=0，使 Y10=0，解除报警。

梯形图程序如图 5-41b 所示。

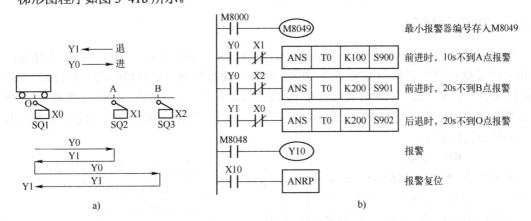

图 5-41 送料车运行监控报警

a) 运行轨迹 b) 梯形图程序

（8）二进制平方根指令 SQR

二进制平方根指令 SQR（square root）的编号为 FNC 48，其功能是对[S.]中的数值进行开平方运算，结果存放在[D.]中。

二进制平方根指令应用示例如图 5-42 所示。

图 5-42 中，当 X0 为 ON 时，执行 SQR 指令，将 D0 中的数据开平方，结果存放在 D10 中，只取整数部分，小数部分舍去。源操作数应大于零，可以取 K、H、D。

图 5-42 二进制平方根指令应用示例

（9）浮点数转换指令 FLT

浮点数转换指令 FLT（floating point）的编号为 FNC 49，其功能是将[S.]中的二进制整数转换为二进制浮点数，结果存放在[D.]中。

浮点数转换指令应用示例如图 5-43 所示。

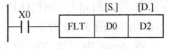

图 5-43 中，当 X0 为 ON 时，执行 FLT 指令，将 D0 中的数据转换为浮点数，并将结果存放在目标寄存器 D3 和 D2 中。

图 5-43 浮点数转换指令应用示例

（10）平均值指令 MEAN

平均值指令 MEAN 的编号为 FNC 45，其功能是求[S.]开始的 n 个字元件取平均值，结果存放在[D.]中，余数舍去。平均值指令应用示例如图 5-44 所示。

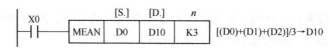

图 5-44 平均值指令应用示例

图 5-44 中,当 X0 为 ON 时,执行 MEAN 指令,将 D0、D1 和 D2 中的数据相加后除以 3,结果存放在 D10 中。

平均值指令的源操作数可以取 KnX、KnY、KnM、KnS、T、C 和 D,目标操作数可以取 KnY、KnM、KnS、T、C、D、V 和 Z,$n=1\sim64$。

5.3 四则运算指令与逻辑运算指令

FX$_{2N}$ 系列 PLC 的四则运算指令与逻辑运算指令主要用于二进制整数的加、减、乘、除,以及缓冲区间的与、或、异或等逻辑关系的运算。

5.3.1 四则运算指令

四则运算指令包括 ADD(+)、SUB(−)、MUL(×)、DIV(÷)及加 1 和减 1 指令。这类指令的源操作数可以使用 FX 系列 PLC 的所有数据类型,目标操作数可以使用 KnY、KnM、KnS、T、C、D、V 和 Z(V 和 Z 在 32 位乘、除指令中不能作为目标操作数)。所执行运算数据均为有符号的二进制数,最高位(符号位)为 0 时表示正数,为 1 时表示负数,即二进制补码的代数运算。

(1)加法指令 ADD

加法指令 ADD(addition)的编号为 FNC 20,其功能是将指定的两个源操作数(二进制数)[S1.]、[S2.]相加,结果存放在指定的目标元件[D.]中。加法指令应用示例如图 5-45 所示。

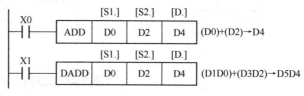

图 5-45 加法指令应用示例

图 5-45 中,当 X0 为 ON 时,执行 ADD 指令,将 D0+D2 的结果存放在 D4 中;当 X1 为 ON 时,执行 32 位 DADD 指令,将 D1D0+D3D2 的结果送到 D5D4 中。

加法指令在执行时影响 3 个标志位,它们是 M8020 零标志、M8021 借位标志和 M8022 进位标志。当运算结果为 0 时,M8020 置 1;当运算结果超过 32767(16 位)或 2147483647(32 位)时,M8022 置 1;当运算结果小于-32768(16 位)或-2147483648 时,M8021 置 1。

加法指令可以使用 ADD(P)16 位指令和 DADD(P)32 位指令。

(2)减法指令 SUB

减法指令 SUB(subtraction)的编号为 FNC 21,其功能是将指定的两个源操作数(二进制数)[S1.]、[S2.]相减,结果存放在指定的目标元件[D.]中。减法指令应用示例如图 5-46 所示。

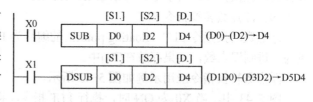

图 5-46 减法指令应用示例

图 5-46 中,当 X0 为 ON 时,执行 SUB 指令,将 D0-D2 的结果送到 D4 中;当 X1 为 ON 时,执行 32 位 DSUB 指令,将 D1D0-D3D2 的结果送到 D5D4 中。

M8020、M8021 和 M8022 对减法指令的影响和加法指令相同。

减法指令可以使用 SUB(P)16 位指令和 DSUB(P)32 位指令。

【例 5-10】 设计 60s 倒计时显示的梯形图程序。

60s 倒计时显示的设计方法如下：

1）设定时器 T0 的设定值为 60s，计时基准为 0.1s，计数 600 次。

2）PLC 开始运行即 M8000=1 时，开始执行减法指令，可以将 601-T0 当前值作为倒计时秒数。当 T0=0 时，D0=601，显示前两位数即为 60s；当 T0=600 时，D0=001，显示前两位数即为 0s。

3）由 BCD 指令将其变换成 BCD 码存放在 K3M0（12 位）中。

4）其中 K2M4 中存放十位和个位数（8 位、舍弃小数位），将其传送到输出端 K2Y0，用于显示倒计时数 60～0s。

5）输出端口 K2Y0（Y7～Y0）应连接两位 BCD 码作为输入信号的 LED 显示模块。

60s 倒计时显示控制梯形图如图 5-47 所示。

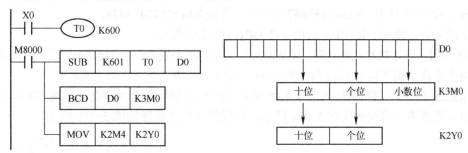

图 5-47　60s 倒计时显示控制梯形图

（3）乘法指令 MUL

乘法指令 MUL（multiplication）的编号为 FNC 22，其功能是将指定的两个源操作数（二进制数）[S1.]、[S2.]相乘，结果送到目标元件[D.]中。乘法指令应用示例如图 5-48 所示。

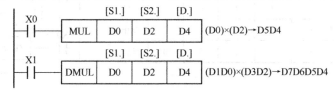

图 5-48　乘法指令应用示例

图 5-48 中，当 X0 为 ON 时，执行 MUL 指令，将 D0 中的 16 位数与 D2 中的 16 位数相乘，乘积为 32 位，存放在 D5D4 中；当 X1 为 ON 时，执行 32 位 DMUL 指令将 D1D0 中的 32 位数与 D3D2 中的 32 位数相乘，乘积为 64 位数，存放在 D7D6D5D4 中。

乘法指令中的目标元件的位数如果小于运算结果的位数，只能保存结果的低位。

乘法指令可以使用 16 位 MUL(P)指令和 DMUL(P)32 位指令。

（4）除法指令 DIV

执行除法指令 DIV（division）的编号为 FNC 23，其功能是将源操作数[S1.]除以[S2.]，商送到目标元件[D.]中，余数送到[D.]的下一单元。其中[S1.]为被除数，[S2.]为除数。除法指令应用示例如图 5-49 所示。

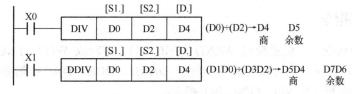

图 5-49　除法指令应用示例

图 5-49 中，当 X0 为 ON 时，执行 DIV 指令，将 D0 中的数据除以 D2 中的数据，商放到 D4 中，余数放到 D5 中；当 X1 为 ON 时，执行 32 位 DDIV 指令，将 D1D0 中的数据除以 D3D2 中的数据，商放到 D5D4 中，余数放到 D7D6 中。

（5）加 1 指令 INC

加 1 指令 INC（increment）的编号为 FNC 24，其功能是将指定元件[D.]中的数值加 1。加 1 指令应用示例如图 5-50 所示。

图 5-50 中，设（D0）=100，当 X0 为 ON 时，执行 INC 指令，将 D0 中的数值加 1 后，（D0）=101。

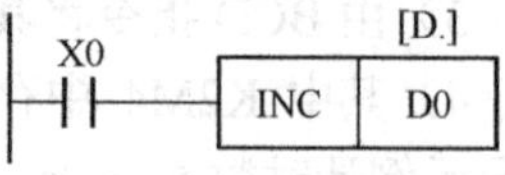

加 1 指令的结果不影响零标志位、借位标志和进位标志。

连续加 1 指令是每个周期均进行一次加 1 运算。16 位运算中，+32767 再加 1 就变成-32768；32 位运算中，+2147483647 再加 1，就会变成-2147483648。

加 1 指令可以使用 INC(P)16 位指令和 DINC(P)32 位指令。

【例 5-11】 设计 PLC 控制程序，使其输出端 Y0 和 Y1 分别控制一台电动机的正、反转运行。

系统要求自动循环运行正转 5s、停止 5s、反转 5s、停止 5s。

可以通过 5s 定时器和 INCP 指令实现 M0、M1 位的循环，分别控制输出端 Y0 和 Y1 实现系统要求，其逻辑真值关系如图 5-51a 所示，相应的梯形图程序如图 5-51b 所示。

时间/s	M3	M2	M1	M0	Y1	Y0	运行
0	×	×	0	0	0	0	停止
5	×	×	0	1	0	1	正转
10	×	×	1	0	0	0	停止
15	×	×	1	1	1	0	反转

a)

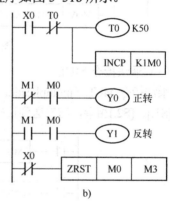

b)

图 5-51 例 5-11 逻辑真值关系与梯形图程序

a) 逻辑真值关系 b) 梯形图程序

（6）减 1 指令 DEC

减 1 指令 DEC（decrement）的编号为 FNC 25，其功能是将指定元件[D.]中的数值减 1。减 1 指令应用示例如图 5-52 所示。

图 5-52 中，当 X0 为 ON 时，执行 DEC 指令，将 D1 中的数值减 1。

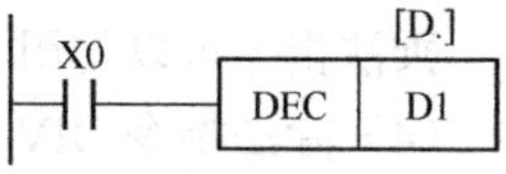

减 1 指令的结果不影响零标志位、借位标志和进位标志。连续减 1 指令是每个周期均进行一次减 1 运算。

图 5-52 减 1 指令应用示例

减 1 指令可以使用脉冲 DEC(P)16 位指令和 DEC(P)32 位指令。

5.3.2 逻辑运算指令

逻辑运算指令包括 16 位逻辑与 WAND（FNC 26）、逻辑或 WOR（FNC 27）、逻辑异或 WXOR（FNC 28）指令，也可以实现 32 位的 DAND、DOR、DXOR 指令，以及反向传送 CML（FNC 4）指令和求补 NEG（FNC 29）指令。

1. 逻辑与、或和异或指令

逻辑与、或和异或指令的源操作数可以取所有数据类型，目标操作数可以取 KnY、KnM、KnS、T、C、D、V 和 Z。

（1）逻辑与指令 WAND

逻辑与指令 WAND 的功能是将两个源操作数[S1.]、[S2.]按位进行与操作，结果存入指定元件[D.]中。逻辑与指令应用示例如图 5-53 所示。

图 5-53 中，当 X0 为 ON 时，执行 WAND 指令，将 D0 和 D2 中的数据按位进行相与运算，结果送到 D4 中。

WAND 指令常用于某些位清 0、判断某些位是不是 0 等功能。

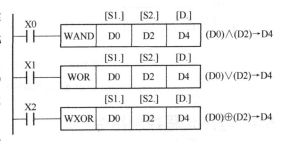

图 5-53 逻辑与、或和异或指令应用示例

（2）逻辑或指令 WOR

逻辑或 WOR 指令的功能是将两个源操作数[S1.][S2.]按位进行或操作，结果存入指定元件[D.]中。逻辑或指令应用示例如图 5-53 所示。

图 5-53 中，当 X1 为 ON 时，执行 WOR 指令，将 D0 和 D2 中的数据按位进行相或运算，结果送到 D4 中。

WOR 指令常用于某些位置 1 等功能。

（3）逻辑异或指令 WXOR

逻辑异或指令 WXOR（exclusive or）的功能是将两个源操作数[S1.]、[S2.]按位进行异或操作，结果存入指定元件[D.]中。逻辑异或指令应用示例如图 5-53 所示。

图 5-53 中，当 X2 为 ON 时，执行 WXOR 指令，将 D0 和 D2 中的数据按位进行异或运算，结果送到 D4 中。

2. 求反和求补指令

（1）求反指令 CML

求反指令 CML 的功能是将源操作数[S.]中的数据按位分别取反，然后送入指定的元件[D.]中。

（2）求补指令 NEG

求补指令 NEG 的功能是将指定元件[D.]中的各位按位（包括符号位）取反（0→1，1→0）后再加 1，将其结果仍存放在原来的元件[D.]中。求补指令应用示例如图 5-54 所示。

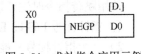

图 5-54 求补指令应用示例

NEG 指令只有目标操作数，可以取 KnY、KnM、KnS、T、C、D、V 和 Z。NEG 指令必须采用脉冲执行方式。

FX$_{2N}$ 系列 PLC 的负数用二进制的补码形式表示，最高位为符号位，正数时该位为 0，负数时该位为 1，将负数求补后得到它的绝对值。

图 5-54 中，当 X0 为 ON 时，执行 NEGP 指令将 D0 中的数据按位取反后加 1，并将结果送入 D0 中。

【例 5-12】 求两个数之差的绝对值，其中，(D0)=6, (D2)=8。

求两个数之差的绝对值的梯形图如图 5-55 所示。

图 5-55 中，当 X0 为 ON 时，执行以下操作：

1）减法指令，(D0)-(D2)→D10=-2；

2）比较指令，(D10)=-2＜0，则比较结果 M2=1；

3）执行求补指令 NEGP，求补后(D10)=2。

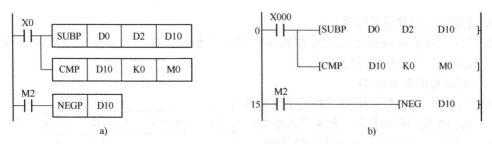

图 5-55 求两个数之差的绝对值的梯形图
a) 编程手册梯形图　b) 编程软件梯形图

5.4 程序流程控制指令

程序流程控制指令用于改变程序的执行流程,主要包括跳转指令、子程序及中断指令等,编号为 FNC 00~FNC 09。

5.4.1 条件跳转指令

条件跳转指令 CJ(conditional jump)的编号为 FNC 00,其功能是当跳转条件成立时,直接转至指令中所指定的指针标号处执行。跳转指令应用示例如图 5-56 所示。指针标号 P(point)用于分支和跳转步序,可以使用 P0~P127。

指针标号在梯形图中的生成,可以双击所在行左侧垂直母线的左边,在弹出的梯形图对话框中输入即可。

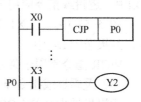

图 5-56 跳转指令应用示例

图 5-56 中,当 X0 为 ON 时,执行 CJP 指令,程序从当前指令跳转到指针标号为 P0 的指令处执行;如果 X0 为 OFF,不执行 CJP 指令,程序顺序执行。CJP 指令表示脉冲执行方式。

在跳转执行期间,被跳过的程序段没有被执行。例如,在跳转开始时,被跳过的程序段中的定时器和计数器已经启动,则跳转执行期间它们将停止工作,即 T 和 C 的当前值保持不变,直到跳转条件不满足后又继续工作(即对 T 和 C 的当前值继续计时和计数)。

使用跳转指令时注意以下方面:
1) 指针标号 P63 即 END 所在步序,不需要标号。
2) 一个指针标号只能出现一次,但多条跳转指令可以使用相同的指针标号。
3) 定时器 T192~T199 和高速计数器 C235~C255 在跳转后将继续执行,触点也动作。
4) 跳转指令的执行条件如果是 M8002,则为无条件跳转。

5.4.2 子程序调用和返回指令

在结构化程序设计中,将需要多次使用的程序段设计在一个模块中,该模块可以被其他程序多次调用执行,每次执行结束后,又返回到调用处继续执行原来的程序,这一模块称为子程序。

FX$_{2N}$ 系列 PLC 可以方便、灵活地实现子程序建立,以及子程序调用和子程序返回操作。

(1) 子程序调用指令 CALL

子程序调用指令 CALL(sub routine call)的编号为 FNC 01,其功能是当执行条件满足时,该指令使程序跳到指针标号(子程序的入口)处执行。CALL 指令的操作数为指针标号 P0~P127。

(2) 子程序返回指令 SRET

子程序返回指令 SRET(sub routine return)的编号为 FNC 02,无操作数。

CALL 指令调用的子程序必须由 SRET 指令结束，并返回到 CALL 指令的下一逻辑行执行。

（3）建立子程序

为了区别于主程序，在生成程序时，主程序在前，在主程序结束指令 FEND（FNC 06）后输入子程序。

子程序应用示例如图 5-57 所示。

图 5-57 中，左母线侧的 P0 为子程序的入口指针标号，当 X0 为 ON 时，执行 CALL 指令，主程序转到指针标号 P0 处执行子程序，在执行 SRET 指令后，程序返回到主程序 CALL 指令的下一逻辑行继续执行。

在调用子程序时，可以把子程序看成主程序的一部分来理解子程序中元件的状态。

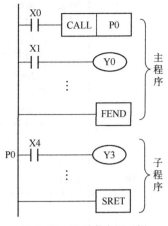

图 5-57 子程序应用示例

使用子程序时应注意以下方面：

1）程序中的子程序是独立的（入口指针标号唯一），但不同的 CALL 指令均可调用同一标号的子程序。

2）子程序可以多级嵌套调用，即子程序中可以调用另一子程序，嵌套调用不能超过 5 级。

3）子程序（包括中断子程序）中正在定时的专用累计定时器（T192～T199），在子程序停止调用时仍然执行定时操作。

4）在子程序结束后，子程序中的线圈和一般定时器保持子程序在执行时的最后一个扫描周期的状态不变，再次调用该子程序时，在原来状态下继续操作。

【例 5-13】 用开关 X1、X0 编码控制调用子程序，由 Y0 输出不同波形。

子程序调用梯形图程序如图 5-58 所示。

图 5-58 中，当 X2（控制开关）为 ON 时，若 X1X0=00 时，调用子程序 P3，Y0=1；当 X1X0=01 时，调用子程序 P0，Y0 输出周期为 1s 的方波；当 X1X0=10 时，调用子程序 P1，Y0 输出周期为 2s 的方波；当 X1X0=11 时，调用子程序 P2，Y0 输出周期为 3s 的方波。

5.4.3 中断指令

PLC 在执行正常程序时，由于系统中随机发生了某些急需处理的内部或外部的特殊事件，使 PLC 暂时停止现行程序的执行，转去对这种特殊事件进行处理，当处理完毕后，自动返回原来被中断的程序处继续执行，这一过程称为中断。对特殊事件的处理，即执行用户编写的分配给这一事件的程序，称为中断服务程序（或中断子程序）。

中断不受 PLC 扫描工作方式的影响，也就是说中断服务程序不是在循环扫描中处理的，而是在发生中断时实时处理的。

1. 中断类型与指针

中断类型包括输入中断、定时器中断和计数器中断，中断是否禁止可以通过特殊辅助继电器的置位实现。中断指针（I□□□～I8□□）用来指示某一中断程序的入口位置。

（1）输入中断

输入中断可以快速响应输入端口 X0～X5 的输入信号，输入中断指针（I00□～I50□）共 6 点，用来指示由特定输入端（中断源）信号产生中断的中断服务程序的入口位置。这类中断不受 PLC 扫描周期的影响。输入中断指针标号格式为

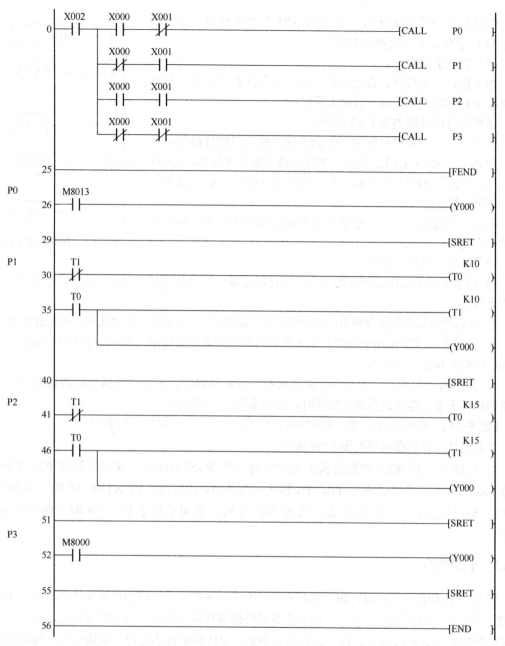

图 5-58 例 5-13 子程序调用梯形图程序

其中，输入号（0~5）分别表示输入端 X0~X5 所产生的中断。

例如，I201 表示当输入端 X2 从 OFF→ON（上升沿）变化时（即外部中断请求），执行以 I201 为标号的中断程序，通过 IRET 指令返回。

（2）定时器中断

定时器中断指针（I6□□~I8□□）共 3 点，用来指示周期定时中断的中断服务程序的入口位置。定时器中断指针标号格式为

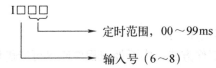

其中，低两位是以 ms 为单位的定时器中断周期。这类中断可以周期性循环处理某些操作。

(3) 计数器中断

FX$_{2N}$ 及 FX$_{3U}$ 系列 PLC 的计数器中断指针（I010～I060）共 6 点，用于 PLC 内置的高速计数器中。当高速计数器的当前值达到规定值时，执行中断处理程序。

(4) 中断类型及中断禁止

中断类型与中断禁止特殊辅助继电器见表 5-1。

表 5-1 中断类型及中断禁止特殊辅助继电器

输入中断		定时器中断		计数器中断	
输入中断指针	中断禁止(ON)	定时器中断指针	中断禁止(ON)	计数器中断指针	中断禁止(ON)
I00□	M8050			I010	
I10□	M8051			I020	
I20□	M8052	I6□□	M8056	I030	
I30□	M8053	I7□□	M8057	I040	M8059
I40□	M8054	I8□□	M8058	I050	
I50□	M8055			I060	

通过特殊辅助继电器 M8050～M8059 可实现中断的选择，它们分别与外部中断和定时器中断一一对应。当 M8050～M8055 为 ON 时，分别禁止执行 X0～X5 产生的 I0□□～I5□□中断；当 M8056～M8058 为 ON 时，分别禁止执行定时器产生的 I6□□～I8□□中断；M8059 为 ON 时，则禁止所有计数器中断。

PLC 上电时 M8050～M8059 均为 OFF 状态，所有中断源没有被禁止。

2. 中断指令

中断指令无操作数，包括以下 3 条指令。

1）中断允许指令 EI（enable interrupt）：编号为 FNC 04，执行该指令后，CPU 响应中断。

2）中断禁止指令 DI（disable interrupt）：编号为 FNC 05，执行该指令后，CPU 禁止中断。

3）中断返回指令 IRET（interrupt return）：编号为 FNC 03，执行该指令后，CPU 返回中断断点。

CPU 运行时通常处于禁止中断状态，在 EI 和 DI 指令组内直接为允许中断的程序段（区间）。当 CPU 执行到该区间的程序时，如果有中断源申请中断，并且该中断源没有被禁止，CPU 将暂停现行程序的执行（断点）而转去执行中断服务程序，当遇到 IRET 指令时返回断点继续执行原来的程序。在允许中断区间之外，即使有中断请求，CPU 也不会及时响应中断，而是将这个中断请求信号存储下来，直到执行 EI 指令后被执行。

中断指令应用示例如图 5-59 所示。

图 5-59 中，在允许中断范围内，如果外部中断源 X1 有一个下降沿（即由 1→0），则转入中断指针 I100 处执行中断服务程序。这里，X1 能否引起中断还受 M8051 的控制，当 X10 为 OFF 时，M8051=0，允许 I100 中断。

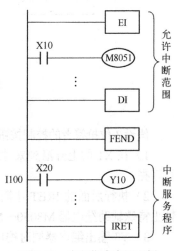

图 5-59 中断指令应用示例

3. 中断应用注意事项

使用中断指令的注意事项如下：

1）由于 PLC 的扫描工作方式，中断处理程序应尽可能优化短小（越短越好），以减少执行时间，减少对其他处理的影响，否则可能引起控制功能的异常。

2）如果有多个中断信号依次发出，则优先级按发生的先后顺序响应，即发生越早的优先级越高。若同时发生多个中断信号，则中断指针标号小的优先级越高。

3）在执行中断过程中，其他中断均被禁止。FX_{2N} 及 FX_{3U} 系列 PLC 可实现两级中断嵌套。

4）中断请求信号的宽度必须大于 $200\mu s$。

【例 5-14】 利用输入中断实现 3 人抢答器应用示例。

图 5-60a 为 3 人抢答器的 PLC 接线图，图 5-60b 为输入中断（抢答）梯形图程序。

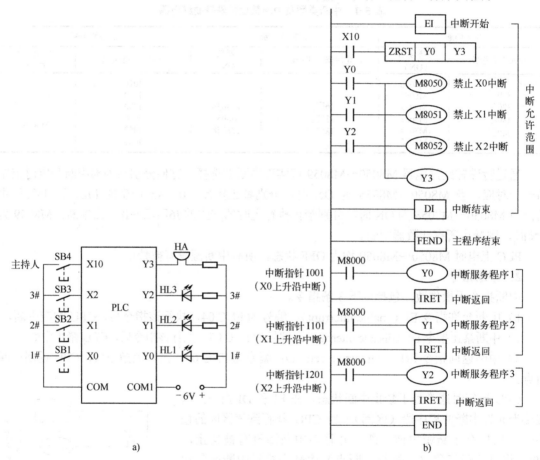

图 5-60 输入中断 3 人抢答器应用示例
a) PLC 接线图　b) 梯形图程序

假设 3 位抢答者的控制按钮分别为 X0、X1、X2，如果按钮 X1 先闭合，则其控制过程如下：

1）在 X1 的上升沿到来时执行 I101 处的中断服务程序 2，使 Y1 输出继电器得电，HL2 信号灯亮。

2）执行后面的 IRET 中断返回指令时，立即返回主程序，由于 Y1 动合触点闭合，使中断禁止特殊辅助继电器 M8050~M8052 得电，禁止了 X0 和 X2 的输入中断。

3）Y3 输出继电器同时得电，外接的蜂鸣器响，表示抢答成功。

4）抢答结束后，主持人按下复位按钮 X10，输出 Y0~Y3 复位。

【例 5-15】 定时器中断实现延时应用示例。

定时器中断延时应用示例如图 5-61 所示。程序功能和工作过程如下：

1) 主程序中清 D10，执行 EI 指令允许中断（启动定时器中断），通过 X1 置位 M1，输出端 Y1 为 ON。

2) 起动定时器中断指针标号 I650，每隔 50ms 产生一次定时器中断，执行定时器中断程序（步序 8～21）。

3) 在中断程序中，通过对 D10 中的数值加 1 计数（每中断一次 D10 中的数值自增加 1），与 K100 比较，当(D10)=100（100×50ms=5s）时，M1 复位为 OFF，Y0 为 OFF，从而完成 Y1 延时 5s 的定时。

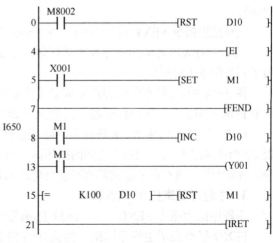

图 5-61 定时器中断延时应用示例

注意：在对图 5-61 程序仿真时，出现"未支持指令"提示，说明中断等受 PLC 扫描周期影响的指令不被模拟器支持。参见 GX Simulator 手册关于模拟器的限制部分。

5.4.4 监控定时器指令、循环程序及主程序结束指令

1. 监视定时器指令 WDT

监视定时器指令 WDT（watch dog timer）的编号为 FNC 07，无操作数。WDT 指令又称看门狗，其功能是对 PLC 的监视定时器进行复位。当 PLC 的扫描周期超过监控定时器的定时时间，PLC 将停止运行，这时 CPU-E（CPU 错误）指示灯亮。

PLC 正常运行时，扫描周期应小于 WDT 的定时时间。在 FX$_{2N}$ 系列 PLC 中，WDT 的默认值为 200ms。

如果 PLC 程序运行周期大于 200ms，可以通过以下方法解决：

1) 可以通过修改 PLC 的特殊数据寄存器 D8000（存放扫描周期时间）值来设定 WDT 的定时时间，如图 5-62 所示。

2) 在程序中插入 WDT 指令，使每一程序段都小于 200ms，则不会出现停机报警现象，如图 5-63 所示。

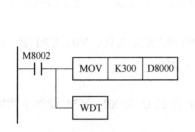

图 5-62 WDT 的定时时间设定

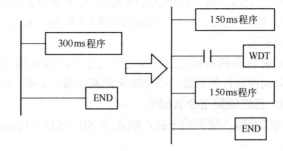

图 5-63 在程序中插入 WDT 指令

3) 如果程序中的跳转指令 CJ 出现在它所对应的指针标号之后，可能因连续反复跳步使 WDT 动作。为避免这种情况，可以在 CJ 指令和其指针标号之间插入 WDT 指令。

2. 循环指令 FOR～NEXT

FOR 与 NEXT 构成循环指令。

循环开始指令 FOR（FNC 08）表示循环的起始位置，源操作数 n 表示循环次数（1～32767）。

循环结束指令 NEXT（FNC 09）表示一次循环的结束，无操作数。

FOR～NEXT 之间的程序段为循环体，被反复执行。循环指令应用示例如图 5-64 所示。

图 5-64 中，外层循环程序 A 嵌套了内层循环程序 B，循环程序 B 中 FOR～NEXT 之间的程序段一共要执行 2×5=10 次。

FOR～NEXT 循环指令允许嵌套，可以嵌套 5 层；可以在循环中设置 CJ 指令跳出 FOR～NEXT 之间的循环体；如果执行 FOR～NEXT 指令的时间太长，PLC 的扫描周期有可能会超过 WDT 的设定时间。

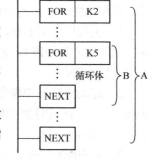

图 5-64 循环指令应用示例

3. 主程序结束指令 FEND

主程序结束指令 FEND（first end）的编号为 FNC 06，无操作数。

FEND 指令表示主程序结束，当执行到 FEND 时，PLC 执行输入输出处理、监视定时器的刷新、返回 0 步程序。子程序和中断服务程序应放在 FEND 之后。

5.5 高速处理指令

高速处理指令（FNC 50～FNC 59）主要用于对 PLC 的输入输出数据进行高速处理，以避免受扫描周期的影响。

5.5.1 输入输出相关的高速处理指令

1. 输入输出刷新指令 REF

输入输出刷新指令 REF（refresh）的编号为 FNC 50，其功能是在顺序扫描过程中将输入输出继电器值立即进行刷新。输入输出刷新指令应用示例如图 5-65 所示。

图 5-65 中，当 X0 为 ON 时，执行 REF 指令，X0～X7 共 8 点输入被刷新；当 X1 为 ON 时，执行 REF 指令，Y0～Y23 共 24 点输出被刷新。

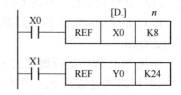

图 5-65 输入输出刷新指令应用示例

FX$_{2N}$ 系列 PLC 在处理输入输出信号时采用批处理方式，即在程序处理之前已经将输入端（X）信号全部读出，程序执行到 END 时才将最新的数据读取或送到输出端（Y）。在 PLC 程序中执行 REF 指令，可以读取最新的输入信息（X），将运算结果即时输出，消除扫描工作方式引起的延迟。

REF 指令的目标操作数为元件编号个位为 0 的 X 或 Y，如 X0、X10、Y0、Y20 等，n 为要刷新的位元件的点数，必须取 8 的整倍数，n=8，16，…，256。

2. 滤波调整指令 REFF

为防止输入噪声的干扰，输入端 X0～X17（FX$_{2N}$-16M 型 PLC 为 X0～X7）设置了数字滤波器。

滤波调整指令 REFF（refresh and filter adjust）的编号为 FNC 51，其功能是用于改变 X0～X17 的输入滤波时间常数。输入滤波时间常数 n=0～60ms，滤波时间常数越大，滤波效果越好。

滤波调整指令应用示例如图 5-66 所示。

图 5-66 中，当 X1 为 ON 时，执行 REFF 指令，将输入端 X0～X17 的滤波时间常数改为

20ms，刷新 X0～X17 的输入映像寄存器。

如果 X0～X7 用作高速计数器输入或使用速度检测指令（FNC 56）以及中断输入时，相对应输入端的反应时间则被自动调整为最小值（50μs），其他输入端仍然维持为10ms。

D8020 也可以作为 X0～X17 的输入滤波时间常数（默认 10ms）调整寄存器，因此，也可以通过改变 D8020 中的初始值来设定输入滤波时间常数。

3．矩阵输入指令 MTR

矩阵输入指令 MTR（matrix）的编号为 FNC 52，其功能是使用 8 点的输入与 n 点的输出，用来输入 n×8 个开关量信号，按顺序读入 8 点 n 行的输入信号。矩阵输入指令应用示例如图 5-67 所示。

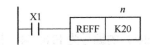
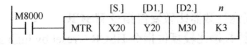

图 5-66　滤波调整指令应用示例　　　　图 5-67　矩阵输入指令应用示例

图 5-67 中，当 M8000 为 ON 时，执行以下操作：

1）由[S.]指定的输入 X20～X27 共 8 点与 n 点输出 Y20～Y22（n=3）组成一个 3×8 输入矩阵。

2）PLC 在运行时自动执行 MTR 指令，当 Y20 接通时，读入第一行的输入数据，分别存入 M30～M37 中。

3）当 Y21 接通时，读入第二行的输入数据，分别存入 M40～M47 中。

4）当 Y22 接通时，读入第三行的输入数据，分别存入 M50～M57 中。

对 MTR 指令操作数的要求如下：

1）[S.]指定连接输入端的起始号码（通常取 X20 以后的编号且个位为 0），从该号码开始算起连续 8 点为矩阵输入端。

2）[D1.]指定矩阵扫描的起始号码（通常取 Y20 以后的编号且个位为 0），配合 n 来决定点数。设[D1.]指定为 Y20，n=3 表示由 Y20、Y21、Y22 做矩阵扫描。

3）[D2.]指定读入结果的起始地址（通常取 Y20、M20、S20 以后的编号且个位为 0）。设[D2.]指定 M30，则表示 M30～M37、M40～M47、M50～M57。

4）n 的取值范围为 2～8。

MTR 指令每一列的读取时间约为 20ms，如果 8 列，则读取时间为 20ms×8=160ms，因此矩阵输入信号开关速度应控制在 160ms 以上。

MTR 指令一般使用 M8000 触点驱动。

5.5.2　高速计数器指令

高速计数器（C235～C255，32 位）可以实现对外部输入脉冲的高速计数。

1．高速计数器比较置位指令 HSCS

高速计数器比较置位指令 HSCS（set by high speed counter）的编号为 FNC 53，其功能是将高速计数器置位，当计数器的当前值达到预置值时，立即产生中断，计数器的输出触点立即动作。HSCS 指令与扫描周期无关。

HSCS 指令必须使用 DHSCS 32 位指令，源操作数[S1.]可以取所有数据类型，[S2.]为 C235～C255，目标操作数可以取 Y、M 和 S。

高速计数器比较置位指令应用示例如图 5-68 所示。

图 5-68a 中，高速计数器 C255 达到设定值 100 时，C255 触点立即动作（闭合），但 Y10 的输

出必须在执行完全部指令之后才能输出,因此受到了扫描周期的影响。图 5-68b 中,高速计数器 C255 达到设定值 100 时,由 DHSCS 指令执行中断处理,Y10 立即输出,不受扫描周期的影响。

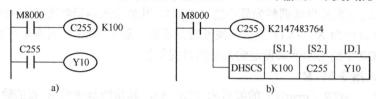

图 5-68 高速计数器比较置位指令应用示例
a) 高速计数器　b) DHSCS 指令应用

2. 高速计数器比较复位指令 HSCR

高速计数器比较复位指令 HSCR(reset by high speed counter)的编号为 FNC 54,其功能是将高速计数器复位。同 DHSCS 指令一样,HSCR 指令必须使用 32 位的 DHSCR。

高速计数器复位指令应用示例如图 5-69 所示。

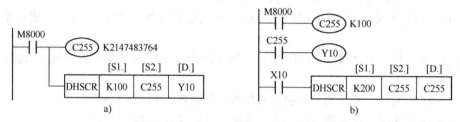

图 5-69 高速计数器复位指令应用示例

图 5-69a 中,当 C255 的当前值从 99→100 或者从 101→100 时,Y10 立即复位。图 5-69b 中,C255 设定值为 K100,当 X10 接通时,执行 DHSCR 指令,在计数器开始接收脉冲计数后,当 C255 的当前值由 99→100 时,C255 触点动作,Y10=1;当 C255 当前值从 199→200 时,C255 自动复位为零,并使控制输出触点 Y10=0。

3. 高速计数器区间比较指令 HSZ

高速计数器区间比较指令 HSZ(zone compare for HSC)的编号为 FNC 55,其功能是将高速计数器的当前值和两个计数值比较,其作用和区间比较指令 ZCP 相似,比较结果用 3 个位元件表示。

高速计数器区间比较指令应用示例如图 5-70 所示。

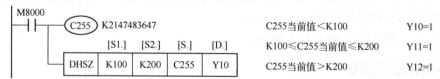

图 5-70 高速计数器区间比较指令应用示例

图 5-70 中,将[S.]中 C255 当前值与[S1.]、[S2.]中的数据进行区间比较,结果分别用 Y10~Y11 表示。

HSZ 指令的源操作数[S1.]和[S2.]可以取所有数据类型,[S.]为 C235~C255;目标操作数[D.]可以取 Y、M 和 S。HSZ 指令必须使用 DHSZ 32 位指令。

5.5.3 脉冲密度指令与脉冲输出指令

1. 脉冲密度指令 SPD

脉冲密度指令 SPD(speed detect)的编号为 FNC 56,其功能是检测在给定时间内由编码器输入的脉冲个数，并将其存入[D.]中。SPD 指令可以用于速度（转速）的检测，又称速度检测指令。

脉冲密度指令应用示例如图 5-71 所示。

图 5-71 中，当 X10 为 ON 时，执行 SPD 指令，开始对 X0 产生的脉冲进行计数，将 100ms 内的脉冲数存入 D0 中，计数当前值存入 D1 中，剩余时间存入 D2 中。100ms 后 D1、D2 的值复位，重新开始对 X0 计数。

例如，编码器盘一圈可以产生 80 个脉冲（$n=80$），测量的时间宽度为 100ms（$t=100$），则编码器盘转速为

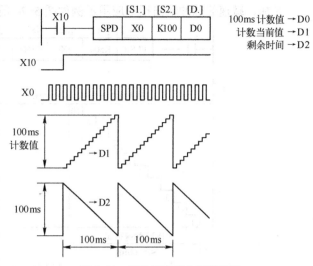

图 5-71 脉冲密度指令应用示例

$$N=60\times10^3\times D0/nt \text{ r/min}=60\times10^3\times D0/(80\times100) \text{ r/min}=7.5D0 \text{ r/min}$$

SPD 指令的[S1.]可以取 X0～X5；[S2.]可以取所有的数据类型；[D.]可以取 T、C、D、V 和 Z。

2. 脉宽调制指令 PWM

脉宽调制指令 PWM（pulse width modulation）的编号为 FNC 58，其功能是产生指定周期和脉冲宽度的脉冲串。源操作数[S1.]指定脉冲宽度（$t=1$～32767ms）、[S2.]指定脉冲周期（$T_0=1$～32767ms），显然[S2.] > [S1.]。[D.]仅限于晶体管输出型端口 Y0 或 Y1。

脉宽调制指令应用示例如图 5-72 所示。

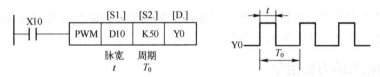

图 5-72 脉宽调制指令应用示例

图 5-72 中，当 X10 为 ON 时，执行 PWM 指令，目标操作数 Y0 输出周期为 50ms、脉冲宽度为 t 的脉冲串。可以通过改变 D10 中的数值调节输出脉冲宽度。这里 D10 中的数值控制在 0～50 变化时，Y0 输出的占空比为 0%～100%。

PWM 指令为 16 位操作，在程序中只能使用一次。

3. 脉冲输出指令 PLSY

脉冲输出指令 PLSY（pulse Y）的编号为 FNC 57，其功能是产生指定数量和频率的脉冲。

脉冲输出指令应用示例如图 5-73 所示。

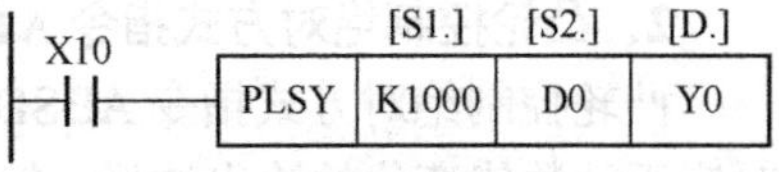

图 5-73 中，当 X10 为 ON 时，执行 PLSY 指令，Y0 以 1kHz 的输出频率连续输出（D0）个脉冲。指定脉冲输出完后，完成标志 M8029 置 1。X10 由 ON 变为 OFF 时，M8029 复位，停止输出脉冲。

图 5-73 脉冲输出指令应用示例

PLSY 指令的[S1.]、[S2.]可以取所有数据类型，[D.]必须指定晶体管输出型 Y0 或 Y1。

4. 带加、减速的脉冲输出指令 PLSR

带加、减速的脉冲输出指令 PLSR（pulse R）的编号为 FNC 59，源操作数[S1.]指定最高频率（10～20000Hz，选择 10 的整倍数值），源操作数[S2.]指定输出脉冲数，源操作数[S3.]用来设定加减速时间（0～5000ms），目标操作数[D.]必须指定晶体管输出型 Y0 或 Y1。

带加、减速的脉冲输出指令应用示例如图 5-74 所示。

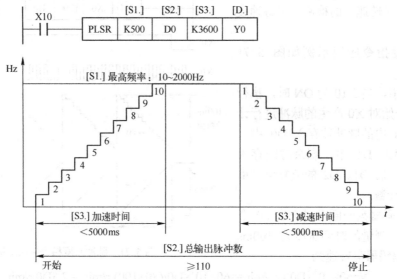

图 5-74 带加、减速的脉冲输出指令应用示例

图 5-74 中，当 X10 为 ON 时，执行 PLSR 指令，Y0 输出的脉冲按最高频率 500Hz 分 10 级加速，即每级按 50Hz 递增，在 3600ms 内达到最高频率 500Hz。经过一段时间后，Y0 输出的脉冲按每级 50Hz 递减，直到输出频率为 0。

5.6 方便指令

方便指令是指在程序中以简单方便的指令形式来实现比较复杂的控制过程，编号为 FNC 60～FNC 69。本节仅介绍其中的部分指令。

5.6.1 与控制相关的方便指令

1. 状态初始化指令 IST

状态初始化指令 IST（initial state）的编号为 FNC 60，其功能是用于状态转移图和步进梯形图的状态初始化设定，与 STL 指令一起使用，用于自动设置不同工作方式的顺序控制程序的参数。

状态初始化指令应用示例如图 5-75 所示。

图 5-75 中，[S.]表示运行状态切换开关的起始号码，[D1.]表示运行的步进点号码，[D2.]表示运行结束的步进点号码。状态初始化指令应用可参考 FX_{2N} 系列 PLC 编程手册。

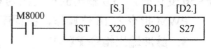

图 5-75 状态初始化指令应用示例

2. 凸轮控制绝对方式指令 ABSD

凸轮控制绝对方式指令 ABSD（absolute drum）的编号为 FNC 62，其功能是用来产生一组对应于计数值变化的输出波形，输出点的个数为 n，$1 \leq n \leq 64$。

凸轮控制绝对方式指令应用示例如图 5-76 所示。

图 5-76a 中，源操作数[S1.]中保存输出信号的上升沿或下降沿时的计数值的起始元件编号，可以取 KnX、KnY、KnM、KnS、T、C 和 D；源操作数[S2.]中保存对位置脉冲计数的计数器编号，目标操作数[D.]可以取位元件 Y、M、S，这里输出为 M0～M3 共 4（n）点。ABSD 指令执行前，必须将对应的数据写入[S.]指定的存储单元（D300～D307）。开通点数据写入偶数单元，关断点数据写入奇数单元，见表 5-2。当执行条件 X0 为 ON 时，执行 ABSD 指令，

目标操作数 M0～M3 的状态波形如图 5-76b 所示。通过改变 D300～D307 的数据可以改变波形。若 X0 为 OFF，则状态不变。ABSD 指令在程序中仅能使用一次。

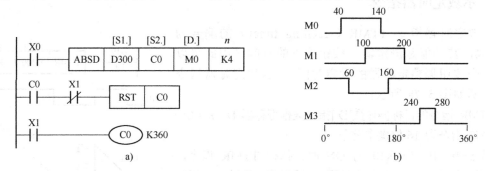

图 5-76　凸轮控制绝对方式指令应用示例
a) 凸轮控制绝对方式指令　b) 输出波形

表 5-2　旋转台旋转周期 M0～M3 状态

开通点	关断点	输出
D300=40	D301=140	M0
D302=100	D303=200	M1
D304=160	D305=60	M2
D306=240	D307=280	M3

3．凸轮控制增量方式指令 INCD

凸轮控制增量方式指令 INCD（increment drum）的编号为 FNC 63，其功能是产生一组对应于计数值变化的输出波形。凸轮控制增量方式指令应用示例如图 5-77 所示。

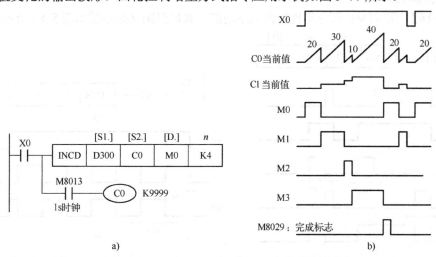

图 5-77　凸轮控制增量方式指令应用示例
a) INCD 指令　b) 输出波形

图 5-77a 中，$n=4$，表示目标操作数有 4 个位输出，这里分别为 M0～M3，它们的 ON/OFF 状态受凸轮提供的脉冲个数控制。使 M0～M3 为 ON 状态的脉冲个数分别存放在 D300～D303 中（用 MOV 指令写入）。图 5-77b 是 D300～D303 分别为 20、30、10 和 40 时的输出波形。当计数器 C0 的当前值依次达到 D300～D303 的设定值时将自动复位。C1 用来计复位的次数，M0～M3 根据 C1 的值依次动作。

INCD 指令的源操作数、目标操作数的可取范围同 ABSD 指令。

5.6.2 示教定时器指令

示教定时器指令 TTMR（teaching timer）的编号为 FNC 64，其功能是测定输入按钮按下的时间（由此可以通过一个按钮调整定时器的设定时间）。示教定时器指令应用示例如图 5-78 所示。

TTMR 指令的目标操作数[D.]指定数据寄存器 D，$n=0\sim2$，TTMR 指令为 16 位操作指令。

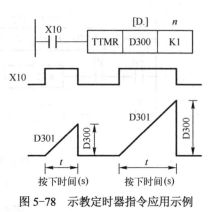

图 5-78 中，当 X10 为 ON 时，执行 TTMR 指令，D301 测定并记录 X10 按下的时间 t，然后将 t 乘以由 n 指定的倍率 10^n 存入 D300，指令中 $n=1$，即 10×1 存入 D300。当 X10 为 OFF 时，D301 复位，D300 保持不变。

图 5-78 示教定时器指令应用示例

5.6.3 特殊定时器指令

特殊定时器指令 STMR（special timer）的编号为 FNC 65，其功能是产生延时断开定时器、单脉冲定时器和闪动定时器。源操作数[S.]指定定时器 T，[S.]=T0～T199，m 为常数 K 或 H，$m=1\sim32767$，目标操作数[D.]可以取 Y、M 和 S。STMR 指令为 16 位操作指令。

特殊定时器指令应用示例如图 5-79 所示。

图 5-79 中，$m=1\sim32767$，用来指定定时器的设定值；源操作数[S.]取 T0～T199（100ms 定时器）。T10 的设定值为 100ms×100=10s，M0 为延时断开定时器，M1 为单脉冲定时器，M2、M3 为闪动定时器。

【例 5-16】 用 STMR 指令实现振荡电路功能，其梯形图及时序图如图 5-80 所示。

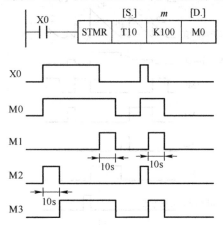

图 5-79 特殊定时器指令应用示例

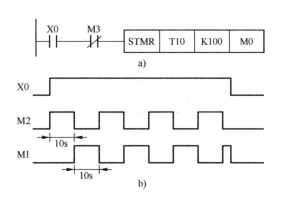

图 5-80 振荡电路梯形图及时序图
a) 梯形图 b) 时序图

5.6.4 交替输出指令

交替输出指令 ALT（alternate）的编号为 FNC 66，具有二分频功能，可以用作由一个按钮控制外部负载的起动和停止。

交替输出指令应用示例如图 5-81 所示。

图 5-81 中，当 X0 每次由 OFF→ON 变化时，M0 的状态发生翻转，即从 0→1，或从 1→0。可以看出，M0 是对 X0 的二分频。若使用连续执行方式时，ALT 指令在每个扫描周期都被执行（状态翻转）。

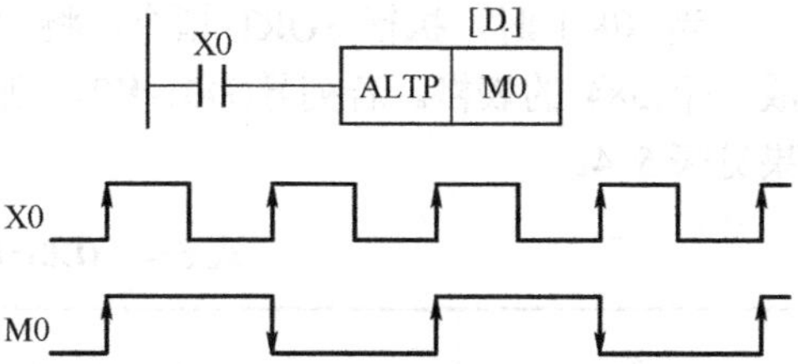

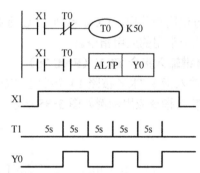

图 5-81 交替输出指令应用示例

【例 5-17】 交替输出指令 ALT 应用示例。

（1）单按钮开关控制

单按钮开关控制梯形图如图 5-82 所示。

图 5-82 中，当按钮 X0 为 ON 时，执行 ALTP 指令，Y0=1，按钮 X0 再次为 ON 时，Y0=0。

（2）方波（闪烁）发生器

方波（闪烁）发生器梯形图及时序图如图 5-83 所示。

图 5-83 中，当 X1 为 ON 时，定时器 T0 触点每隔 5s 产生瞬时脉冲，T0 触点每一次为 ON 时执行 ALTP 指令，Y0 在 0 和 1 之间交替变化。

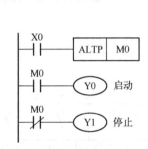

图 5-82 单按钮开关控制梯形图

图 5-83 方波（闪烁）发生器梯形图及时序图

5.6.5 数据排列指令

数据排列指令 SORT 的编号为 FNC 69，16 位运算，可产生一个以[D.]中数据为起始地址的 $m1$（1~32）行、$m2$（1~6）列的表格，n 为表中的列号，并将该列的数据按照从小到大的顺序排列。

执行 SORT 指令前应将 $m1 \times m2$ 个源数据分别写入[S.]中。执行完 SORT 指令后，M8029 为 ON。

数据排列指令应用示例如图 5-84 所示。

SORT 指令中的[S.]、[D.]必须是数据寄存器 D；$m1$、$m2$ 可以取 K、H；n 可以取 K、H 和 D，且 $n=1 \sim m2$。

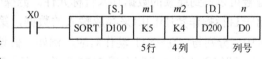

图 5-84 数据排列指令应用示例

图 5-84 中，5×4=20 个源数据分别写入 D100~D119 中，见表 5-3。

表 5-3 5 行 4 列源数据

行	列			
	1	2	3	4
1	D100=1	D105=150	D110=45	D115=20
2	D101=2	D106=180	D111=50	D116=40
3	D102=3	D107=160	D112=70	D117=30
4	D103=4	D108=100	D113=20	D118=8
5	D104=5	D109=150	D114=50	D119=45

当 X0=1 时，执行 SORT 指令，将 D100～D119 中的数据分别传送到 D200～D219 中，组成一个 5×4 的表格。若列号(D0)=K2，则第 2 列数据从低到高依次进行排序，执行指令后的结果见表 5-4。

表 5-4 (D0)=K2 时执行 SORT 指令的结果

行	列			
	1	2	3	4
1	D200=1	D205=100	D210=45	D215=20
2	D201=2	D206=150	D211=50	D216=40
3	D202=3	D207=150	D212=70	D217=30
4	D203=4	D208=160	D213=20	D218=8
5	D204=5	D209=180	D214=50	D219=45

5.7 其他应用指令

为了方便用户使用，FX$_{2N}$ 系列 PLC 还提供了外部 I/O 操作、外部设备等类应用指令，下面仅介绍几个常用的应用指令。

1. 10 键输入指令 TKY（FNC 70）

10 键输入指令 TKY 按照 10 个按键的输入顺序输入十进制数。

10 键输入指令应用示例如图 5-85 所示。

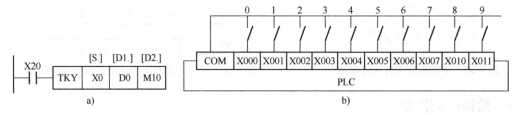

图 5-85 10 键输入指令应用示例
a) 梯形图 b) PLC 接线

图 5-85 中，设置输入按键 X0～X11（10 个），对其按顺序输入（按下）不同的键，取其键号可以得到连续的数据存入目标元件。源操作数[S.]中存放按键 X0～X11 输入的 4 位数据，第一目标操作数[D1.]用来存放输入的数据，第二目标操作数[D2.]中存放 10 位继电器 M10～M19，分别与 X0～X11 动作对应。例如，假设输入给 X0～X11 的按键顺序为 X2、X1、X3、X0，即输入 4 位十进制数据 2130 并将其存入数据寄存器 D0 中。

2. 七段码译码指令 SEGD（FNC 73，软件译码）

七段码译码指令 SEGD 用于将源操作数的数据元件的低 4 位（十六进制 0～F）转换为七段显示码。该指令可以方便地实现数据元件的 7 段 LED 显示。

3. 串行数据传送指令 RS（FNC 80）

串行数据传送指令 RS 用于通信功能扩展板与特殊适配器发送和接收串行数据。

4. 电位器值读出指令 VRRD（FNC 85）

电位器值读出指令 VRRD 用于读取模拟量功能扩展板上的电位器设置的数据。

5. 比例、积分、微分运算指令 PID（FNC 88）

比例、积分、微分运算指令 PID 用于模拟量闭环控制（详见第 7 章）。

6. 实时时钟指令

FX$_{2N}$ 系列 PLC 内部实时钟数据（年、月、时、分、秒）分别存放在 D8018~D8013 中，星期值存放在 D8019 中。实时时钟指令使用特殊辅助寄存器 M8015~M8019 控制。

上述指令的使用及其他应用指令，可参见 FX$_{2N}$ 系列 PLC 编程手册。

5.8 实验：应用指令编程

5.8.1 多功能指示灯闪烁控制

1. 控制要求

用 PLC 实现 16 个指示灯（HL1~HL16）闪烁控制，控制要求如下：
1) 开始工作时，每隔 0.1s 从 HL1 到 HL16 依次正序流水点亮，循环 2 次。
2) 正序循环 2 次后，每隔 0.1s 从 HL16 到 HL1 依次反序流水点亮，循环 2 次。
3) 反序循环 2 次后，重复上述过程，直至按下停止按键。

2. I/O 分配

根据控制要求，多功能指示灯闪烁控制的 I/O 分配见表 5-5。

表 5-5 多功能指示灯闪烁控制 I/O 分配表

类 别	电气元件	PLC 软元件	功 能
输入(I)	SB1	X0	启动按钮
	SB2	X1	停止按钮
输出(O)	HL1~HL16	Y0~Y17	指示灯

3. 梯形图

多功能指示灯闪烁控制梯形图如图 5-86 所示。

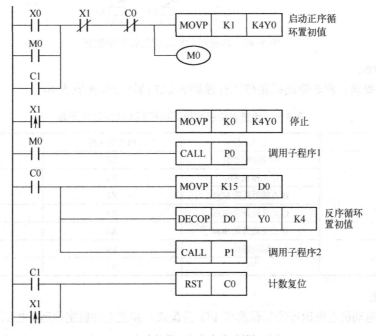

图 5-86 多功能指示灯闪烁控制梯形图

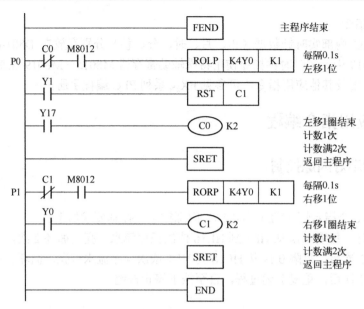

图 5-86 多功能指示灯闪烁控制梯形图（续）

5.8.2 步进电动机定位运行控制

1. 控制要求

步进电动机定位运行控制位置如图 5-87 所示，控制要求如下：

1）启动后，小车自动返回 B 点，停车 5s，然后自动向 D 点运行。到达 D 点后，停车 5s，然后自动返回 B 点，如此往复运行。

2）按下停止按钮后，小车需完成当前循环后停在 C 点位置。

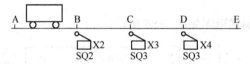

图 5-87 步进电动机定位运行控制位置

2. I/O 分配

根据控制要求，步进电动机定位运行控制的 I/O 地址分配见表 5-6。

表 5-6 步进电动机定位运行控制 I/O 地址分配表

类别	电气元件	PLC 软元件	功能
输入(I)	启动按钮 SB1	X0	启动
	停止按钮 SB2	X1	停止
	B 点接近开关 SQ2	X2	定位
	C 点接近开关 SQ3	X3	定位
	D 点接近开关 SQ4	X4	定位
输出(O)	脉冲输出	Y0	输出脉冲
	方向	Y1	控制方向

3. 梯形图

根据步进电动机定位运行控制要求和 I/O 分配表，步进电动机定位运行控制梯形图如图 5-88 所示。

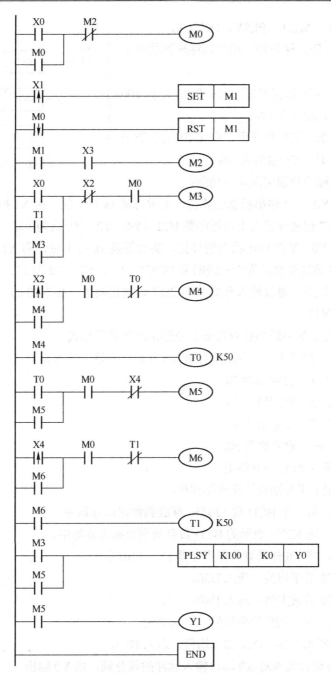

图 5-88 步进电动机定位运行控制梯形图

5.9 思考与习题

1. 应用指令中的连续执行方式和脉冲执行方式的特点是什么？
2. 解释 FX$_{2N}$ 系列 PLC 下列术语、符号及指令的含义。

术语：位元件，字元件，子程序，中断，中断指针。

符号：K100，K2X0，K2Y10，D8Z1，I100，I650。

指令：CMP，INC，ZCP，DADD，WOR，SORT，SEGD，PWM，FEND，IRET，EI，

CJP, MOV, DMOV, WDT, PLSY, DHSCS。

3. 读如图 5-89 所示梯形图，指出该梯形图的执行结果。

4. 用触点比较指令编写程序段，在 D10 大于-100 且不等于 100 时，Y0 输出为 ON。

5. 用区间比较指令编写程序段，在 C10 大于等于 100 且小于等于 110 时，Y1 输出为 ON。

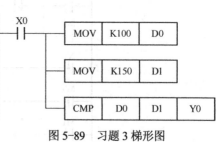

图 5-89　习题 3 梯形图

6. 编写梯形图程序分别实现以下功能：

1）用 X0 控制 Y0~Y7 输出状态的移位，要求每隔 1s 移 1 位，用 X1 控制左移或右移，用 MOV 指令将 Y0~Y7 初值设定为十六进制数 H21（Y4、Y2、Y0 均为 1）。

2）用 X1 控制 Y0~Y17 输出状态的移位，要求每隔 1s 移 1 位，用 X1 控制左移或右移，用 MOV 指令将彩灯的初值设定为十六进制数 H0021（Y4、Y2、Y0 为 1）。

7. 编写梯形图程序，通过输入开关 X0~X17 设置初始值，在 X20 的上升沿用 MOV 指令将初始值读入 Y0~Y17。

8. FX$_{2N}$ 系列 PLC 的中断指针有几类？分别指出其表示形式。

9. 在梯形图中，通过应用指令改变计数器 C0 的设定值，要求如下：

1）当 X1X0=00 时，设定值为 20。

2）当 X1X0=01 时，设定值为 30。

3）当 X1X0=10 时，设定值为 40。

4）当 X1X0=11 时，设定值为 50。

当计数器达到设定值时，Y0 得电。

10. 按以下控制要求分别设计梯形图程序：

1）当 X0=1 时，将一个 BCD 数 123456 存放到数据寄存器中。

2）当 X1=1 时，将 K2X0 表示的 BCD 数存放到数据寄存器中。

3）当 X2=1 时，将 K0 传送到数据寄存器 D0~D10 中。

4）求 D20~D29 的平均值，送入 D30。

5）求 D20~D29 的最大值，送入 D40。

6）用子程序求 D20~D29 的平均值，送入 D50。

7）用定时器中断求 D20~D29 的平均值，送入 D60。

8）用 ALT 指令设计实现对 X0 端口输入脉冲的四分频，由 Y0 输出。

第6章 PLC模拟量采集及PID控制系统

PLC的模拟量模块可以用来实现对模拟量数据的采集和处理。在FX_{2N}系列PLC中，模拟量输入输出模块属于特殊功能模块的范畴。FX_{2N}系列PLC的特殊功能模块种类繁多，功能齐全，其读写操作基本相同，是组成闭环控制系统和专用控制系统的重要单元。

本章重点介绍模拟量闭环控制系统的基本知识、PID控制算法、FX_{2N}系列PLC模拟量输入模块和模拟量输出模块、PID指令的应用及控制系统应用示例等。

6.1 模拟量闭环控制系统

在自然界（生产过程）中，许多变化的信息，如温度、压力、流量、液位、电压及电流等，都是连续变化的物理量。所谓连续，是指这些物理量在时间上、数值上都是连续变化的，这种连续变化的物理量通常称为模拟量。而计算机接收、处理和输出的只能是离散的、二进制表示的数字量。为此，在计算机控制系统中，需要检测的自然界的模拟量必须首先转换为数字量（称为模-数转换或A-D转换），然后输入给计算机进行处理。而计算机输出的数字量（控制信号），需要转换为模拟量（称为数-模转换或D-A转换），以实现对外部执行部件的控制。

6.1.1 模拟信号获取及变换

当今世界已经进入信息时代。在利用信息的过程中，首先要解决的就是要获取准确、可靠的信息，而传感器是获取信息的主要途径与手段。

在工业生产过程中，许多物理量是可以连续变化的模拟量，如位移、温度、压力、流量、液位、质量等，在PLC作为主控设备的系统中，如果需要获取这些模拟量信息，必须首先经过传感器将其物理量转换为相应的电量（如电流、电压、电阻），然后进行信号处理、变换成相应的标准量。该标准量通过模-数（A-D）转换单元转换为相应的二进制码表示的数字量后，PLC才能识别并进行处理。模拟信号的获取过程如图6-1所示。

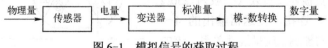

图6-1 模拟信号的获取过程

1. 传感器

能够感受规定的被测量并按照一定的规律转换成相应的输出信号的器件或装置称为传感器。传感器通常由敏感元件、转换元件和转换电路组成。

在工业生产过程中，常用的传感器有电阻应变式传感器、热电阻传感器、热电偶传感器、霍尔式传感器、光电传感器、压力传感器及涡轮流量传感器等。

下面仅介绍工业生产过程中常用的热电阻和热电偶传感器。

（1）热电阻传感器

热电阻传感器基于电阻值随温度变化而变化这一特性，来测量温度及与温度有关的参数。在温度检测精度要求比较高的场合，这种传感器比较适用。目前，使用较为广泛的热电阻材料有铂、铜、镍等，它们具有电阻温度系数大、线性好、性能稳定、使用温度范围宽、加工容易等特点，用于测量-200℃～+500℃范围内的温度。

经常使用的热电阻按其分度号有 Pt100、Pt1000、Cu50、Cu100。其中，Pt100 表示铂热电阻，在 0℃时的电阻值为 100Ω。

（2）热电偶传感器

热电偶传感器基于两种不同金属导体的接点热电动势随温度变化而变化这一特性来测量温度。

热电偶用于测量 0～+1800℃范围内的温度，经常使用的热电偶分度号有 B、E、J、K、S 型等，不同分度号的热电偶其测温范围不同，在相同温度下产生的热电动势也不相同。

2. 变送器

变送器的功能是将物理量或传感器输出的信息量，转换为便于传送、显示和设备接收的直流电信号。

变送器输出的直流电信号有 0～5V、0～10V、1～5V、0～20mA、4～20mA 等。目前，工业上广泛采用 4～20mA 标准直流电流传输模拟量。

变送器输出电流信号，必然要有外电源为其供电，一般有二线制、三线制和四线制三种接线方式。

四线制是指变送器需要两根电源线，加上两根电流输出线；二线制是指变送器需要的电源线和电流输出线共用两根线，如图 6-2 所示。目前二线制变送器在工业控制系统中应用广泛。

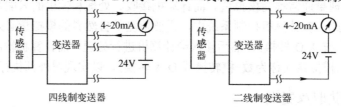

图 6-2　变送器的接线方式

由图 6-2 可以看出，二线制变送器的供电电源、输出电流信号与负载（这里为电流表）串联在一个回路中。

图 6-3 为基于热电偶传感器的二线制变送器接线图。被测温度通过热电偶传感器将其转换为相应的热电动势（mV）输入给变送器，变送器采用二线制供电兼输出电流，DC 24V 电源的正极与变送器的 V+连接、负极通过负载（一般为 250Ω 电阻）与变送器的 V-连接，变送器输出的 4～20mA 标准电流信号与被测温度呈线性关系。该电流通过 250Ω 电阻转换为 1～5V 电压，作为 A-D 转换器的模拟量输入信号，A-D 转换器输出的数字量信号可以直接输入给计算机进行处理。

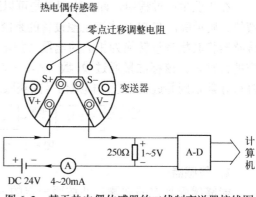

图 6-3　基于热电偶传感器的二线制变送器接线图

6.1.2　计算机闭环控制系统

闭环控制是根据被控对象输出参数的负反馈来进行校正的一种控制方式。工业中常用的计算机闭环 PID 控制系统框图如图 6-4 所示。

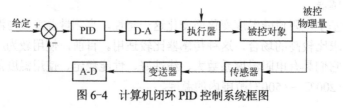

图 6-4　计算机闭环 PID 控制系统框图

一个计算机闭环控制系统一般由以下基本单元组成:

1) 测量装置。测量装置由传感器、变送器完成对系统输出参数(即被控物理量或被控参数)的测量。

2) 控制器。控制器由控制设备或计算机实现对输出量与输入量(给定值)比较后的控制算法运算,如 PID 运算。

3) 执行器。执行器对控制器输出的控制信号进行放大,驱动执行机构(如调节阀、电动机或加热器等)实现对被控参数(输出量)的控制。

4) 被控对象。被控对象是需要控制的设备或生产过程。

被控设备(对象)输出的物理量经传感器、变送器、A-D 转换后反馈到输入端,与期望值(即给定值或称系统输入参数)进行相减比较,当二者产生偏差时,对该偏差进行决策或 PID 运算处理,处理后的信号经 D-A 转换器转换为模拟量输出,控制执行器进行调节,从而使输出参数按输入给定的条件或规律变化。由于系统是闭合的,输出端反馈到输入端的反馈信号与输入信号相位相反,所以也称闭环负反馈控制系统。

图 6-5 为典型(多参数)计算机(PLC)闭环控制应用系统结构,其工作过程简述如下:

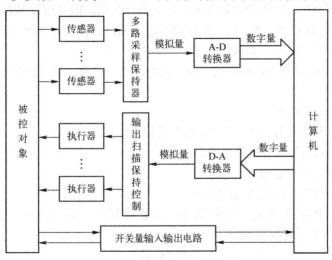

图 6-5 典型计算机闭环控制应用系统结构

1) 在测控系统中,被控对象中的各种非电量模拟量(如温度、压力、流量等),必须经传感器转换成规定的电压或电流信号,如将 0~500℃温度转换成标准 4~20mA 直流电流输出等。

2) 在应用程序控制下,多路采样保持器分时地对多个模拟量进行采样、保持,并送入 A-D 转换器进行模-数转换。

3) A-D 转换器将某时刻的模拟量转换成相应的数字量,然后将该数字量输入计算机。

4) 计算机根据程序实现的功能要求,对输入数据进行运算处理后,由输出通道的 D-A 转换器,将计算机输出的数字量转换为相应的模拟量。

5) 该模拟量经输出扫描保持控制相应的执行器对被控对象的相关参数进行调节,周而复始,从而控制被调参数按照程序给定的规律变化。

6.1.3 数字 PID 运算及应用

在模拟量作为被控参数的控制系统中,为了使被控参数按照一定的规律变化,需要在控制回路中设置比例(P)、积分(I)、微分(D)运算及其运算组合作为控制器输出信号。FX_{2N} 系列 PLC 设置了专用于 PID 运算的指令,可以方便地实现 PID 运算操作。

1. PID 运算

（1）模拟量 PID 运算

一般情况下，控制系统主要针对被控参数 PV（又称过程变量）与期望值 SV（又称设定值）之间产生的偏差 e 进行 PID 运算。其数学函数表达式为

$$M(t) = K_p e + K_i \int e\, dt + K_d de/dt$$

式中，$M(t)$ 为 PID 运算的输出，M 是时间 t 的函数；e 为控制回路偏差，PID 运算的输入参数；K_p 为比例运算系数（增益）；K_i 为积分运算系数（增益）；K_d 为微分运算系数（增益）。

（2）数字量 PID 运算

使用计算机处理该表达式时，必须将其由模拟量控制的函数通过周期性地采样偏差 e，使其函数各参数离散化。为了方便算法实现，离散化后的 PID 数学表达式可整理为

$$M_n = K_c e_n + K_c(T_s/T_i)e_n + MX + K_c(T_d/T_s)(e_n - e_{n-1})$$

式中，M_n 为时间 $t=n$ 时的回路输出；e_n 为时间 $t=n$ 时采样的回路偏差，即 SV_n 与 PV_n 之差；e_{n-1} 为时间 $t=n-1$ 时采样的回路偏差，即 SV_{n-1} 与 PV_{n-1} 之差；K_c 为回路总增益，比例运算参数；T_s 为采样时间；T_i 为积分时间，积分运算参数；T_d 为微分时间，微分运算参数。

比较以上两式可以看出，$K_c=K_p$，$K_c(T_s/T_i)=K_i$，$K_c(T_d/T_s)=K_d$，MX 为所有积分项前值之和，每次计算出 $K_c(T_s/T_i)e_n$ 后，将其值累计入 MX 中。

通常称 K_p、K_i、K_d 分别为比例系数、积分系数、微分系数，以方便编程。

由上式可以看出：

1）$K_c e_n$ 为比例运算项 P。

2）$K_c(T_s/T_i)e_n$ 为积分运算项 I（不含 n 时刻前积分值）。

3）$K_c(T_d/T_s)(e_n - e_{n-1})$ 为微分运算项 D。

4）比例回路增益 K_p 将影响 K_i 和 K_d。

在控制系统中，常使用的控制运算如下。

1）比例控制（P）：不需要积分和微分，可设置积分时间 $T_i=\infty$，使 $K_i=0$；微分时间 $T_d=0$，使 $K_d=0$。第 n 次采样时的输出为

$$M_n = K_c e_n$$

2）比例、积分控制（PI）：不需要微分，可设置微分时间 $T_d=0$，$K_d=0$。第 n 次采样时的输出为

$$M_n = K_c e_n + K_c(T_s/T_i)e_n$$

3）比例、积分、微分控制（PID）：可设置比例系数 K_p、积分时间 T_i、微分时间 T_d，第 n 次采样时的标准 PID 输出为

$$M_n = K_c e_n + K_c(T_s/T_i)e_n + K_c(T_d/T_s)(e_n - e_{n-1})$$

这里，在采样周期比较小的情况下，数字量 PID 输出 M_n 可以很好地逼近模拟 PID 算式，从而使数字化控制过程与连续过程十分接近，该算法称为位置式 PID 算法。

由于位置式 PID 算法第 n 次的输出结果和过去的所有状态有关，因而内存占用过大且计算时对误差 error(n) 进行了累加。当执行机构只需要 PID 输出的增量控制时，可以使用增量 PID 控制算法，设第 $n-1$ 次采样时的输出为

$$M_{n-1} = K_c e_{n-1} + K_c(T_s/T_i)e_{n-1} + K_c(T_d/T_s)(e_{n-1} - e_{n-2})$$

由位置式 PID 控制算法可以直接导出标准增量 PID 控制算法为

$$\Delta M_n = M_n - M_{n-1} = K_p(e_n - e_{n-1}) + K_i e_n + K_d(e_n - 2e_{n-1} + e_{n-2})$$

根据该公式可以实现 PID 的数字化程序设计。

需要说明的是，用户在 FX 系列 PLC 实现 PID 运算时，不需要对上述复杂的算法进行编

程，只需要直接通过设置 PID 回路参数和执行 PID 控制指令即可完成 PID 运算。

2. PID 控制参数的物理意义

（1）比例控制（P）

比例控制是控制系统最基本的控制方式，其控制器的输出量与控制器输入量（偏差）呈比例关系，因此比例控制是以偏差存在为前提的。输出量由比例系数 K_c 控制，比例系数越大，比例调节作用越强，系统的稳态误差就会减小。但是比例系数过大，调节作用强，会降低系统的稳定性。比例控制的特点是算法简单、控制及时，但系统会存在稳态偏差。

比例控制输出量还可以由比例度 δ（与 K_c 互为倒数）控制，δ 越小，比例控制作用就越强，消除偏差的速度就越快。

（2）积分控制（I）

积分控制是指控制器的输出量与控制器输入量（偏差）呈积分关系，只要偏差不为零，积分输出就会逐渐变化，一直到偏差消失。系统偏差为 0 处于稳定状态时，积分部分不再变化而处于保持状态。因此，积分控制可以消除偏差，提高控制精度。积分控制输出量由积分时间常数 T_i 控制，T_i 越小，积分控制作用就越强，消除偏差的速度就越快，但会增加系统的不稳定性。积分控制输出量还可以由积分系数 K_i 控制，K_i 越小，积分控制作用就越弱，消除偏差的速度就越慢。

积分控制一般不单独使用，通常和比例控制组成比例积分（PI）控制器，以消除系统稳态偏差。

（3）微分控制（D）

微分控制是指控制器的输出量与控制器输入量（偏差）呈微分关系，或者说，只要系统有偏差的变化率，控制器输出量就按其变化率的大小变化（而不管其偏差的大小），即使在偏差很小时，只要偏差的变化率存在，控制器输出仍然会产生较大的变化。微分控制反映了系统变化的趋势，因此，微分控制具有超前控制作用，即提前预测可能即将要产生的较大的偏差，从而实现超前控制。微分控制输出量由微分时间 T_d 控制，微分时间常数越大，微分控制作用就越强，系统动态性能越能得到改善。但如果微分时间常数过大，系统输出量会出现小幅度振荡，系统的不稳定性增加。微分控制一般和比例、积分控制组成比例积分微分（PID）控制器。

3. 数字量 PID 算法的改善

计算机在实现数字量 PID 算法时，必须考虑数字量的特征，对 PID 控制算法进行改进和完善，以使数字量 PID 算法具有高效的控制效果。为此，在 FX 系列 PLC 的 PID 指令中，采取了如下措施。

（1）一阶惯性数字滤波

在系统采集模拟量信号 PV 信息后，采用一阶惯性数字滤波算法滤除 PV 信息中可能存在的干扰和噪声，然后与 SV（设定值）进行比较。

可以编程实现一阶惯性数字滤波常数 $\alpha=T_f/(T_f+T_s)$ 的设置，α 在 0~1 之间取值。其中，T_f 为滤波器的时间常数，T_s 为采样周期，时间常数 T_f 越大，则滤波效果越好，但系统的动态性能会变差。

（2）不完全微分 PID 算法

数字量 PID 算法在进行微分运算时，对于阶跃信号等高频（噪声）信号输入，很容易引起调节过程振荡。同时，由于采样频率必须数倍于（一般选 3~7 倍以上）输入信号的频率，导致数字量 PID 的微分作用只在第一个采样周期内有输出。在第二个采样周期，由于输入信号基本不变，所以微分不起作用，从而使 PID 的微分项输出不能按照偏差的变化趋势产生有效的微分控制作用。

为此，可以在数字 PID 算法中串联加入低通滤波器，即一阶惯性环节

$$G_f(s)=\frac{U(s)}{U'(s)}=\frac{1}{T_f s+1}$$

组成不完全微分 PID 算法。

经整理推导，不完全微分 PID 算法的增量算式为
$$\Delta u(k) = \alpha \Delta u(k-1) + (1-\alpha)\Delta u'(k)$$
其中
$$\alpha = \frac{T_f}{T_s + T_f}$$

不完全微分 PID 算法第 k 次采样的 PID 输出为 $\Delta u(k)$，$\Delta u'(k)$ 为 PID 增量算式的输出。引入不完全微分后，微分输出在第一个采样周期内的脉冲高度下降，PID 控制器的微分作用在其后的采样周期内输出逐渐减弱，这样既起到了微分作用，又不易引起振荡，极大地改善了控制效果。

（3）反馈量微分 PID 算法

微分输出与系统偏差的变化率成正比关系，在计算机控制系统中，有时需要改变系统的设定值，这样必然使偏差（设定值-反馈量）产生阶跃变化，使微分输出突变，不利于系统的稳定运行。为了消除设定值变化对系统的影响，使 PID 算法的微分作用只响应反馈量的变化而对设定值的变化无效，这种算法称为反馈量微分 PID 算法。

4．PID 控制的工程应用

在 PID 控制系统中，需要做如下选择和设置。

（1）控制算法的选择

对于不同的被控对象和控制要求，可以选择不同的 P、I、D 组合控制（规律）算法。

P 控制是最基本的控制，一般应用在允许（或需要）偏差存在的控制系统，如某液位控制系统；PI 控制一般应用在系统稳态下不允许偏差存在的控制系统；PD 控制一般应用在允许偏差存在，但动态偏差不允许有较大脉动的控制系统；PID 控制应用在稳态下不允许存在偏差且系统有较大滞后作用或要求动态偏差较小的控制系统，如某电加热炉的温度控制系统。

（2）控制系统反馈极性的确定

由于系统的各个环节（执行器、被控对象）输入、输出之间的正、反作用是由生产工艺需求决定的，因此，必须确定系统为负反馈，才能保证控制质量指标。如果系统为正反馈，则系统输出得不到控制，甚至引起系统崩溃。

为了保证系统实现负反馈，在被控对象、执行机构的正、反作用确定后，必须正确选择 PID 控制器输入与输出之间的正、反作用。在程序设计时，如果选择为正作用，PID 输出表达式为正号；如果选择为反作用，PID 输出表达式为负号。

例如，某制冷系统的执行机构是控制电动机的转速。各环节正、反作用如下：

1）电动机转速↑，被控对象温度↓，对象环节输入、输出之间的关系为反作用。

2）执行机构电动机的（输入）控制信号（即 PID 控制器输出信号）↑，电动机转速↑，显然执行机构为正作用。

3）温度传感器一般为正作用。

如何确定控制器的正、反作用？根据偏差的产生（或计算公式）有以下两种情况：

1）设偏差 e=SV(给定值)-PV（测量值）时，当系统输出温度的测量值↑，偏差 e↓（反方向变化）；如果选择 PID 控制器为正作用，则控制器输出信号↓；执行机构输入信号也↓，电动机转速↓，被控对象温度↑，显然系统为正反馈。因此，在这种情况下，该系统的 PID 控制必须取反作用才能保证控制系统为负反馈。

2）设偏差 e= PV(测量值)-SV(给定值)时，当系统输出温度的测量值↑，偏差 e↑；如果选择 PID 控制器为正作用，则控制器输出信号↑；执行机构输入信号也↑，电动机转速↑，被控对象温度↓，显然系统为负反馈。因此，在这种情况下，该系统的 PID 必须取正作用才能保证控制系统为负反馈。

在 FX$_{2N}$ 系列 PLC 的 PID 控制指令中，对 PID 正、反动作的选择规定如下：

1) 正动作（作用）是指当前值（测量值 PV）大于设定值 SV 时，需要加大执行量。如对空调的控制，空调未起动时室温上升，超过设定值，则启动空调。

2) 反动作（作用）是指当前值（测量值 PV）小于设定值 SV 时，需要加大执行量。如加热炉，当炉温低于设定值时必须投入加热装置以升高炉温。

显然，在 FX$_{2N}$ 系列 PLC 的 PID 控制指令中，偏差是按 $e=$ PV(测量值)−SV(给定值)计算的。

(3) PID 参数工程整定

在稳定系统中，如果系统受到干扰，偏离了平衡状态，但系统经过控制器的调整仍然能够恢复到一个新的稳态（静态），这个所谓的调整就是用 PID 控制算法实现系统的动态过程（过渡过程）。如何确定 PID 算法中的比例、积分、微分系数（PID 参数设置），是决定系统动态过程及静态指标的重要因素，PID 参数设置又称为 PID 参数工程整定，常用的整定方法有临界比例（度）法、衰减曲线法、反应曲线法及经验法。

下面仅介绍临界比例（度）法整定步骤。

1) 在系统闭环的情况下，设置控制器的积分时间 $T_i=\infty$、微分时间 $T_d=0$、比例放大倍数 $K_c=1$。

2) 然后使 K_c 由小到大逐步改变。每改变一次 K_c 时，给定系统施加一个阶跃干扰，同时观察被控变量的变化情况。若测量值（被控变量）的过渡过程呈衰减振荡，则继续增大 K_c；若被控变量的过渡过程呈发散振荡，则应减小 K_c，直至过渡过程出现等幅振荡，如图 6-6 所示。

3) 此时的过渡过程称为临界振荡过程。K_c 为临界放大倍数，振荡周期 T_k 称为临界周期。可以根据

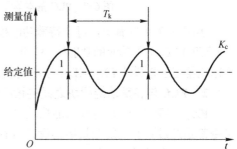

图 6-6 测量值的临界等幅振荡

K_c 和 T_k 实验数据，按表 6-1 给出的经验公式，计算出当采用不同类型的控制器时，使系统的过渡过程峰值呈 4∶1 衰减振荡状态（希望的动态过程）的控制器参数值。

表 6-1 临界比例（度）法整定 PID 参数整定经验公式

控制算法	控制算法参数		
	P	I	D
P	$0.5K_c$	∞	0
PI	$0.4K_c$	$0.8T_k$	0
PID	$0.6K_c$	$0.5T_k$	$0.12T_k$

由表 6-1 中控制算法参数可以看出，纯比例控制的比例系数是临界比例系数 K_c 的 0.5 倍。这表明在系统等幅振荡的情况下，要想获得系统衰减振荡状态的过渡过程，应该降低 K_c，使控制作用适当减弱。

(4) 采样周期

数字化 PID 算法必须确定对被控参数（模拟量）的采样周期，在一次采样周期内进行一次 PID 运算，周而复始地连续执行 PID 控制程序。

采样周期越小，采样值越能反映模拟量的真实变化情况，但若采样频率过高，在采样值发生突变但其相邻两次的采样值几乎不变时，其数字化的微分控制将失去作用，因此，采样周期不宜过小。工程上一般取采样频率为模拟量变化频率的 7~10 倍以上。

对于被控对象有较大滞后的系统，如温度、控制物料传递等控制系统，可以设置采样周期

在 0.5~1s 之间，每采样 10 次取其平均值进行一次PID 控制输出。

6.2 FX₂N 系列 PLC 特殊功能模块扩展编址及读/写操作

FX₂N 系列 PLC 的特殊功能模块主要包括模拟量输入模块、模拟量输出模块、高速计数模块和脉冲定位模块等，是组成闭环控制系统和专用控制系统的重要单元。本节主要介绍 FX₂N 系列 PLC 特殊功能模块的扩展编址方法及其读/写操作。

1. 特殊功能模块（模拟量 I/O 模块）扩展编址

PLC 基本单元通过扩展总线最多可以扩展 8 个特殊功能模块，按其扩展连接顺序分别分配编址号 0~7，以供读写指令识别操作。PLC 基本单元扩展（总线）连接特殊功能模块示意图如图 6-7 所示。

图 6-7 PLC 基本单元扩展（总线）连接特殊功能模块示意图

由图 6-7 可以看出，每个特殊功能模块都有一个确定的地址编号，第一连接模块 FX₂N-4AD （最靠近 PLC 基本单元的功能模块）编址为 0 号；中间插入第二连接模块即开关量输入模块，它不影响第三连接模块 FX₂N-4DA 按序编址为 1 号；第四连接模块 FX₂N-4AD-TC 编址为 2 号。

2. PLC 与特殊功能模块之间的读/写操作

FX₂N 系列 PLC 与特殊功能模块之间的读/写操作分别通过执行 FROM/TO 指令完成，该类指令都是通过特殊功能模块中的缓冲寄存器 BFM 与 PLC 进行直接通信的。

（1）读取特殊功能模块指令 FROM（FNC 78）

FROM 指令用于 PLC 基本单元读取特殊功能模块中的数据，FROM 指令应用示例如图 6-8 所示。

图 6-8 中，当 X0 为 ON 时，执行 FROM 指令，将编号为 m_1（0~7）的特殊功能模块内的从 m_2（0~31）开始的 n 个缓冲寄存器中的数据读入 PLC 中，同时存入以[D·]开始的 n 个数据寄存器中。即这里 FROM 指令是将 1 号特殊功能模块内的 10 号缓冲寄存器开始的相邻 5 个缓冲区数据（即BFM#10~#14），读到以 D1 为首地址的相邻 5 个数据寄存器（D1~D5）中。

使用 FROM 指令时注意以下方面：

1）FROM 指令中指定的 m_1、m_2 分别直接针对模块编号和模块内部的缓冲寄存器 BMF。

2）n 是指定模块与 PLC 之间传送数据的字数。当传送 16 位数据时，$n=1$~32；当传送 32 位数据时，$n=1$~16。

（2）写入特殊功能模块指令 TO（FNC 79）

TO 指令用于将 PLC 基本单元数据写入特殊功能模块中，TO 指令应用示例如图 6-9 所示。

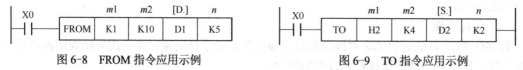

图 6-8 FROM 指令应用示例　　　　图 6-9 TO 指令应用示例

图 6-9 中，当 X0 为 ON 时，执行 TO 指令，将指定 PLC 中以[S.]元件为首地址的 n 个数据，写入编号为 m_1（0~7）的特殊功能模块，并存入该模块中以 m_2（0~31）为首地址的缓冲寄存器（BFM）中。即这里 TO 指令将 D2、D3 中的数据写入 2 号特殊功能模块的BFM#4、BFM#5 两个缓冲寄存器中。

使用 TO 指令时的需要注意事项同 FROM 指令，即：

1）TO 指令中指定的 $m1$、$m2$ 分别直接针对模块编号和模块内部的缓冲寄存器 BMF。

2）n 是指定模块与 PLC 之间传送数据的字数。当传送 16 位数据时，$n=1\sim32$；当传送 32 位数据时，$n=1\sim16$。

（3）M8028 继电器对 FROM/TO 指令的影响

FROM/TO 指令的执行受中断允许继电器 M8028 的约束，可以根据程序需要进行设置，其约束关系如下：

1）若设置 M8028 继电器为 ON，在 FROM/TO 指令执行过程中，若中断发生则立即执行中断，但在中断程序中，不能使用 FROM/TO 指令。

2）若设置 M8028 继电器为 OFF，在 FROM/TO 指令执行过程中为中断禁止状态，只有在当前 FROM/TO 指令执行完后再响应中断，在中断程序中可以使用 FROM/TO 指令。

6.3 FX$_{2N}$ 系列 PLC 模拟量输入模块及应用

模拟量输入/输出模块是组成闭环控制系统的重要单元，本节主要介绍模拟量输入模块和温度传感器输入模块。

6.3.1 A-D 转换模块

FX$_{2N}$ 系列 PLC 的 A-D 转换模块以电压、电流作为模拟量输入，主要模块有 FX$_{2N}$-2AD（2 通道模拟量输入）、FX$_{2N}$-4AD（4 通道模拟量输入）和 FX$_{2N}$-8AD（8 通道模拟量输入）及升级版 FX$_{3U}$-4AD 等。

下面通过 PLC 中典型应用的 FX$_{2N}$-4AD 模拟量输入模块，介绍 FX$_{2N}$ 系列 A-D 转换模块的技术指标、外部接线、缓冲寄存器及其应用。

1. FX$_{2N}$-4AD 模块的技术指标

FX$_{2N}$-4AD 为 4 通道 12 位 A-D 转换模块，可以同时接收和处理 4 个模拟量的输入信号，可以将模拟电压或电流转换为 12 位的数字量并以二进制的补码形式存入内部 16 位缓冲寄存器中，通过扩展总线与 FX$_{2N}$ 系列 PLC 的基本单元进行数据交换。FX$_{2N}$-4AD 模块的技术指标见表 6-2。

表 6-2 FX$_{2N}$-4AD 模块的技术指标

项目	电压输入	电流输入
模拟量输入范围	DC: $-10\sim10$V（输入阻抗 200kΩ）；绝对最大量程：$-15\sim15$V	DC: $-20\sim20$mA（输入阻抗 250Ω）；绝对最大量程：$-32\sim32$mA
数字量输出范围	16 位二进制补码形式存储（12 位数据位），输出范围为$-2000\sim2000$（$-10\sim10$V）；$0\sim1000$（$4\sim20$mA）；$-1000\sim1000$（$-20\sim20$mA）	
分辨率	5mV（10V×1/2000）	20μA（20mA×1/1000）
综合精度	±1%（在$-10\sim10$V 范围内）	±1%（在$-20\sim20$mA 范围内）
转换速度	15ms/通道，6ms/高速转换通道	
模拟量/数字量电源	模拟量：DC 24(1±10%)V，55mA（基本单元外部电源提供）；数字量：DC 5V，30mA（由 PLC 内部供电）	
隔离方式	模拟量与数字量之间用光电隔离，从基本单元来的电源经 DC-DC 转换器隔离，各模拟通道间不隔离	
占用 I/O 点数	8 点（作为输入或输出点）	

2. FX$_{2N}$-4AD 模块的外部接线

FX$_{2N}$-4AD 模块通过扩展总线与 PLC 的基本单元连接，外部模拟输入电压、电流信号及电源与 FX$_{2N}$-4AD 的接线如图 6-10 所示。

图 6-10 中，外部模拟量输入信号采用双绞屏蔽电缆与 FX$_{2N}$-4AD 连接，电缆应该远离电源线或其他可能产生电气干扰的导线；在模块的输入端口并接一个 0.1～0.47μF 的电容，可以有效抑制输入电压波动或外部电磁干扰影响；若外部是电流输入，应将 V+和 I+相连；FX$_{2N}$-4AD 接地端与 PLC 基本单元接地端连接在一起，并将外壳与 FX$_{2N}$-4AD 的电源接地端 GND 相连。

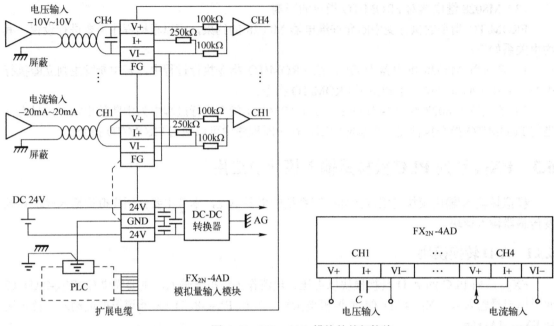

图 6-10　FX$_{2N}$-4AD 模块的外部接线

3. 缓冲寄存器

缓冲寄存器是与 PLC 基本单元进行数据交换，以及对特殊功能模块工作状态进行设定的内部存储单元。

FX$_{2N}$-4AD 模块内部有 32 个 16 位缓冲寄存器，编号为 BFM#0～#31，各寄存器功能及含义见表 6-3。可以通过 PLC 的 FROM 和 TO 指令分别对数据缓冲寄存器区的数据进行读/写操作。

表 6-3　FX$_{2N}$-4AD 模块的内部缓冲寄存器功能及含义

BFM	功	能	说　明
#0（*）	通道量程初始化，默认值为 H0000		设置 1～4 通道模拟量输入类型
#1（*）	通道 1	采样次数设置单元	各通道采样次数平均值，设置范围为 1～4096，默认值为 8
#2（*）	通道 2		
#3（*）	通道 3		
#4（*）	通道 4		
#5	通道 1	平均值存放单元	分别存放#1～#4 这 4 个通道的平均值
#6	通道 2		
#7	通道 3		
#8	通道 4		
#9	通道 1	当前值存放单元	分别存放#1～#4 这 4 个通道的当前值
#10	通道 2		
#11	通道 3		
#12	通道 4		
#13～#14	保留		

(续)

BFM	功能	说明
#15	A-D 转换速度设置	设置为 0 时，每通道 A-D 转换速度为 15ms（默认值）；设置为 1 时，每通道 A-D 转换速度为 6ms（高速值）
#16～#19	保留	
#20（*）	复位到默认值或设定值	默认值为 0；设置为 1 时，复位到默认值
#21（*）	禁止调整偏置和增益值	b1、b0 位设置为 1、0 时，禁止；b1、b0 位设置为 0、1 时，允许（默认值）
#22（*）	偏置、增益调整通道设置	b7 和 b6、b5 和 b4、b3 和 b2、b1 和 b0 分别表示调整通道 4、3、2、1 的增益与偏置值
#23（*）	零点值（偏置值设置）	默认值为 0000
#24（*）	增益值设置	默认值为 5000
#25～#28	保留	
#29	错误信息	表示本模块的出错类型
#30	识别号 K2010	固定为 K2010，可用 FROM 指令读出识别号来确认此模块
#31	不能使用	

对表 6-3 中部分 BFM 功能及使用说明如下：

1）BFM#0：由低到高 4 位十六进制数 H××××分别设置 1～4 通道的模拟量输入类型，每一位十六进制数分别为 0、1、2 时，对应通道的量程分别为-10～10V、4～20mA、-20～20mA，某位为 3 时，关闭该通道。

2）BFM#22：提供了利用软件调整偏移和增益的方法。

二进制的 b7 和 b6、b5 和 b4、b3 和 b2、b1 和 b0 分别表示调整（设置）4、3、2、1 通道的增益与偏置值。编程设置增益、偏置时，应该将增益、偏置 BFM#21 的位 b1、b0 设置为 0、1，以允许调整。一旦调整完毕，BFM#21 的位 b1、b0 应该设置为 1、0，以防止增益、偏置变化。

3）BFM#23：偏置值（又称零点迁移）设置，即当数字输出为 0 时的模拟量输入值，如图 6-11a 所示。在图 6-11a 中，直线 b 表示偏置为 0 mA（零偏置，默认值）；直线 c 表示偏置为 4mA（正偏置）；直线 a 表示偏置为-4mA（负偏置）。合理的偏置范围根据输入类型分别是-5～5V 或-20～20mA，用户可以根据转换需要进行设置。

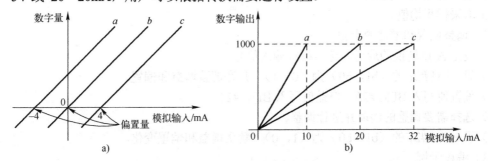

图 6-11　偏置、增益值设置示意图
a) 偏置值设置　b) 增益值设置

4）BFM#24：增益值设置，即数字输出为最大时与对应的模拟量输入值的比值。若选择输入类型为 4～20mA，即当数字输出为最大时（设 1000）的模拟输入值为 20mA（系统默认），如图 6-11b 所示，其中直线 a 增益为 1000/0.01=100000，读取数字值间隔大；直线 b 为默认增益 1000/0.02=5000；直线 c 增益为 1000/0.032=31250，读取数字值间隔小。

用户可以根据转换需要选择输入类型，如 1~15V 或 4~32mA，对其增益值进行设置。

5）偏置和增益可以通过 PLC 输入终端的按钮开关进行设置，也可以通过编程分别独立设置或同时设置，偏置、增益同时设置如图 6-12 所示。

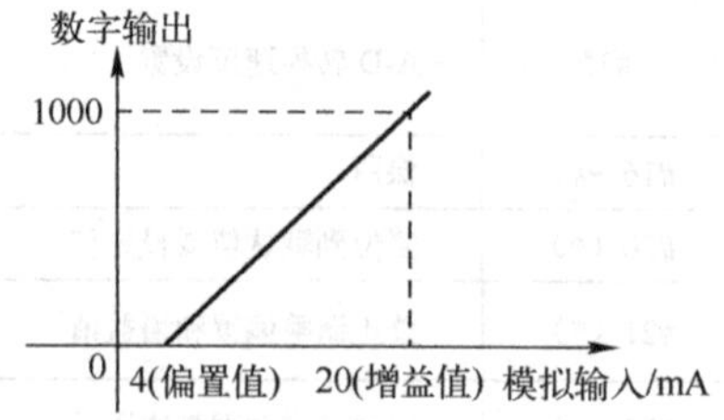

6）带*号的缓冲存储器可以使用 TO 指令由 PLC 写入。改写带*号的 BFM 的设定值可以改变 FX_{2N}-4AD 模块的运行参数、输入方式、输入增益和零点等。

7）可以使用 FROM 指令将不带*号的缓冲存储器的数据读入 PLC。

8）从指定的模拟量输入模块读入数据前应先将设定值写入，否则按默认设定值执行。

9）BFM#29 的位信息见表 6-4。

图 6-12 偏置、增益同时设置示意图

表 6-4 FX_{2N}-4AD 模块的 BFM#29 位信息

位	功能	ON	OFF
b0	错误	b1~b4 中任何一位为 ON。如果 b2~b4 任何一位为 ON，所有通道的 A-D 转换停止	无错误
b1	偏置、增益错误	在 EEPROM 中的偏置、增益数据不正常或者调整错误	增益/偏置数据正常
b2	电源故障	DC 24V 电源故障	电源正常
b3	硬件错误	A-D 转换器或其他硬件故障	硬件正常
b10	数字范围错误	数字输出值小于-2048 或大于 2047	数字输出正常
b11	平均采样错误	平均采样次数不小于 4097 或者不大于 0（使用默认 8）	平均采样次数正常，在 1~4096 之间
b12	偏置、增益调整禁止	禁止，BFM #21 的（b1，b0）设为（1，0）	允许，BFM #21 的（b1，b0）设为（1，0）

4. A-D 模块编程

（1）用 FROM、TO 指令对 A-D 模块编程的步骤

1）读出特殊功能模块的识别号并进行判别。

2）设定 A-D 转换的通道并选定模拟输入信号。

3）设定采样次数。

4）检查有无错误状态。

5）取采样平均值。

（2）调整偏置和增益的步骤

1）设定 A-D 转换的通道并选定模拟输入信号。

2）设 BFM #21 的（b1，b0）为（0，1），允许调整增益和偏置。

3）偏置值写入 BFM #23；增益值写入 BFM #24。

4）选择需要调整的通道并进行调整。

5）设 BFM #21 的（b1，b0）为（1，0），禁止增益和偏置变化。

（3）编程示例

【例 6-1】 FX_{2N} 系列 PLC 的基本单元连接模拟量输入模块（特殊功能模块）FX_{2N}-4AD 的 0 号位置，要求开通 CH1 和 CH2 两个通道作为电压量输入通道，计算 4 次采样的平均值，结果存入基本单元数据寄存器 D0 和 D1 中。

FX_{2N}-4AD 模块的电压输入如图 6-13 所示，根据

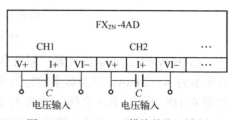

图 6-13 FX_{2N}-4AD 模块的电压输入

表 6-3 中 BFM 各寄存器的功能及含义，程序中 BFM#29 的 16 位模块错误信息（有错误为 ON，无错误为 OFF）读入 K4M0 中，梯形图程序如图 6-14 所示。

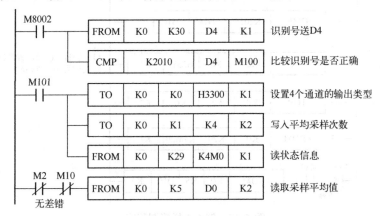

图 6-14　例 6-1 梯形图程序

【例 6-2】　编程实现对模拟量输入模块 FX$_{2N}$-4AD 的 CH1 通道的偏置和增益调整。要求 CH1 通道为模拟量电压输入，设置偏置为 0V，增益为 2.5V。

在工业自动控制系统应用中，通过程序控制模拟量模块的偏置和增益是非常有效的方法。设 FX$_{2N}$-4AD 模拟量输入模块编号为 0 号，梯形图程序如图 6-15 所示。

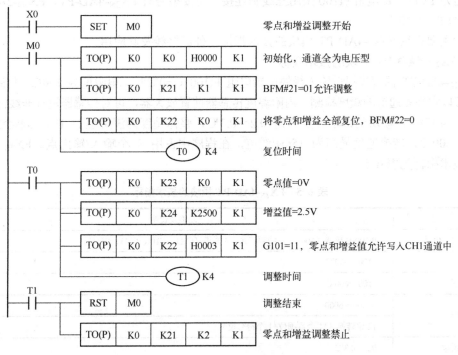

图 6-15　例 6-2 梯形图程序

【例 6-3】　设 FX$_{2N}$-4AD 模块连接在特殊功能模块的 0 号位置，设置 CH1 和 CH2 通道为 4～20mA 的模拟量电流输入，计算 6 次采样的平均值，结果存入基本单元数据寄存器 D10 和 D11 中。

根据表 6-3 中 BFM 各寄存器的功能及含义，程序中 BFM#29 的模块错误信息读入 K4M20 中，梯形图程序如图 6-16 所示。

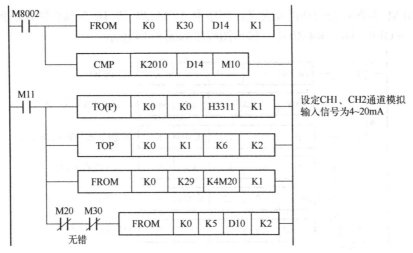

图 6-16 例 6-3 梯形图程序

6.3.2 铂电阻温度传感器模拟量输入模块

FX$_{2N}$ 系列 PLC 的温度模拟量输入模块,可以直接将温度传感器检测的信号转换为数字量输出,主要用于工业标准温度传感器测温。基于铂电阻 Pt100 测温的温度模拟量输入模块的数字量输出为 12 位,铂电阻 Pt100 采用三线制连接,主要型号有 FX$_{2N}$-4AD-PT、FX$_{2N}$-2AD-PT、FX$_{3U}$-4AD-PT-ADP 等。

下面主要介绍 FX$_{2N}$-4AD-PT 模块的技术指标、外部接线及其应用。

1. FX$_{2N}$-4AD-PT 模块的技术指标

FX$_{2N}$-4AD-PT 温度模拟量输入模块由铂电阻 Pt100(t=0℃时,电阻值为 100Ω)传感器输入信号,可以实现 4 通道的温度检测,内附温度传感器前置放大器,可对传感器进行非线性校正。

FX$_{2N}$-4AD-PT 模块的最小分辨率为 0.2~0.3℃,整体精度为满量程的 1%,额定温度范围为 -100~600℃,转换速度最高为 15ms/通道,在程序中占用 8 个输入/输出点。FX$_{2N}$-4AD-PT 模块的技术指标见表 6-5。

表 6-5 FX$_{2N}$-4AD-PT 模块的技术指标

项 目	功能及说明
模拟量输入信号	Pt100 传感器(100),三线制连接,4 通道(CH1、CH2、CH3、CH4)
量程	-100~600℃
补偿范围	-100~600℃
数字输出	-1000~6000
	12 位转换(11 个数据位+1 个符号位)
最小分辨率	0.2~0.3℃
整体精度	满量程的±1%
最高转换速度	15ms/通道
电源	基本单元直接提供 DC 5V,30mA,外部提供 DC 24V,50mA
占用 I/O 点数	占用 8 个点,可分配为输入/输出

2. FX$_{2N}$-4AD-PT 模块的外部接线

FX$_{2N}$-4AD-PT 模块的外部接线如图 6-17 所示。

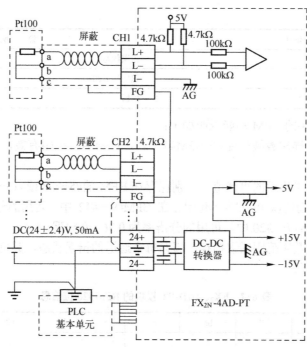

图 6-17 FX$_{2N}$-4AD-PT 模块的外部接线

图 6-17 外部接线注意事项如下：

1) 铂电阻采用三线制输入连接，即铂电阻的 a、b 两根线通过 3 根传输线（a、b、c）连接到温度模拟量输入模块的输入端，其中 c 线直接连接在温度模拟量输入模块内部铂电阻测量桥路电源的负极（I-），这样在铂电阻连接线 a、b 所处的环境温度（不是被测温度）发生变化而产生附加线路电阻误差时，可以将其相互抵消，从而保证测量的精度。

2) 使用 Pt100 传感器的电缆或双绞屏蔽电缆作为模拟输入电缆，并且和电源线或其他可能产生电气干扰的电线隔开。

3) 如果存在电气干扰，则将电缆屏蔽层与外壳地线端子（FG）连接到 FX$_{2N}$-4AD-PT 的接地端和基本单元的接地端。

4) 在可能的情况下，基本单元使用 3 级接地。

5) 该模块内部数字电路使用的 5V 电源由基本单元直接供给，24V 电源可由基本单元外部供给。

3．缓冲寄存器

FX$_{2N}$-4AD-PT 模块的 BFM 功能分配见表 6-6。

表 6-6 FX$_{2N}$-4AD-PT 模块的 BFM 功能分配

BFM	说　明
*#1～#4	CH1～CH4 的温度值的平均采样次数（1～4096），默认值=8
*#5～#8	CH1～CH4 的平均温度（0.1℃ 单位）
*#9～#12	CH1～CH4 的当前温度
*#13～#16	CH1～CH4 的平均温度（0.1℉ 单位）
*#17～#20	CH1～CH4 的当前温度（0.1℉ 单位）
*#21～#27	保留
*#28	数字范围错误锁存

(续)

BFM	说　　明
#29	错误状态
#30	识别号 K2040
#31	保留

FX_{2N}-4AD-PT 模块的 BFM 功能说明如下：

1) 温度的平均采样次数被分配给 BFM#1～#4，1～4096 范围有效，溢出的值将被忽略，默认值为 8。

2) 将转换得到的平均后的可读值，分别保存在 BFM 的#5～#8 或#13～#16 中。

3) 输入数据的当前值以 0.1℃为单位保存在 BFM#9～#12 中，可用的分辨率为 0.2～0.3℃；以 0.1℉为单位保存在#17～#20 中，可用的分辨率为 0.36～0.54℉。

4) BFM#28 用于数字范围错误锁存，锁存每个通道的错误状态，其位信息见表 6-7，由此可判断热电偶是否断开。

表 6-7 FX_{2N}-4AD-PT 模块的 BFM#28 位信息

	b7	b6	b5	b4	b3	b2	b1	b0
当测量温度下降到极限时		1		1		1		1
当测量温度上升到极限或热电偶断时	1		1		1		1	
通道	CH4		CH3		CH2		CH1	

用 TO 指令向 BFM#28 写入 K0 或关闭电源，可以清除错误状态。

5) BFM#29 中各位的状态是 FX_{2N}-4AD-PT 运行正常与否的信息，见表 6-8。

表 6-8 FX_{2N}-4AD-PT 模块的 BFM#29 位信息

位	功　能	1	0
b0	错误	b1～b3 中任何一个为 ON，出错通道的 A-D 转换停止	无错误
b1	保留	保留	保留
b2	电源故障	DC 24V 电源故障	电源正常
b3	硬件错误	A-D 转换器或其他硬件故障	硬件正常
b4～b9	保留	保留	保留
b10	数字范围错误	数字输出/模拟输入值超出指定范围	数字输出值正常
b11	采样次数平均值错误	采样次数超出范围（在 BFM#1～#4 中设定）	正常
b12～b15	保留	保留	保留

6) BFM#30 中存放 FX_{2N}-4AD-PT 的识别码（K2040）。在传输、接收数据之前，可以使用 FROM 指令读出识别码，以确认是否正在对此模块进行操作。

【例 6-4】 设 FX_{2N}-4AD-PT 为特殊模块的 0 号编址，输入通道 CH1～CH4 采用铂电阻输入，平均采样次数分别为 4。以℃为单位表示的平均温度值分别存放在数据寄存器 D10～D13 中。

PLC 对 FX_{2N}-4AD-PT 模块的梯形图程序如图 6-18 所示。

6.3.3 热电偶温度传感器模拟量输入模块

基于热电偶测温的温度传感器模拟量输入模块输入信号为毫伏电动势、12 位数字量输出，主要型号有 FX_{2N}-2AD-TC、FX_{2N}-4AD-TC、FX_{3U}-4AD-TC-ADP 等。

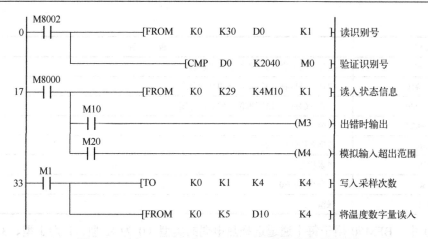

图 6-18　例 6-4 PLC 对 FX$_{2N}$-4AD-PT 模块的梯形图程序

1. FX$_{2N}$-4AD-TC 模块的技术指标

热电偶温度传感器模拟量输入模块 FX$_{2N}$-4AD-TC 内有 4 个通道，可分别连接 K 型或 J 型热电偶，该模块内附有前置放大器。

连接 K 型热电偶时，FX$_{2N}$-4AD-TC 模块的分辨率为 0.4℃，整体精度为满量程的±0.5%，额定测温范围为-100～1200℃，对应的数字量输出为-1000～12000，转换速度为 240ms/通道。

FX$_{2N}$-4AD-TC 模块的技术指标见表 6-9。

2. FX$_{2N}$-4AD-TC 模块的外部接线

FX$_{2N}$-4AD-TC 模块的外部接线如图 6-19 所示。

表 6-9　FX$_{2N}$-4AD-TC 模块的技术指标

项　目		说明及功能
标定温度（℃）	K 型	-100～1200℃
	J 型	-100～600℃
数字输出	K 型	-1000～12000
	J 型	-1000～6000
分辨率	K 型	0.4℃
	J 型	0.3℃
整体精度		满量程的±0.5%
转换速度		240ms/通道
隔离方式		在模拟和数字电路之间光电隔离
电源		DC 5V，30mA（基本单元内部电源）；DC 24V，50mA（基本单元提供或外接电源）
占用 I/O 点数		FX$_{2N}$ 扩展总线 8 点

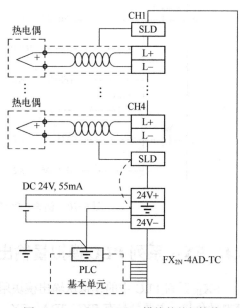

图 6-19　FX$_{2N}$-4AD-TC 模块的外部接线

3. 缓冲寄存器

FX$_{2N}$-4AD-TC 模块的 BFM 功能分配见表 6-10。

表 6-10　FX$_{2N}$-4AD-TC 模块的 BFM 功能分配

BFM	说　明
#0	热电偶类型 K、J 选择，默认值为 H0000
#1～#4	平均采样次数（1～256），默认值为 8
#5～#8	CH1～CH4 在 0.1℃单位下的平均温度

(续)

BFM	说明
#9～#12	CH1～CH4 在 0.1℃ 单位下的当前温度
#13～#16	CH1～CH4 在 0.1℉ 单位下的平均温度
#17～#20	CH1～CH4 在 0.1℉ 单位下的当前温度
#21～#27	保留
#28	数字范围错误锁存
#29	错误状态
#30	识别号 K2030
#31	保留

表 6-10 中，BFM#0 用于每个通道选择热电偶的类型（0 为 K 型、1 为 J 型、3 表示未使用），4 位十六进制数 H××××由低位到高位分别对应 CH1～CH4 通道。如设置 H××××=H3310，则表示 CH1 使用 K 型热电偶；CH2 使用 J 型热电偶；CH3 和 CH4 未使用。

【例 6-5】 设 FX_{2N}-4AD-TC 为特殊模块的 2 号编址，输入通道 CH1 使用 K 型热电偶，输入通道 CH2 使用 J 型热电偶，CH3～CH4 未使用，输入的平均采样次数分别为 8，以℃为单位表示的平均温度值分别存放在数据寄存器 D0～D1。

PLC 对 FX_{2N}-4AD-TC 的梯形图程序如图 6-20 所示。

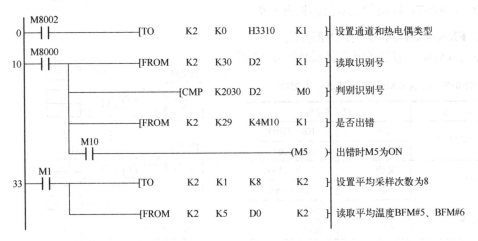

图 6-20 例 6-5 PLC 对 FX_{2N}-4AD-TC 的梯形图程序

6.4 FX_{2N} 系列 PLC 模拟量输出模块及应用

FX_{2N} 系列 PLC 中的模拟量输出模块用于将 PLC 输出的数字量转换为模拟量输出，以驱动模拟量负载，主要型号有 FX_{2N}-2DA、FX_{2N}-4DA 及升级版 FX_{3U}-4DA 等。

6.4.1 模拟量输出模块 FX_{2N}-2DA

1. FX_{2N}-2DA 模块的技术指标

FX_{2N}-2DA 为 2 通道 D-A 转换模块，它可以将 12 位数字量转换为输出电压范围为 0～10V（0～5V）或输出电流范围为 4～20mA 的模拟量信号。

FX_{2N}-2DA 模块的技术指标见表 6-11。

表 6-11 FX$_{2N}$-2DA 模块的技术指标

项 目	电 压 输 出	电 流 输 出
模拟量输出范围	DC 0～10V（0～5V），外部负载阻抗 2kΩ～1MΩ	DC 4～20mA，外部负载阻抗 500Ω以下
数字量输入范围	12 位（0～4000）	0～4000
分辨率	2.5mV（10V×1/4000），1.25mV（5V×1/4000）	4μA（（20-4）mA/4000）
整体精度	满量程 10V 的±1%	满量程（20-4）mA 的±1%
转换速度	4ms/通道	
模拟量用电源	模拟量：外部 DC 24（1±10%）V，50mA； 数字量：基本单元内部 DC 5V，20mA	
隔离方式	模拟量与数字量之间用光电隔离，与基本单元间是 DC-DC 转换器隔离，各通道间不隔离	
占用 I/O 点数	占 8 个输入或输出点，由 PLC 供电的消耗功率为 5V，30mA	

2. FX$_{2N}$-2DA 模块的外部接线

FX$_{2N}$-2DA 模块的外部接线如图 6-21 所示。

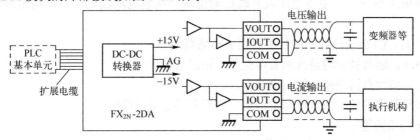

图 6-21 FX$_{2N}$-2DA 模块的外部接线图

FX$_{2N}$-2DA 模块的外部接线应注意以下方面：

1）模拟量输出信号采用双绞屏蔽电缆与外部执行机构连接，电缆应该远离电源线或其他可能产生电气干扰的导线。

2）为防止电压输出波动或者大量噪声干扰对输出的影响，可以连接一个 0.1～0.47μF、DC 25V 的电容器对输出进行滤波。

3）对于电压输出，应将端子 IOUT（I+）和 COM（VI-）短路连接；对于电流输出，电流型负载连接 IOUT（I+）和 COM（VI-）端子。

4）FX$_{2N}$-2DA 接地端与 PLC 基本单元接地端必须连接在一起。

5）输出电压端外接负载阻抗大于 2kΩ，电流输出负载阻抗应小于 500Ω。

3. 缓冲寄存器

FX$_{2N}$-2DA 模块内部有 32 个 16 位缓冲寄存器，但用来与 PLC 基本单元进行数据交换的 BFM 只有 BFM#16、BFM#17，其功能分配见表 6-12。

可以通过 PLC 的 FROM 和 TO 指令对 FX$_{2N}$-2DA 缓冲寄存器进行读/写操作。

表 6-12 FX$_{2N}$-2DA 的 BFM 功能分配

BFM	功 能	说 明
#0～#15	保留	
#16	输出数据的当前值，即低 8 位数据 b7～b0，b15～b8 保留	存放由 BFM#17 相关位指定通道的 D-A 转换数据，这里的 D-A 转换数据以 12 位二进制形式出现，并以低 8 位和高 4 位两部分顺序进行存放和转换
#17	转换通道设置，用于控制 CH1、CH2 通道的转换	将 b0 由 1 变成 0，CH2 通道的 D-A 转换开始；将 b1 由 1 变成 0，CH1 通道的 D-A 转换开始；将 b2 由 1 变成 0，D-A 转换的低 8 位数据保持，b15～b3 保留

4. FX$_{2N}$-2DA 模块偏置与增益的调整

FX$_{2N}$-2DA 模块的增益和偏置是通过模块上的增益电位器和偏置电位器分别进行调整的。

为了充分利用 12 位数字值（$2^{12}=4096$），FX_{2N}-2DA 出厂时偏置值和增益值已经设置为数字值 0～4000，对应电压输出为 0～10V，故其最大分辨率为

$$10V/4000 个数字量=2.5mV/个数字量$$

为此，对于模拟量电压输出值 10V（最大）或模拟量电流输出值 20mA（最大），其输出值数字值（增益）要分别调整到 4000。

偏置值也可以根据需要进行任意设置。但一般情况下，电压输入时，偏置值设置为 0V；电流输入时，偏置值设置为 4mA。

如设输出为 DC 4～20mA 时，必须重新调整偏置值和增益值。在数字量为 4000 时，调节增益电位器使输出电流为 20mA，然后设置数字量为 0，调节偏置电位器，使输出电流为 4mA，这样反复循环调整多次，直至满足增益和偏置的设置要求。

偏置与增益调整时应该注意以下问题：

1）观察电压输出时，使用电压表并联在输出端；观察电流输出时，使用电流表串联在输出回路中。

2）对 CH1、CH2 通道分别进行偏置调整和增益调整。

3）调整时，顺时针调增益或偏置电位器，输出值加大。

4）按照先调增益再调偏置的顺序进行。

5）需要反复交替调整偏置值和增益值，直至获得稳定的数值。

5．D-A 模块编程

用 TO 指令实现 D-A 转换的步骤如下：

1）取出需要转换成模拟量的 12 位数字量数据。

2）低 8 位数据写入 BFM #16。

3）执行 BFM #17 的 b2 位由 1 变为 0，保持低 8 位数据。

4）写入高 4 位数据到 BFM #16。

5）执行 BFM #17 的 b0 或 b1 位由 1 变为 0，分别对 CH2 或 CH1 通道进行 D-A 转换。

【例 6-6】 设 FX_{2N}-2DA 模块连接到 PLC 基本单元的 1 号特殊模块位置，CH1 的偏置和增益已经由硬件设置为 4～20mA，输出的数字数据存放在数据寄存器 D10，当 X0 为 ON 时，通过 CH1 对 D10 数据进行 D-A 转换。

PLC 对 FX_{2N}-2DA 的梯形图程序如图 6-22 所示。

图 6-22　例 6-6 PLC 对 FX_{2N}-2DA 的梯形图程序

6.4.2 模拟量输出模块 FX_{2N}-4DA

FX_{2N}-4DA 模块为 4 通道 12 位 D-A 转换模块,它可以将数字量转换为输出电压范围为-10~10V 或输出电流范围为 0~20mA 的模拟量信号,每个通道可以独立指定为电压输出或电流输出。

1. FX_{2N}-4DA 模块的技术指标

FX_{2N}-4DA 模块的技术指标见表 6-13。

表 6-13 FX_{2N}-4DA 模块的技术指标

项 目	电 压 输 出	电 流 输 出
模拟量输出范围	DC-10~10V,外部负载阻抗 2kΩ~1MΩ	DC 0~20mA,外部负载阻抗 500Ω 以下
数字量输入范围	-2048~2047	0~1024
分辨率	5mV(10V×1/2000)	20μA(20mA×1/1000)
整体精度	满量程 10V 的±1%	满量程 20mA 的±1%
转换速度	2.1ms/通道	
电源功耗	外部 DC 24(1±10%)V,200mA,PLC(或有源扩展单元)内部 5V,30 mA	
隔离方式	模拟量与数字量之间用光电隔离,与基本单元间是 DC-DC 转换器隔离,各通道间不隔离	
占用 I/O 点数	占用 PLC 扩展总线 8 点(计输入或输出点均可)	

2. FX_{2N}-4DA 模块的外部接线

FX_{2N}-4DA 模块的外部接线如图 6-23 所示。

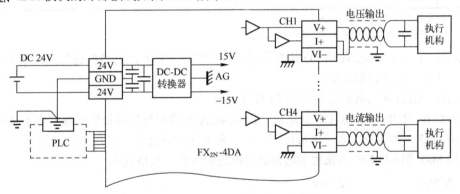

图 6-23 FX_{2N}-4DA 模块的外部接线

FX_{2N}-4DA 模块的外部接线应注意方面同 FX_{2N}-2DA 模块。

3. 缓冲寄存器

FX_{2N}-4DA 模块内部有 32 个 16 位缓冲寄存器,用来与 PLC 基本单元进行数据交换,编号为 BFM#0~#31,各寄存器功能分配见表 6-14。

表 6-14 FX_{2N}-4DA 模块的 BFM 功能分配

BFM	功　能	说　明
*#0(E)	模拟量输出模式选择,默认值为 H0000	在 H0000 中,由低到高 4 位十六进制数分别设置 CH1~CH4 通道模拟量输出类型,某位为 0 时,该通道为电压输出(-10~10V);某位为 1 时,该通道为电流输出(4~20mA);某位为 2 时,该通道为电流输出(0~20mA)
*#1	CH1 输出数据(数字量,下同)	
*#2	CH2 输出数据	
*#3(*)	CH3 输出数据	
*#4(*)	CH4 输出数据	

（续）

BFM	功能	说明
#5（E）	输出保持与复位，默认值为 H0000	H0000 表示 CH1～CH4 保持（0 表示相应通道保持）；H1111 表示 CH1～CH4 偏置复位（1 表示相应通道复位）出厂设置
#6、#7	保留	
*#8（E）	CH1、CH2 的偏置（零点）和增益设置命令，初值为 H0000（不允许修改）	
*#9（E）	CH3、CH4 的零点和增益设置命令，初值为 H0000	
*#10	CH1 的偏置（零点）值	单位电压（mV）或电流（μA）输出 采用输出模式 3 时各通道的零点值（初值）=0，增益值=5000
*#11	CH1 的增益值	
*#12	CH2 的零点值	
*#13	CH2 的增益值	
*#14	CH3 的零点值	单位电压（mV）或电流（μA）输出 采用输出模式 3 时各通道的零点值（初值）=0，增益值=5000
*#15	CH3 的增益值	
*#16	CH4 的零点值	
*#17	CH4 的增益值	
#18、#19	保留	
*#20(E)	初始化，初值=0	
*#21(E)	I/O 特性调整禁止，初值=1	
#22～#28	保留	
#29	出错信息	
#30	识别号 K3020	
#31	保留	

注：1. 带*号的 BFM 可用 TO 指令写入数据。
2. 带 E 表示数据写入 EEPROM 中，具有断电记忆。

可以通过 PLC 的 FROM 和 TO 指令分别对数据缓冲寄存器区的数据进行读/写操作。

表 6-14 部分 BFM 说明如下：

1）CH1～CH4 输出数据分别写入 BFM#1～#4。

2）PLC 由 RUN 转为 STOP 状态后，FX_{2N}-4DA 的输出是保持最后的输出值还是回零点，取决于 BFM#5 中的 4 位十六进制数值，其中 0 表示保持输出值，1 表示恢复到 0。

3）BFM#8 和 BFM #9 为偏置和增益调整的设置命令，其格式为

    BFM#8   BFM#9
    $HG_2O_2G_1O_1$ $HG_4O_4G_3O_3$

其中，BFM#8 用于是否允许改变 CH1、CH2 的偏置和增益值，高 2 位表示 CH2 的增益和偏置设置是否允许；低 2 位表示 CH1 的增益和偏置设置是否允许。BFM#9 用于是否允许改变 CH3、CH4 的偏置和增益值，高 2 位表示 CH4 的增益和偏置设置是否允许；低 2 位表示 CH3 的增益和偏置设置是否允许。相应位为 0 表示不允许、为 1 表示允许。

例如，当 BFM#8=H1100 时，允许 CH2 的偏置与增益设置命令。

4）BFM#29 中各位的状态用来表示 FX_{2N}-4DA 运行是否正常。

5）FX_{2N}-4DA 的识别号为 K3020，存于 BFM#30 中。

【例 6-7】 设 FX_{2N}-4DA 模拟量输出模块的地址编号为 1 号，编程实现以下功能：

1）将 PLC 中 D10、D11、D12、D13 单元的数据转换为模拟量输出。

2）CH1、CH2 设置为电压输出（-10～10V），CH3、CH4 设置为电流输出（0～20mA）。

3）PLC 由从 RUN 转为 STOP 状态后，CH1、CH2 的输出值保持不变，CH3、CH4 的输出值复位回 0。

根据输出模式，可以得到 CH1、CH2 通道传送数据的寄存器 D10、D11 的取值范围为

−2000~2000；通道 CH3、CH4 传送数据的寄存器 D12、D13 的取值范围为 0~1000。

根据表 6-14 中 BFM 的功能含义，BFM#29 模块错误信息读入 K4M0 中，梯形图程序如图 6-24 所示。

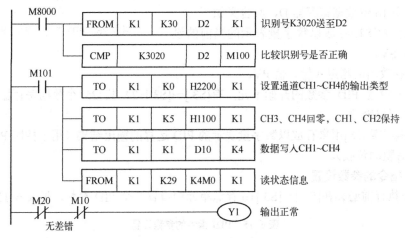

图 6-24　例 6-7 梯形图程序

【例 6-8】 设 FX_{2N}-4DA 模拟量输出模块的地址编号为 1 号，要求设置 CH2 为 6~20mA 的电流输出。

梯形图程序如图 6-25 所示。

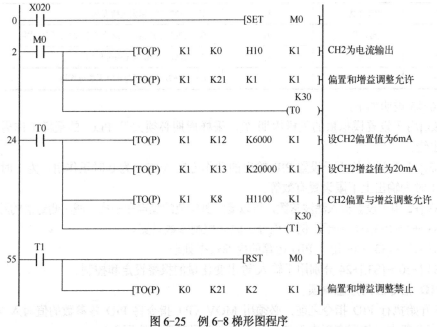

图 6-25　例 6-8 梯形图程序

6.5　PID 指令及闭环控制

6.5.1　FX_{2N} 系列 PLC 的 PID 指令

FX_{2N} 系列 PLC 实现 PID 运算十分方便，只需要在 PID 参数写入相关寄存器的情况下，执行一条 PID 指令即可。

1. PID 指令格式及操作数

PID 指令（FNC 88）格式如图 6-26 所示。

图 6-26 中，所有操作数（[S1.]、[S2.]、[S3.]、[D.]）只能使用 16 位数据寄存器 D，其含义如下：

图 6-26　PID 指令（FNC 88）格式

1）源操作数[S1.]存放以数字量表示的当前的设定（目标）值 SV。

2）[S2.]存放当前测定（量）值 PV。

3）[S3.]是设置 PID 参数的开始单元，有[S3.]～[S3.]+24 共 25 个数据寄存器，用于设置 PID 参数及数据报警等。

4）目标操作数[D.]用来存放以数字量表示的 PID 运算的输出结果（用于控制 PWM 指令或经 D-A 转换后驱动负载）。

2. PID 指令的参数设置

PID 指令执行前必须在[S3.]～[S3.]+6 存储单元中设置 7 个 PID 参数，见表 6-15。

表 6-15　PID 指令的参数设置

地　　址	参　数	符　号	说　　　明
[S3.]	采样周期	T_s	1～32767ms
[S3.]+1	动作方向	ACT	第 0 位为 0 时为正动作、为 1 时为反动作
[S3.]+2	输入滤波常数	α	0～99%，0 时没有输入滤波
[S3.]+3	比例增益	K_p	1%～32767% 越大灵敏度高
[S3.]+4	积分时间	T_i	0～32767×100ms，0 表示 T_i 很大，无积分作用
[S3.]+5	微分增益	K_d	0～100%，为 0 时无微分作用
[S3.]+6	微分时间	T_d	0～32767×10ms，为 0 时无微分作用

对表 6-15 说明如下：

1）[S3.]用于设置模拟量的采样周期 T_s，采样周期必须大于 PLC 的采样工作周期，否则 PID 运算出错。

2）[S3.]+1 的第 0 位用于设置 PID 输出的动作方向 ACT，为 0 时正作用，为 1 时反作用；第 5 位为 1 时为输出上下限设置有效等。

3）[S3.]+2 用于设置输入滤波常数，可以滤除测定值的噪声和干扰，减小测定值的脉动变化。

4）[S3.]+3～[S3.]+6 用于比例、积分、微分控制参数设置。

5）[S3.]+7～[S3.]+19 用于 PID 运算的内部数据处理。

6）[S3.]+20～[S3.]+24 分别用于输入/输出变化量的报警设定和控制。

3. PID 指令应用注意事项

1）在开始执行 PID 指令之前，必须用 MOV（P）指令将 PID 各参数的值写入表 6-15 指定的数据寄存器中（使用有断电保持的数据寄存器只需要一次写入）。

2）在开始执行 PID 指令之前，必须将正确的测定值读入 PLC，特别注意模拟量模块的转换时间应小于 PID 采样周期。

3）如果目标操作数[D.]有断电保持功能，应使用 M8002 动合触点进行初始化复位。

4）PID 指令在子程序、步进梯形图、跳转指令中也可以使用，但必须在执行 PID 指令前使用 MOVP 指令对[S3.]+7 单元清零。

5) PID 指令可以多次执行,但使用的[S3.]和[D.]软元件号不能重复。

6) 动作方向 ACT 必须根据控制系统各环节的输入/输出的方向设定,以保证系统的负反馈。

【例 6-9】 PID 指令应用示例。

PID 指令应用示例如图 6-27 所示。在 X001 为 ON 时,写入 D107 数据为 0 后,执行 PID 指令。

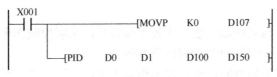

图 6-27 PID 指令应用示例

6.5.2 FX₂N 系列 PLC 的 PID 控制系统

1. FX₂N 系列 PLC 组成的 PID 闭环控制系统

FX₂N 系列 PLC 组成的 PID 闭环控制系统如图 6-28 所示。

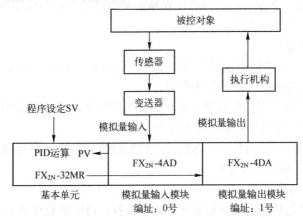

图 6-28 FX₂N 系列 PLC 组成的 PID 闭环控制系统

图 6-28 中,被控对象的物理量由传感器和变送器转换为 4～20mA 电流信号,该信号作为模拟量输入模块 FX₂N-4AD 的输入信号(设定为 4～20mA),经 A-D 转换后的测量信号为数字量 PV(反馈信号)送入 PLC 基本单元 FX₂N-32MR,系统设定值 SV 由程序设定。PV 经 PLC 数字滤波后与 SV 相减产生偏差,PID 指令对该偏差进行 PID 运算,PID 运算结果(数字)送入模拟量输出模块 FX₂N-4DA 将其转换为模拟量信号输出,用于控制执行机构,从而实现闭环控制。

2. PID 参数的工程整定方法

PID 运算可以给系统带来更好的控制效果,但必须选择和设置适合系统需求的 P、PI、PD、PID 控制算法和参数。PID 参数的工程整定是指对比例增益 K_p、积分时间 T_i、微分时间 T_d 及采样周期 T_s 进行合理设置及调试,最终获得系统控制的最佳参数。

(1) PID 参数的工程整定

设第 n 次采样时的标准 PID 输出为

$$M_n = K_c e_n + K_c (T_s/T_i) e_n + K_c (T_d/T_s)(e_n - e_{n-1})$$

其中,K_c、T_i 和 T_d 分别为比例增益、积分时间和微分时间。可以看出,K_c 越大、T_i 越小、T_d 越大,则 PID 输出 M_n 就越大,反之越小。M_n 越大,表示 PID 控制作用越强,系统消除偏差的能力越强,系统输出的工作频率增加(即不稳定性增加)。反之,M_n 越小,表示 PID 控制作用越弱,系统消除偏差的能力越弱,系统输出的工作频率减小。由此可知,经验法整定 PID 参数可以根据以下方面进行:

1)为了保证系统的安全,在调试开始时应设置比例增益系数不要太大、积分时间不要太小、微分时间不要太大,即设置 PID 输出量小一些,控制作用弱一些,以避免出现异常情况。

2)在干扰作用下,当系统测定值产生较大偏差时,说明控制作用太弱,可以适当选择增加比例增益或减小积分时间或增加微分时间及其组合。

3)当系统测定值产生振荡时,说明控制作用太强,可以适当选择减小比例增益或增大积分时间或减小微分时间及其组合。

4)微分作用强,可以减小系统的最大偏差,但系统容易产生振荡且频率较高。

5)如果系统消除偏差的时间长,则需要增强积分作用,即适当减小积分时间;如果积分作用太强,则系统消除偏差的能力强,但系统的振荡频率提高,即不稳定性增加。

6)如果是纯比例控制,比例作用太强,则系统偏差减小,但系统稳态时不能消除偏差。

PID 参数的整定是一个综合的、各参数互相影响的过程,实际调试过程中需要多次尝试对其反复调整,才能得到比较好的效果。

(2)采样周期的确定

采样周期 T_s 越小,采样值越能反映模拟量当前值的变化情况,但 T_s 太小会使相邻两次采样值几乎没有变化,从而使微分控制失去作用。

采样周期的选择应保证在被控量最大变化时,有足够多的采样点数再现模拟量中比较完整的信息。一般采样频率应在被采样模拟信号频率的 7 倍以上。

根据过程控制应用中的经验数据,常用过程控制测量参数的采样周期数据约为:温度 8s;流量 1s;压力 4s;液位 6s;成分分析 8s。

3. PID 控制程序结构

PID 控制程序主要包括输入模块初始化、读取数据、PID 参数设置、执行 PID 指令及写入数据输出模块等,PID 控制程序结构如图 6-29 所示。

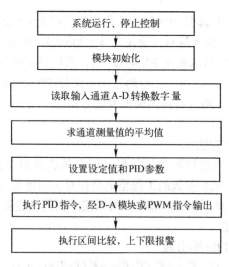

图 6-29 PID 控制程序结构

4. PID 控制应用示例

(1) 设计要求

用 PLC 实现某系统的压力控制,控制要求如下:

1) 获取测量信号。传感器(压力)测量范围为 0~1MPa,输出为 4~20mA。

2) 设定值。压力的设定值为 0.5 MPa。

3) 执行机构。控制压力的执行器(电动机控制压力泵)由变频器(输入信号为 4~20mA)控制。

设控制系统启动的输入信号有启动、停止 2 个开关量,选择 PLC 型号为 FX_{2N}-32MR-001,4 通道模拟量输入模块 FX_{2N}-4AD 及 4 通道模拟量输出模块 FX_{2N}-4DA。

(2) I/O 地址分配

I/O 地址分配见表 6-16。

表 6-16 I/O 地址分配表

类别	电气元件	PLC 软元件	功能
输入 (I)	SB1	X0	启动按钮
	SB2	X1	停止按钮
	FX_{2N}-4AD	CH1	模拟量输入通道(4~20mA)
输出 (O)		Y0	输入指示灯
		Y1	输出指示灯
	FX_{2N}-4DA	CH1	模拟量输出通道(4~20mA)

(3) 硬件电路

根据 I/O 分配关系,压力控制系统的 I/O 接线图如图 6-30 所示。

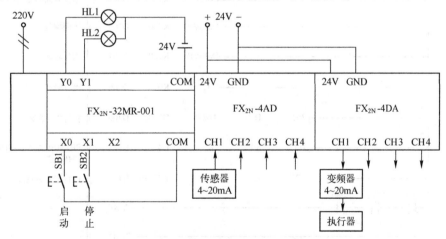

图 6-30 压力控制系统的 I/O 接线图

(4) 控制程序

选择 FX_{2N}-4AD 通道 CH1,电流输入为 4~20mA(量程 0~1MPa),转换的数字量为 0~1000,要求设定值为 0.5 MPa,则对应的电流 I 为

$$I=[4+0.5\times(20-4)/1]mA=12mA$$

则设定值对应的数字量 N 为

$$N=1000/(20-4)\times(I-4)=500$$

根据控制要求,采用 PI 调节(设微分时间为 0),PID 梯形图程序如图 6-31 所示。

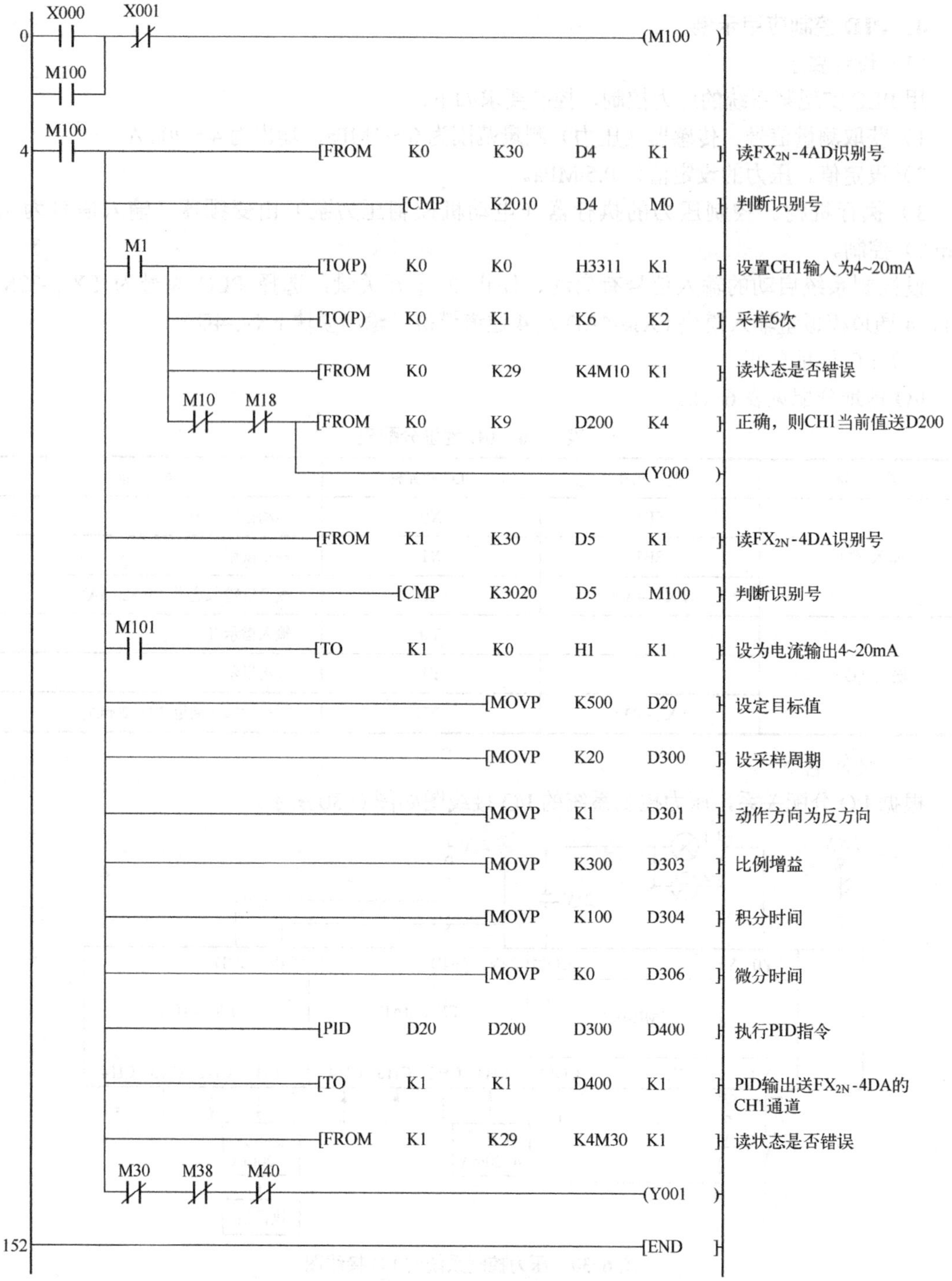

```
 0  ├─X000──X001─────────────────────────────────────────────( M100 )
    │  M100 │
    ├──┤├───┤
 4  ├─M100──────────────────────[ FROM   K0    K30   D4    K1 ]  读FX₂ₙ-4AD识别号
    │                           [ CMP    K2010  D4   M0       ]  判断识别号
    │   M1
    ├──┤├─────────────────────[ TO(P)   K0    K0    H3311 K1 ]  设置CH1输入为4~20mA
    │                         [ TO(P)   K0    K1    K6    K2 ]  采样6次
    │                         [ FROM    K0    K29   K4M10 K1 ]  读状态是否错误
    │  M10  M18
    ├──┤/├──┤/├──────────────[ FROM    K0    K9    D200  K4 ]  正确,则CH1当前值送D200
    │                                                   ( Y000 )
    │                         [ FROM    K1    K30   D5    K1 ]  读FX₂ₙ-4DA识别号
    │                         [ CMP    K3020  D5    M100    ]  判断识别号
    │  M101
    ├──┤├──────────────────[ TO     K1    K0    H1    K1 ]  设为电流输出4~20mA
    │                         [ MOVP   K500   D20         ]  设定目标值
    │                         [ MOVP   K20    D300        ]  设采样周期
    │                         [ MOVP   K1     D301        ]  动作方向为反方向
    │                         [ MOVP   K300   D303        ]  比例增益
    │                         [ MOVP   K100   D304        ]  积分时间
    │                         [ MOVP   K0     D306        ]  微分时间
    │                         [ PID    D20    D200  D300 D400]  执行PID指令
    │                         [ TO     K1     K1    D400 K1 ]  PID输出送FX₂ₙ-4DA的
    │                                                              CH1通道
    │                         [ FROM   K1     K29   K4M30 K1]  读状态是否错误
    │  M30  M38  M40
    ├──┤/├──┤/├──┤/├──────────────────────────────────( Y001 )
152 └─────────────────────────────────────────────────[ END ]
```

图 6-31 PID 梯形图程序

6.6 实验：模拟量 I/O 模块及 PID 编程

6.6.1 模拟量输入模块编程

1. 控制要求

1) 要求开通 CH1 和 CH2 两个通道作为电压量输入通道，对应通道的量程为-10~10V。
2) 各通道采样 8 次的平均值分别存入 PLC 基本单元数据寄存器 D0 和 D1 中。

2．I/O 地址分配

FX$_{2N}$ 系列 PLC 基本单元连接 FX$_{2N}$-4AD 模拟量输入模块，编址为 0 号。

3．I/O 端口接线

FX$_{2N}$-4AD 模块电压输入 I/O 端口接线图如图 6-32 所示。

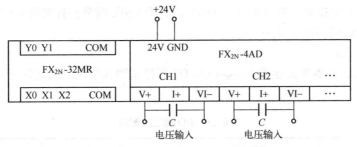

图 6-32　FX$_{2N}$-4AD 模块电压输入 I/O 端口接线图

4．梯形图程序设计

FX$_{2N}$-4AD 模拟量输入模块梯形图程序如图 6-33 所示。

图 6-33　FX$_{2N}$-4AD 模拟量输入模块梯形图程序

5．思考题

在本实验项目的基础上，完成以下要求：

1) 在 PLC 基本单元的 I/O 端口设置系统的输入启动、停止两个开关量控制，I/O 地址分配见表 6-17。

表 6-17　I/O 地址分配表

类　别	电气元件	PLC 软元件	功　能
输入（I）	SB1	X0	启动按钮
	SB2	X1	停止按钮

2) 通道 CH2 输入类型修改为 4～20mA。

完善 PLC 基本单元 I/O 接线图，修改并完善梯形图程序。

6.6.2　温度 PID 控制系统

1．控制要求

1) 对某加热炉出口温度进行控制，设定值为 200℃，相对误差为±2%，由于温度存在较大的测量滞后，因此必须采用 PID 调节实现控制要求。

2) 输入信号：选择 FX$_{2N}$-4AD-TC 温度模拟量输入模块，开通 CH1 和 CH2 两个通道，使用 2 支 K 型热电偶,每通道默认取 8 次采样的平均值,结果分别存入 PLC 基本单元的 D10 和 D11 中。然后,将 D10 和 D11 的平均值存入 PLC 基本单元的 D20 中。

3)输出控制:通过 Y0 输出 PWM(改变占空比)控制固态继电器驱动接触器控制电热丝加热。

4)设置上、下限报警,当温度低于 180℃、高于 220℃时分别控制指示灯报警。

5)设置系统启动和停止开关。

2. I/O 地址分配

FX_{2N} 系列 PLC 基本单元连接 FX_{2N}-4AD-TC 模拟量输入模块,编址为 0 号。I/O 地址分配见表 6-18。

表 6-18 I/O 地址分配表

类 别	电气元件	PLC 软元件	功 能
输入(I)	SB1	X0	启动按钮
	SB2	X1	停止按钮
输出(O)	指示灯	Y3	低温报警
	指示灯	Y2	高温报警
	固态继电器	Y0	控制加热
	固态继电器	Y1	备用

3. I/O 端口接线

根据控制要求及 I/O 地址分配,取 Y0、Y1(备用)分别控制两个固态继电器,其动合触点作为电热丝回路的控制开关。FX_{2N} 系列 PLC 基本单元和 FX_{2N}-4AD-TC 模块的端口连接如图 6-34 所示。

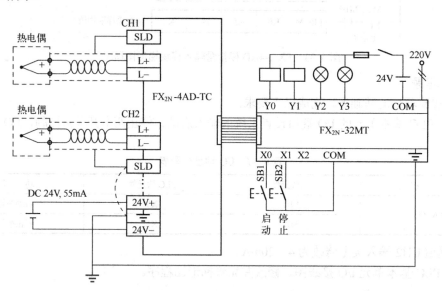

图 6-34 FX_{2N} 系列 PLC 基本单元和 FX_{2N}-4AD-TC 模块的端口连接

4. 梯形图程序设计

设计 PID 指令的输出作为脉冲调制指令 PWM 的源操作数,并指定晶体管输出端口 Y0 输出,温度 PID 控制系统梯形图程序如图 6-35 所示。

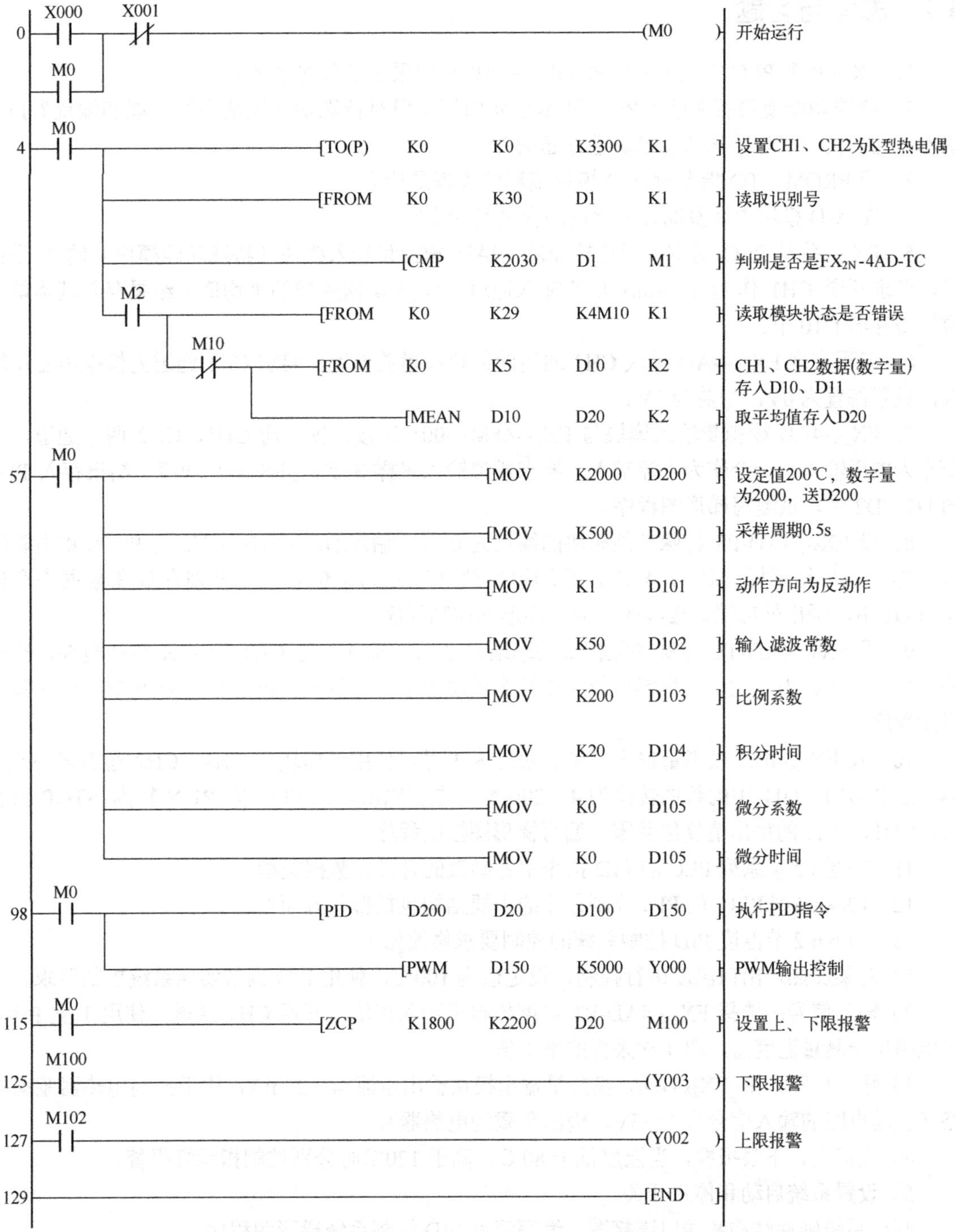

第6章　PLC模拟量采集及PID控制系统

```
 0 ─┤X000├─┤/X001├──────────────────────────(M0)      开始运行
    │                                         
    └┤M0 ├┘

 4 ─┤M0├─────────┬─[TO(P)  K0   K0    K3300  K1]    设置CH1、CH2为K型热电偶
                 │
                 ├─[FROM   K0   K30   D1     K1]    读取识别号
                 │
                 │    ┌─[CMP    K2030  D1    M1]    判别是否是FX2N-4AD-TC
                 │    │
                 │    ├┤M2├──[FROM K0 K29 K4M10 K1] 读取模块状态是否错误
                 │    │
                 │    │   ┤/M10├─[FROM K0 K5 D10 K2] CH1、CH2数据(数字量)
                 │    │                              存入D10、D11
                 │    │
                 │    └─────────[MEAN  D10  D20  K2] 取平均值存入D20

57 ─┤M0├─────────┬─[MOV   K2000  D200]              设定值200℃，数字量
                 │                                   为2000，送D200
                 ├─[MOV   K500   D100]              采样周期0.5s
                 │
                 ├─[MOV   K1     D101]              动作方向为反动作
                 │
                 ├─[MOV   K50    D102]              输入滤波常数
                 │
                 ├─[MOV   K200   D103]              比例系数
                 │
                 ├─[MOV   K20    D104]              积分时间
                 │
                 ├─[MOV   K0     D105]              微分系数
                 │
                 └─[MOV   K0     D105]              微分时间

98 ─┤M0├─────────┬─[PID   D200   D20   D100  D150]  执行PID指令
                 │
                 └─[PWM   D150   K5000  Y000]       PWM输出控制

115 ─┤M0├──────────[ZCP   K1800  K2200  D20   M100] 设置上、下限报警

125 ─┤M100├─────────────────────────────────(Y003)  下限报警

127 ─┤M102├─────────────────────────────────(Y002)  上限报警

129 ─────────────────────────────────────────[END]
```

图 6-35　温度 PID 控制系统梯形图程序

5. 思考题

1）根据图 6-35 梯形图，说明该系统控制器采用的控制规律是什么？

2）图 6-35 梯形图中，PID 控制器的动作方向取反动作，说明其原因。

3）该系统通过 PWM 指令控制 Y0 输出的是模拟量还是数字量？

6.7 思考与习题

1. FX_{2N} 系列 PLC 在改进和完善 PID 控制算法中采用了哪些措施？
2. 特殊功能模块有哪些？PLC 基本单元如何实现对特殊功能模块进行扩展和编址？PLC 基本单元如何实现与特殊功能模块进行通信？
3. 用 FROM、TO 指令对 A-D 模块编程的步骤是什么？
4. 在 A-D 模块中调整偏置和增益的含义是什么？
5. FX_{2N} 系列 PLC 基本单元连接 FX_{2N}-4AD 模拟量输入模块（特殊功能模块）的 1 号位置，要求开通 CH1 作为 0~4mA 电流输入通道，计算 4 次采样的平均值，结果存入基本单元数据寄存器 D10 中。
6. 编程实现 FX_{2N}-4AD 模块 CH1 通道的偏置和增益设置。要求 CH1 通道为模拟电压量输入，设置偏置为 0V，增益为 5V。
7. FX_{2N}-4AD 模拟量输入模块与 FX_{2N}-48MR-001 连接，仅开通 CH1、CH2 两个通道，一个作为电压输入，一个作为电流输入，要求模拟输入采样 3 次，并求其平均值，结果存入 PLC 的 D1、D2 中，试编写梯形图程序。
8. 设 FX_{2N}-4AD-PT 特殊功能模块的编址为 0 号，输入通道 CH1~CH2 为 Pt100 铂电阻输入，输入的平均采样次数为 4 次，平均温度值（以℃为单位表示）分别存放在数据寄存器 D0~D1 中，画出外部端口接线图，编写梯形图控制程序。
9. 设 FX_{2N}-4AD-TC 特殊功能模块的编址为 0 号，输入通道 CH1 使用 K 型热电偶，输入的平均采样次数为 4 次，平均温度值（以℃为单位表示）存放在数据寄存器 D20 中，试编写梯形图程序。
10. 设 FX_{2N}-4DA 模拟量输出模块的编址为 1 号，使用该模块的 CH1、CH2 通道将 FX_{2N}-48MR 中 D10、D11 中的数据转换为 4~20mA 的电流输出，在 PLC 从 RUN 转为 STOP 状态后，CH1、CH2 的输出值复位回零，编写梯形图控制程序。
11. 简述 FX_{2N} 系列 PLC 的 PID 指令中各参数的含义及数据类型。
12. FX_{2N} 系列 PLC 的 PID 控制程序的主要结构包括哪些方面？
13. 将 6.6.2 节温度 PID 控制系统的控制要求修改如下：

1）对某加热炉出口温度进行控制，设定值为 100℃，使用 PID 调节实现系统控制要求。

2）输入信号：选择 FX_{2N}-4AD-PT 温度模拟量输入模块，开通 CH1 通道，使用 1 支 Pt100 热电阻用于测量温度值，取 4 次采样的平均值。

3）输出控制：由 FX_{2N}-4DA 模拟量输出模块输出电流 4~20mA，用于控制电热器驱动电路（驱动电路的输入信号为 1~5V，输出负载为电热器）。

4）设置上、下限报警，当温度低于 80℃、高于 120℃时分别控制指示灯报警。

5）设置系统启动和停止开关。

画出系统硬件结构和端口连接图，编写温度 PID 控制系统梯形图程序。

第 7 章 PLC 网络通信及应用

PLC 通信是指将地理位置不同的 PLC、计算机、各种现场设备等，通过通信介质连接起来，按照规定的通信协议，以某种特定的通信方式高效率地完成数据的传送、交换和处理。随着自动化技术的提高和网络应用迅猛发展，PLC 与 PLC、PLC 与 PC 以及 PLC 与其他控制设备之间进行网络通信在自动控制领域得到广泛应用。

本章首先介绍网络基础和 PLC 常用网络通信标准接口，然后介绍 FX_{2N} 系列 PLC 网络通信的系统配置、连接方式、通信指令及其应用。

7.1 网络基础及 PLC 通信

本节主要介绍网络通信协议基础、串行通信方式及 PLC 通信接口等基础知识。

7.1.1 网络通信协议基础

1. 开放式系统互联通信参考模型

对各种网络体系结构来说，同一体系结构的网络产品互连是容易实现的，而不同体系结构的产品实现互连需要涉及许多不同的技术条件，实现其相互通信比较繁杂。为此，网络通信必须建立一个通信标准。

国际标准化组织（international organization for standardization，ISO）于 1984 年正式颁布了开放式系统互联通信参考模型（open system interconnection reference model，OSI）的国际标准，如图 7-1 所示。

以通信会话中事件发生的自然顺序为基础，OSI 参考模型将通信会话需要的各种进程划分成 7 个相对独立的功能层次，每一层只与上下两层直接通信。

这种分层结构使各个层次的设计和测试相对独立。如数据链路层和物理层分别实现不同的功能，物理层为前者提供服务，数据链路层不必理会服务是如何实现的。因此，物理层实现方式的改变将不会影响数据链路层。这一原理同样适用于其他连续的层次。

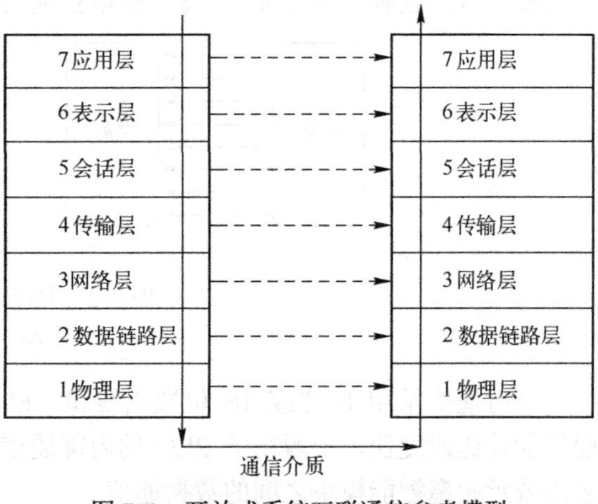

（1）物理层

最底层称为物理层（physical layer），该层定义了电压、接口、线缆标准、传输距离等特性。

图 7-1 开放式系统互联通信参考模型

（2）数据链路层

OSI 参考模型的第二层称为数据链路层（data link layer，DLL），它是在物理层提供服务的基础上向网络层提供服务，其最基本的服务是将源自网络层的数据可靠地传输到相邻节点的目标网络层。

（3）网络层

网络层负责在源机器和目标机器之间建立它们所使用的路由。

（4）传输层

传输层的功能也是保证数据在端到端之间的完整传输，它的另一项重要功能是将乱序收到的数据包重新排序，将这些数据包恢复成发送时的顺序。

（5）会话层

会话层的功能主要是用于管理两个计算机系统连接间的通信流。通信流称为会话，它决定了通信是单工还是双工，并保证了接收一个新请求一定在另一请求完成之后。

（6）表示层

表示层负责管理数据编码方式，由于各计算机系统不一定使用相同的数据编码方式，表示层的功能是为可能不兼容的数据编码方式之间提供翻译。

（7）应用层

OSI 参考模型的最顶层是应用层，应用层直接面对用户和应用程序，但它并不包含任何用户应用。

2. 串行通信协议

工业控制设备常用的网络通信方式为串行通信，串行通信协议属于 OSI 参考模型中的第一、二层，即物理层和数据链路层。

7.1.2 PLC 网络通信方式

PLC 网络通信一般采用串行异步方式传送数据。

1. 并行通信与串行通信

数据通信主要有并行通信和串行通信两种方式。

（1）并行通信

并行通信是以字节或字为单位的数据传输方式，并行传输（parallel transmission）指可以同时传输一组二进制的位（bit），每一位单独使用一条线路（导线），如图 7-2a 所示。

图 7-2　并行通信与串行通信
a）并行通信　b）串行通信

并行通信常用 8 位或 16 位数据线和一根公共线，同时还需要数据通信联络控制线。并行通信的传送速度快，一般用于 PLC 的内部通信，如 PLC 内部元件之间、PLC 主机与扩展模块之间或近距离智能模块之间的数据通信。

（2）串行通信

串行通信是以二进制的位（bit）为单位的数据传输方式，每次只传送一位，如图 7-2b 所示。串行通信除了地线外，在一个数据传输方向上只需要一根数据线，这根线既作为数据线又作为通信联络控制线，数据和联络信号在这根线上按位进行传送。因此，串行通信特别适合应用于距离较远的场合。

计算机和 PLC 都备有通用的串行通信接口，工业网络控制中一般使用串行通信。如 PLC 与计算机之间、多台 PLC 之间的数据通信多采用串行通信。

在串行通信中，传输速率常用比特率（每秒传送的二进制位数）来表示，单位为比特/秒

（bit/s）。传输速率是评价通信速度的重要指标。常用的标准传输速率有 600bit/s、1200bit/s、2400bit/s、4800bit/s、9600bit/s 和 19200bit/s 等。

2. 单工通信与双工通信

串行通信按信息在设备间的传送方向可分为单工、双工两种方式，如图 7-3 所示。

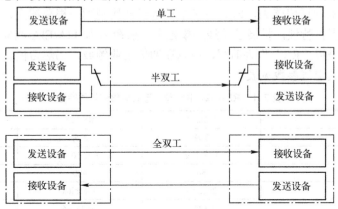

图 7-3 单工通信与双工通信

单工通信方式只能沿单一方向发送或接收数据。双工通信方式的信息可沿两个方向传送，每一个站既可以发送数据，也可以接收数据。

双工方式可分为全双工和半双工两种方式。全双工方式数据的发送和接收分别由两根或两组不同的数据线传送，通信的双方都可以在同一时刻接收和发送信息；半双工方式用同一根线或同一组线接收和发送数据，通信的双方在同一时刻只能发送数据或接收数据。

PLC 网络通信常采用半双工和全双工通信方式。

3. 异步通信与同步通信

在串行通信中，通信的速率与时钟脉冲有关，接收方和发送方的传送速率应保持相同。但是实际的发送速率与接收速率之间总是有一些微小的差别，在连续传送大量的信息时，将会因积累误差造成错位，使接收方收到错误的信息。为了解决这一问题，需要使发送和接收同步。按同步方式的不同，可将串行通信分为异步通信和同步通信。

（1）异步通信

异步通信数据帧格式由一个起始位、7~8 个数据位、1 个奇偶校验位和停止位（1 位、1.5 或 2 位）组成，数据按位序一个接一个地连续发送。当不发送字符时，处于空闲状态（保持 1）。通信双方需要对所采用的信息格式和数据的传输速率做相同的约定。异步通信是依靠起始位和传输速率来保持同步的。

（2）同步传送

同步传送要在传送数据的同时，也传递时钟同步信号，并始终按照给定的时刻采集数据。同步方式传送数据虽然提高了数据的传输速率，但对通信系统要求较高。

7.1.3 PLC 常用的通信接口标准

PLC 网络主要采用串行异步通信，常用的串行通信接口标准有 RS-232C、RS-422A 和 RS-485 等。

1. 串行通信接口标准

串行通信接口标准 RS-232、RS-422 与 RS-485 最初都是由美国电子工业协会（EIA）制定并发布的。RS-232 在 1962 年发布，命名为 EIA-232-E，作为工业标准，以保证不同厂家产品之间的兼容。RS-422 由 RS-232 发展而来，它是为弥补 RS-232 的不足而提出的。为改进 RS-

232 通信距离短、速率低的缺点，RS-422 定义了一种平衡通信接口，将传输速率提高到 10Mbit/s，传输距离延长到 4000ft$^\ominus$（传输速率低于 100kbit/s 时），并允许在一根平衡总线上连接最多 10 个接收器。RS-422 是一种单机发送、多机接收的单向、平衡传输规范，命名为 TIA/EIA-422-A 标准。为扩展应用范围，EIA 又于 1983 年在 RS-422 基础上制定了 RS-485 标准，增加了多点及双向通信能力，即允许多个发送器连接到同一根总线上，同时增加了发送器的驱动能力和冲突保护特性，扩展了总线共模范围，后命名为 TIA/EIA-485-A 标准。由于 EIA 提出的建议标准都是以"RS"作为前缀，所以在通信工业领域，仍然习惯将上述标准以 RS 作为前缀称谓，其有关电气参数见表 7-1。

表 7-1 RS-232、RS-422 与 RS-485 电气参数

规定	RS-232	RS-422	RS-485
工作方式	单端	差分	差分
节点数	1收1发	1发10收	1发32收
最大传输电缆长度/ft	50	400	400
最大传输速率	20kbit/s	10Mbit/s	10Mbit/s
最大驱动输出电压/V	±25	−0.25～6	−7～12
驱动器输出信号电平（负载最小值）/V	±（5～15）	±2.0	±1.5
驱动器输出信号电平（空载最大值）/V	±25	±6	±6
驱动器负载阻抗/Ω	3000～7000	100	54
摆率（最大值）	30V/μs	N/A	N/A
接收器输入电压范围/V	±15	−10～10	−7～12
接收器输入门限/mV	±3000	±200	±200
接收器输入电阻/kΩ	3～7	4（最小）	≥12
驱动器共模电压/V		−3～3	−1～3
接收器共模电压/V		−7～7	−7～12

RS-232、RS-422 与 RS-485 标准只对接口的电气特性做出规定，而不涉及接插件、电缆或协议，在此基础上用户可以建立自己的高层通信协议。

2. RS-232C

RS-232C 是 EIA 于 1969 年公布的通信协议，它的全称是数据终端设备（DTE）和数据通信设备（DCE）之间串行二进制数据交换接口技术标准。RS-232C 接口标准是目前计算机和 PLC 中最常用的一种串行通信接口。

RS-232C 采用负逻辑，用 −5～−15V 表示逻辑 1，用 5～15V 表示逻辑 0。噪声容限为 2V，即要求接收器能识别低至 +3V 的信号作为逻辑 0，高到 −3V 的信号作为逻辑 1。RS-232C 可使用 9 针或 25 针的 D 形连接器进行连接，PLC 一般使用 9 针的连接器，只能进行一对一的通信。

RS-232C 接口各引脚信号的定义见表 7-2。

表 7-2 RS-232C 接口各引脚信号定义

引脚号（9针）	引脚号（25针）	信号	方向	功能
1	8	DCD	IN	数据载波检测
2	3	RXD	IN	接收数据
3	2	TXD	OUT	发送数据
4	20	DTR	OUT	数据终端装置（DTE）准备就绪
5	7	GND		信号公共参考地

$\ominus$ 1ft=0.3048m。

(续)

引脚号（9针）	引脚号（25针）	信　号	方　向	功　能
6	6	DSR	IN	数据通信装置（DCE）准备就绪
7	4	RTS	OUT	请求传送
8	5	CTS	IN	清除传送
9	22	CI（RI）	IN	振铃指示

由于 RS-232C 发送电平与接收电平的差仅为 2～3V，以及电气接口采用单端驱动、单端接收的电路，因此，很容易受到公共地线上的电位差和外部引入的干扰信号的影响，其共模抑制能力差，再加上双绞线上的分布电容，其传送距离受到限制。RS-232C 常用于本地设备之间的通信。

RS-232C 标准对通信的规定如下：

1）当误码率小于 4%时，要求导线的电容值应小于 2500pF。对于普通导线，其电容值约为 170pF/m，则允许距离 l=2500pF/（170pF/m）≈15m。

2）在传输速率为 9600bit/s、使用普通双绞屏蔽线时，其通信距离可达 30～35m。

3）RS-232C 的最高传输速率为 20kbit/s，驱动器负载为 3～7kΩ。

RS-232C 的接口连接方式随应用方式的不同而不同。当通信距离较近时，通信双方可不需要 MODEM 直接连接，只需使用少数几根信号线。在最简单的通信情况下，不需要 RS-232C 的控制联络信号，只需 3 根线（发送线、接收线、信号地线）便可实现全双工异步串行通信。RS-232C 近距离通信标准连接方式如图 7-4a 所示。

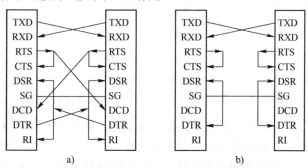

图 7-4　RS-232C 近距离通信标准连接方式

a) 标准连接　b) 零 MODEM 方式的最简单连接

在直接连接时，如果需要考虑 RS-232C 的联络控制信号，则采用零 MODEM 方式的标准连接方法。图 7-4b 为零 MODEM 方式的最简单连接（即三线连接）。可以看出，只要请求发送 RTS 有效和数据终端准备好 DTR 有效，就能开始发送或接收。

3. RS-422 与 RS-485 串行接口标准

RS-422、RS-485 串行接口标准的数据信号采用差分传输方式，也称平衡传输，它使用一对双绞线，分别定义为 A 和 B，如图 7-5 所示。

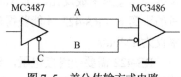

图 7-5　差分传输方式电路

图 7-5 中，发送驱动器 A、B 之间的正电平为 2～6V、负电平为-2～6V，C 为信号地，在 RS-485 中还有一使能端（在 RS-422 中可不使用）。使能端用于控制发送驱动器与传输线的切断与连接。当使能端起作用时，发送驱动器处于高阻状态，称作第三态，即它是有别于逻辑 1 与 0 的第三态。

接收器也做了与发送端相对应的规定，收、发端通过平衡双绞线将 A、A 与 B、B 对应相连，当在接收端 A、B 之间有大于 200mV 的电平时，输出正逻辑电平，电平小于-200mV 时，输出负逻辑电平。接收器接收平衡线上的电平通常为200mV～6V。

由于RS-422、RS-485串行接口标准采用平衡驱动、差分接收电路，从根本上取消了信号地线，大大减小了地电平所带来的共模干扰。平衡驱动器相当于两个单端驱动器，其输入信号相同，两个输出信号互为反相信号（图7-5中的小圆圈表示反相）。外部输入的干扰信号以共模方式出现，两极传输线上的共模干扰信号相同，因接收器是差分输入，共模信号可以互相抵消。只要接收器有足够的抗共模干扰能力，就能从干扰信号中识别出驱动器输出的有用信号，从而克服外部干扰的影响。

（1）RS-422电气规定

RS-422标准全称为平衡电压数字接口电路的电气特性，它定义了接口电路的特性。DB9连接器引脚定义如图7-6a所示，典型的RS-422四线接口如图7-6b所示。

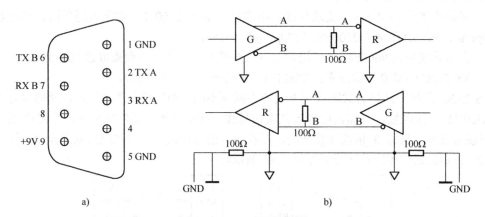

图7-6 RS-422四线接口

a) DB9连接器引脚定义 b) 典型的RS-422四线接口

G—发送驱动器 R—接收器 ▽—信号地 ⏚—保护地或机箱地 GND—电源地

由于接收器采用高输入阻抗，发送端由驱动器输出，因此RS-422具有更强的驱动能力，允许在相同传输线上连接多个接收节点，最多可连接10个节点，即一个为主设备（Master），其余为从设备（Salve，从设备之间不能通信），所以RS-422支持点对多的双向通信。

接收器输入阻抗为4kΩ，故发送端最大负载能力为10×4kΩ+100Ω（终接电阻）。由于RS-422四线接口采用单独的发送和接收通道，因此不必控制数据方向，各装置之间信号交换均可以按软件方式（XON/XOFF握手）或硬件方式（一对单独的双绞线）进行。

RS-422的最大传输距离为4000ft（约1219m），最大传输速率为10Mbit/s。平衡双绞线的长度与传输速率成反比，在100kbit/s速率以下，RS-422才可能达到最大传输距离。只有在很短的距离下，RS-422才能获得最大传输速率。一般100m长的双绞线上所能获得的最大传输速率仅为1Mbit/s。

RS-422需要一终接电阻，终接电阻接在传输电缆的最远端，要求其阻值约等于传输电缆的特性阻抗。在短距离（300m以内）传输时可不需要终接电阻。

RS-422有关电气参数见表7-1。

（2）RS-485电气规定

由于RS-485是从RS-422基础上发展而来的，所以RS-485的许多电气规定与RS-422相仿。RS-485通信连接方式如图7-7所示。

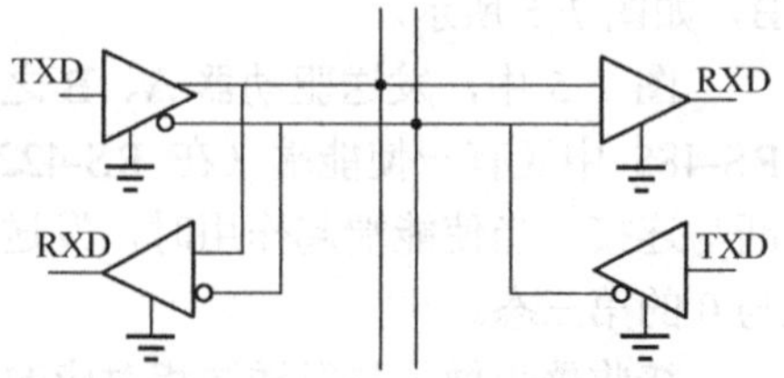

图7-7 RS-485通信连接方式

RS-485 的主要特点及应用时需要注意的事项如下：

1）RS-485 采用了平衡传输方式，需要在传输线上接终接电阻等。

2）可以采用二线与四线方式。采用四线连接时，与 RS-422 一样只能实现点对多的通信，二线制可实现真正的多点双向通信。

3）无论四线还是二线连接方式，支持连接 32 个节点。

4）共模输出电压为-7～+12V，接收器最小输入阻抗为 12kΩ。

5）最大传输距离约为 1219m，最大传输速率为 10Mbit/s。平衡双绞线的长度与传输速率成反比，在 100kbit/s 速率以下，才可能达到最大传输距离。一般 100m 长双绞线最大传输速率仅为 1Mbit/s。

6）RS-485 需要 2 个终接电阻，其阻值要求等于传输电缆的特性阻抗。在短距离传输时可不需要终接电阻，即一般在 300m 以下时不需要终接电阻。终接电阻接在传输总线的两端。

由上可知，RS-485 满足所有 RS-422 的规范，所以 RS-485 的驱动器可以应用于 RS-422 网络。

RS-485 有关电气参数见表 7-1。

工业控制微机大部分配置有 RS-422/RS-485 接口，一般使用 9 针的 D 形连接器。但由于 PC 一般不配备 RS-422 和 RS-485 接口，所有 PC 在与工业控制微机通信时需要进行接口转换。RS-232C/RS-422 转换器的电路原理如图 7-8 所示。

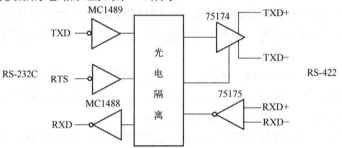

图 7-8　RS-232C/RS-422 转换器的电路原理

7.1.4　工业控制网络基础

1. 工业控制网络结构

根据工业控制网络结构的连接方式，PLC 网络结构可分为总线型、环形和星形三种基本形式，如图 7-9 所示。

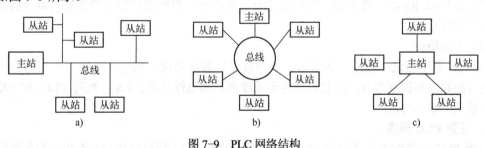

图 7-9　PLC 网络结构

a) 总线型　b) 环形　c) 星形

（1）总线型网络

总线型网络结构采用单根传输线（称为总线）作为传输介质，所有的站点都通过相应的接口连接在传输介质上，共享该总线。总线型网络结构如图 7-9a 所示。

总线型网络结构可以通过总线连接所有的站点，各个站点对总线有同等的访问权。

当站点进行信号传输时，信号自动向两个方向传播，所以，总线的两端必须以终接电阻终结，以防止信号反射，从而阻止其他站点的正常信号传输。

总线型网络结构的特点是结构简单、可靠性高、易于扩展及响应速度快，因而被广泛应用。

（2）环形网络

环形网络结构如图 7-9b 所示，各个站点通过环路接口首尾相连形成一个物理环，各个站点均可以请求发送信息。

环形网络结构的特点是网络延时固定、实时性强；某个站点发生故障时可自动旁路，系统可靠性高。但当站点过多时，传输效率降低，网络响应时间变长。

（3）星形网络

星形网络结构如图 7-9c 所示。星形网络以中央结点为中心，网络中的任两个结点的通信数据必须经过中央结点的控制，上位机通过点对点的方式与多个现场从站进行通信。

星形网络组网比较方便，便于程序的集中开发和资源共享，但是上位机的负载较重，一旦发生故障，整个通信系统将瘫痪。

（4）现场总线网络

现场总线（Fieldbus）是近年来迅速发展起来的一种工业数据总线，现场总线网络是一种开放式、新型全分布控制系统。它主要解决工业现场的智能化仪器仪表、控制器、执行机构等设备间的数字通信，以及这些现场控制设备和高级控制系统之间的信息传递问题。由于现场总线具有简单、可靠、经济实用等一系列突出的优点，因而受到了许多标准团体和计算机厂商的高度重视。

现场总线可以是环形网络结构、星形网络结构、总线型网络结构及树形网络结构。

现场总线设备的工作环境处于过程设备的底层，作为工厂设备级基础通信网络，要求其具有协议简单、容错能力强、安全性好、成本低的特点。

一般把现场总线系统称为第五代控制系统，也称作现场总线控制系统（FCS）。

2．通信协议

在进行网络通信时，为进行可靠的信息交换而建立的规程即为协议。通信双方在通信时必须遵守约定的规程。

PLC 通信中常用的通信协议如下。

（1）通用协议

在图 7-1 开放式系统互联通信参考模型所描述的 7 个层次中，常用的串行接口标准 RS-232、RS-422 和 RS-485 等都遵守物理层所规定的标准，而物理层以上的各层在对等层实现直接开放系统的互连。

（2）专用协议

（公司）专用协议一般用于物理层、数据链路层和应用层。通过（公司）专用协议传送的数据是过程数据和控制命令，信息短、传送速度快、实用性较强。FX_{2N} 系列 PLC 与计算机的通信一般采用专用协议。

3．三菱 PLC 网络

三菱 PLC 网络继承了传统的 MELSECNET 网络，它不仅可以执行数据控制和数据管理功能，而且也能完成工厂自动化所需的绝大部分功能，是一种大型的网络控制系统。

（1）具有构成多层数据通信系统的能力

PLC 主站可以通过同轴电缆或光缆与 64 个本地子（从）站和远程 I/O 站进行通信，每一个从站又可以再连接 64 个下一级从站，这样整个系统网络结构可以设置为 3 层，最多可以设置 4097 个从站。

第 7 章 PLC 网络通信及应用

主站可以对网络中的其他站点发出初始化请求,而从站只能响应主站的初始化请求。

(2) 具有高可靠性

MELSECNET 网络由两个数据通信环路(即主环和副环)构成,每一时刻只允许有一个环路工作,反向工作互为备用。

(3) 具有良好的通信监测功能

从站的运行和通信状态都可以通过主站或从站上的图形编程器进行监控,主站可以对所有从站进行存取访问,执行上传、下载、监控及测试功能。

7.2 FX$_{2N}$系列 PLC 的通信配置及应用

PLC 组网主要通过 RS-232、RS-422 和 RS-485 等通信接口进行通信,FX$_{2N}$ 系列 PLC 本身带有编程、通信用的 RS-422 接口。

FX$_{2N}$ 系列 PLC 的一般通信方包括并联连接、与 PC 之间的通信、N:N 网络通信、无协议通信及 CC-Link 等。

本节主要介绍 FX$_{2N}$ 系列 PLC 的通信模块、类型、常用通信形式及其应用。

7.2.1 FX$_{2N}$系列 PLC 的通信模块

FX$_{2N}$ 系列 PLC 配置有多种通信功能扩展板、通信模块和适配器,具有很强的通信功能。FX$_{2N}$ 系列 PLC 可以通过数据连接实现与其他设备(如 PLC、PC 及远程 I/O 设备等)之间的通信,还可以构筑以 FX$_{2N}$ 系列 PLC 为主站的 CC-Link 网络系统等。

FX$_{2N}$ 系列 PLC 的接口类型或转换接口类型的器件主要有两种基本形式:一种是功能扩展板,即没有外壳的电路板,可直接放置在基本单元的机箱中;另一种则是有独立机箱的扩展模块。

FX$_{2N}$ 系列 PLC 简易通信常用模块型号及用途见表 7-3。

表 7-3 FX$_{2N}$系列 PLC 简易通信常用模块型号及用途

类型	型号	主要用途	对应通信功能					连接台数
			简易 PC 间连接	并联连接	计算机连接	无协议通信	外围设备通信	
功能扩展板	FX$_{2N}$-232-BD	与计算机及其他配备 RS-232 接口的设备连接	×	×	√	√	√	1 台
	FX$_{2N}$-485-BD	PLC 间 N:N 接机;以计算机为主机的专用协议通信用接口	√	√	√	√	×	1 台
	FX$_{2N}$-422-BD	扩展用于与外围设备连接	×	×	×	×	√	1 台
	FX$_{2N}$-CNV-BD	与适配器配合实现端口的转换						
特殊适配器	FX$_{0N}$-232ADP	与计算机及其他配备 RS-232 接口的设备连接	×	×	√	√	√	1 台
	FX$_{0N}$-484ADP	PLC 间 N:N 接机;以计算机为主机的专用协议通信用接口	√	√	√	√	×	1 台
通信模块	FX$_{2N}$-232-IF	作为特殊功能模块扩展的 RS-232 通信用接口	×	×	×	√	×	最多 8 台
	FX-485PC-IF	将 RS-485 信号转换为计算机所需的 RS-232 信号	√	√	√	√	×	

注:表中√表示可以;×表示不可以。

表 7-3 中各模块的功能有所差异,一般采用扩展板构成的通信,最大传送距离可达 50m,采用适配器构成的通信,传送距离则可达 500m。

FX$_{2N}$-232-BD、FX$_{2N}$-485-BD、FX$_{2N}$-CNV-BD 功能扩展板如图 7-10 所示，FX$_{2N}$-232-IF 通信模块如图 7-11 所示。

a)　　　　　　　　　b)　　　　　　　　c)

图 7-10　功能扩展板

a) FX$_{2N}$-232-BD　b) FX$_{2N}$-485-BD　c) FX$_{2N}$-CNV-BD

图 7-11　FX$_{2N}$-232-IF 通信模块

7.2.2　FX$_{2N}$ 系列 PLC 并联连接及应用

两台同一子系列 PLC 之间的数据自动传送称为并联连接。

1. PLC 间的并联连接硬件

FX$_{2N}$ 系列 PLC 可通过以下两种连接方式实现并联连接。

1）通过 FX$_{2N}$-485-BD 内置通信板和专用的通信电缆。

2）通过 FX$_{2N}$-CNV-BD 内置通信板、FX$_{0N}$-485ADP 适配器和专用的通信电缆。

FX$_{2N}$ 系列 PLC 间的并联连接，如图 7-12 所示。两台 PLC 之间的最大有效距离为 50m。

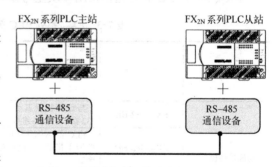

图 7-12　FX$_{2N}$ 系列 PLC 间的并联连接（2 台）

2. 通信系统参数设置

FX$_{2N}$ 系列 PLC 之间的并联通信是通过编程对指定的相关功能元件进行通信功能设置，然后在 PLC 通信双方确认的专用存储单元之间进行读/写数据操作。

（1）功能元件和数据

并联通信中，通过并联连接特殊辅助继电器和数据寄存器对 PLC 进行主站、从站、并行工作方式等的设置，FX$_{2N}$ 系列 PLC 并联连接特殊辅助继电器和寄存器功能见表 7-4。

表 7-4　FX$_{2N}$ 系列 PLC 并联连接特殊辅助继电器和寄存器功能

元件号	功　能　说　明
M8070	M8070=ON 时，设置 PLC 为主站
M8071	M8071=ON 时，设置 PLC 为从站

(续)

元件号	功 能 说 明
M8072	M8072=ON 时，PLC 工作在并联连接方式
M8073	M8073=ON 时，PLC 工作在标准并联连接模式，发生 M8070/M8071 的设置出错
M8162	M8162=ON 时，PLC 工作在高速并联连接模式；M8162=OFF 时，PLC 工作在标准并联连接模式
D8070	并联连接的警戒时钟 WDT（默认值为 500ms）

例如，如果 PLC 为主站，只需要在主站 PLC 程序中设置特殊辅助继电器 M8070 为 ON；如果 PLC 为从站，只需要在从站 PLC 程序中设置特殊辅助继电器 M8071 为 ON。

(2) 并联连接模式的设置与链接

FX_{2N} 系列 PLC 的并联连接包括标准并联连接和高速并联连接两种模式。标准/高速并联连接模式专用通信元件见表 7-5。

表 7-5 标准/高速并联连接模式专用通信元件

	通信元件类型		说　明
标准并联连接模式	位元件（M）	字元件（D）	
	M800～M899	D490～D499	主站数据传送到从站所用的数据通信元件
	M900～M999	D500～D509	从站数据传送到主站所用的数据通信元件
	通信时间		70ms+主站扫描时间（ms）+从站扫描时间（ms）
高速并联连接模式	通信元件类型		说　明
	位元件（M）	字元件（D）	
		D490～D491	主站数据传送到从站所用的数据通信元件
		D500～D501	从站数据传送到主站所用的数据通信元件
	通信时间		20ms+主站扫描时间（ms）+从站扫描时间（ms）

1) 标准并联连接。FX_{2N} 系列 PLC 采用标准并联连接时，特殊辅助继电器 M8162=OFF，标准并联连接模式下的数据连接如图 7-13a 所示。

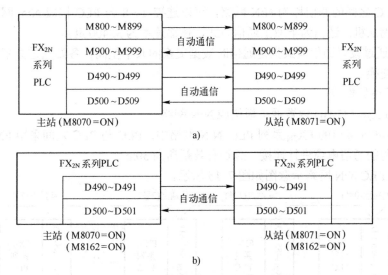

图 7-13　并联连接模式下的数据连接
a) 标准并联连接模式　b) 高速并联连接模式

需要注意的是，标准并联连接模式所有专用存储单元的通信连接都是单方向的。例如，主站的 M800 只能把信息传送给从站，而不能作为接收单元；从站的 M800 只能接收主站发来的信息；而不能作为发送单元。

2）高速并联连接。当采用高速并联连接时，特殊辅助继电器 M8162 为 ON，高速并联连接模式下的数据连接如图 7-13b 所示。

需要注意的是，高速并联连接模式下只使用 4 个数据寄存器元件，它们之间的通信连接都是单方向的。例如，从站的 D500 只能把信息传送给主站，而不能作为接收单元；主站的 D500 只能接收从站发来的信息，而不能作为发送单元。

【例 7-1】 FX_{2N} 系列 PLC 双机并联连接，要求实现以下功能：

1）PLC 主站 X0～X7 输入端信号直接控制从站的输出端 Y0～Y7。
2）PLC 从站的数据寄存器 D0 的数据作为主站定时器 T0 的设定值。

主站梯形图控制程序如图 7-14a 所示，主站通过执行 MOV 指令将 X0～X7 状态传送给连接位元件 M800～M807，将连接字元件 D500 作为定时器 T0 的设定值。

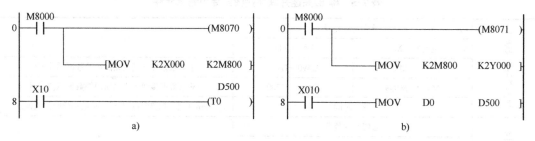

图 7-14 双机并联连接梯形图控制程序
a) 主站梯形图控制程序 b) 从站梯形图控制程序

从站梯形图控制程序如图 7-14b 所示，从站通过执行 MOV 指令用连接位元件 M800～M807 的状态控制 Y0～Y7，将 D0 的数据传送给连接字元件 D500。

7.2.3 FX_{2N} 系列 PLC N:N 网络及应用

PLC 与 PLC 之间的通信称为 N:N 网络，可以连接 2～8 台 PLC 构成 N:N 网络，其中一台为主机，其余为从机。通信为半双工通信方式，传输速率为 38400bit/s。

N:N 网络通过设置通信模式指定通信时数据交换的共享空间，各站通过共享空间（数据单元）进行数据交换。

1. N:N 网络的构成

（1）采用 FX_{2N}-485-BD 内置通信板构成 N:N 网络

在采用 RS-485 接口的 FX_{2N} 系列 PLC N:N 网络中，PLC 与 PLC 之间采用 FX_{2N}-485-BD 内置通信板和专用的通信电缆进行连接，最长有效距离为 50m。

FX_{2N} 系列 PLC N:N 网络示意图如图 7-15 所示。

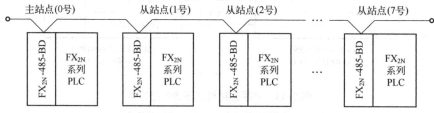

图 7-15 FX_{2N} 系列 PLC N:N 网络示意图

N:N 网络通信特点如下：

1) 在各站之间，作为共享通信数据的位元件和字元件被自动连接，本站可以读操作获取其他站的相同编号的位元件及数据寄存器（字元件）的数值。

2) 在共享空间范围内，各 PLC 内部的特殊辅助继电器及数据存储器不能再作为其他用途。

3) N:N 网络通信适用于生产线的分布控制和集中管理等场合。

(2) 采用 FX_{2N}-CNV-BD 和 FX_{0N}-485ADP 特殊功能模块构成 N:N 网络

在采用 RS-485 接口的 FX_{2N} 系列 PLC N:N 网络中，PLC 之间还可以采用 FX_{2N}-CNV-BD 和 FX_{0N}-485ADP 特殊功能模块和专用的通信电缆进行连接，最长有效距离为 500m。

2．N:N 网络的参数

在 N:N 网络中，必须对通信数据元件进行正确设置，才能保证网络的可靠运行。N:N 网络的特殊辅助继电器功能说明见表 7-6。

表 7-6 N:N 网络的特殊辅助继电器功能说明

特殊辅助继电器	功能	说明	影响站点	特性
M8038	网络参数设置	设置 N:N 网络参数时为 ON	主站、从站	只读
M8183	主站通信错误	主站点发生错误时为 ON	从站	只读
M8184～M8190	从站通信错误	从站点发生错误时为 ON	主站、从站	只读
M8191	数据通信	与其他站点通信时为 ON	主站、从站	只读

由表 7-8 可以看出，M8038 用于控制 N:N 网络参数设置；M8183 为 ON 时，主站 CPU 出错或程序有错或在停止状态；M8184～M8190 为 ON 时，分别对应从站 1～7 发生错误。

N:N 网络的特殊数据寄存器功能说明见表 7-7。

表 7-7 N:N 网络的特殊数据寄存器功能说明

特殊数据寄存器	功能	说明	影响站点	特性
D8173	站号	存储 PLC 自身站号	主站、从站	只读
D8174	从站数量	存储网络中从站的数量	主站、从站	只读
D8175	更新范围	存储更新的数据范围	主站、从站	只读
D8176	站号设置	设置自身的站号	主站、从站	写
D8177	设置从站数量	设置从站点的总数	从站	写
D8178	更新范围设置	设置数据的更新范围	从站	写
D8179	重复次数设置	设置通信的重复次数	从站	读/写
D8180	通信超时值设置	设置通信公共等待时间	从站	读/写
D8201	当前网络扫描时间	存储当前的网络扫描时间	主站、从站	读
D8202	最大网络扫描时间	存储网络允许的最大扫描时间	主站、从站	读
D8203	主站发生通信错误次数	存储主站点发生通信错误的次数	主站	读
D8204～D8210	从站发生通信错误次数	存储从站点发生通信错误的次数	主站、从站	读
D8211	主站通信错误代码	存储主站点发生通信错误的代码	主站	读
D8212～D8218	从站通信错误代码	存储从站点发生通信错误的代码	主站、从站	读

3．N:N 网络的设置

(1) 站号的设置

D8176 为本站的站号设置数据寄存器，若 D8176=0，则本站为主站点；若 D8176=1～7，则分别表示从站号。

(2) 从站数的设置

D8177 为设置从站数量的数据寄存器，可以将站点数 1～7 分别写入主站的 D8177 中，默认值为 7。

(3) 通信模式的设置

通过在主站的数据寄存器 D8178 中写入 0～2 对应设置（主站和所有从站）模式 1、模式 2、模式 3，分别设置或更新通信时进行数据交换的共享空间，默认值为 0（即模式 0）。

各通信模式下的通信数据更新范围见表 7-8。

表 7-8 各通信模式下的通信数据更新范围

通信元件类型	模式 0	模式 1	模式 2
位元件（M）	0 点	32 点	64 点
字元件（D）	4 个	4 个	32 个

在上述三种通信模式下，N:N 网络中网络编程元件的共享空间分别见表 7-9～表 7-11。

表 7-9 N:N 网络中网络编程元件的共享空间（模式 0）

站号	0	1	2	3	4	5	6	7
字元件（D）	D0～D3	D10～D13	D20～D23	D30～D33	D40～D43	D50～D53	D60～D63	D70～D73

表 7-10 N:N 网络中网络编程元件的共享空间（模式 1）

站号	0	1	2	3	4	5	6	7
位元件（M）	M1000～M1031	M1064～M1095	M1128～M1159	M1192～M1223	M1256～M1287	M1320～M1351	M1384～M1415	M1448～M1479
字元件（D）	D0～D3	D10～D13	D20～D23	D30～D33	D40～D43	D50～D53	D60～D63	D70～D73

表 7-11 N:N 网络中网络编程元件的共享空间（模式 2）

站号	0	1	2	3	4	5	6	7
位元件（M）	M1000～M1063	M1064～M1127	M1128～M1191	M1192～M1255	M1256～M1319	M1320～M1383	M1384～M1447	M1448～M1511
字元件（D）	D0～D7	D10～D17	D20～D27	D30～D37	D40～D47	D50～D57	D60～D67	D70～D77

例如，采用通信模式 1 时，0 号主站点共享空间为 M1000～M1031 和 D0～D3，其他从站点均可以在本站共享此空间，可以直接编程从本站相同编号的元件中读取主站的内容。1 号从站的共享空间为 M1064～M1095 和 D10～D13，其他站点均可以在本站共享此空间，可以直接编程从本站相同编号的元件中读取 1 号从站的内容。

(4) 通信重复次数的设置

D8179 为通信重复次数数据寄存器，可设定 0～10 数值，默认值为 3。当主站需要获得从站发出的通信信号时，如果在规定的重复次数内没有完成通信连接，则网络发出通信错误信号。

(5) 通信超时值的设置

D8180 为通信超时值数据寄存器，通信超时是指主站点与从站点之间的通信延迟等待时间（单位为 10ms），设定范围为 5～255，默认值为 5。

【例 7-2】 建立 FX$_{2N}$ 系列 PLC3:3 网络通信，要求如下：

1) 1 个主站，2 个从站，使用 FX$_{2N}$-485-BD 通信功能扩展板组网。

2) 选择数据更新模式 1，通信重复次数选择 3 次，通信超时值选择默认 50ms。

系统实现的功能如下：

1) 主站的 X0～X3 输入端信号为 ON 时，分别控制从站 1 和从站 2 的相应输出端 Y0～Y2 为 ON。

2) 从站 1 的 X0～X3 输入端信号为 ON 时，分别控制主站的输出端 Y10～Y13 为 ON。

3) 从站 2 的 X0～X3 输入端信号为 ON 时，分别控制从站 1 的输出端 Y10～Y13 为 ON。

根据上述要求，3:3 网络通信示意图如图 7-16 所示。

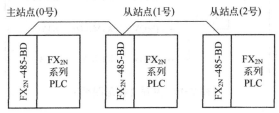

图 7-16　3:3 网络通信示意图

主站控制程序设计如下：

1）首先通过 D8176～D8180 分别设置主站号（0）、从站数量、模式 1、重复次数及通信超时值。

2）通过特殊辅助继电器 K1M1000 存入 X0～X3 输入端信号。

3）通过 K1M1064 使从站 1 的 X0～X3 信号控制主站的 Y10～Y13。

主站梯形图程序如图 7-17 所示。

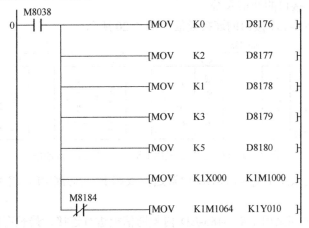

图 7-17　主站梯形图程序

从站 1 控制程序设计如下：

1）通过 D8176 设置从站号 1。

2）通过 K1M1000 使主站 X0～X3 信号控制从站 1 的 Y0～Y3。

3）通过 K1M1064 存入从站 1 的 X0～X3 信号。

从站 1 梯形图程序如图 7-18 所示。

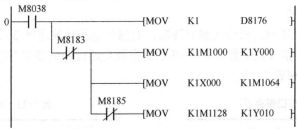

图 7-18　从站 1 梯形图程序

从站 2 控制程序设计如下：

1）通过 D8176 设置从站号 2。

2）通过 K1M1000 使主站 X0～X3 信号控制从站 2 的 Y0～Y3。

3）通过 K1M1128 存入从站 2 的 X0～X3 信号。

从站 2 梯形图程序如图 7-19 所示。

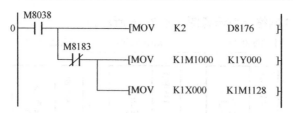

图 7-19 从站 2 梯形图程序

7.2.4 PC 与 PLC 之间的通信

PC（上位机）与 PLC 之间的通信是最简单、最常用的通信方式。FX$_{2N}$ 系列 PLC 采用 RS-485 接口的通信系统与 PC 通信，一台 PC 最多可以连接 16 台 PLC。

1. 通信系统的连接

PC 与 FX$_{2N}$ 系列 PLC 通信系统的连接方式可以采用以下两种接口方式。

（1）采用 RS-485 接口的通信系统

PC 与 PLC 采用 RS-485 接口的连接通信如图 7-20 所示。

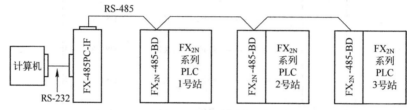

图 7-20 PC 与 PLC 采用 RS-485 接口的连接通信

图 7-20 中，通过采用 FX$_{2N}$-485-BD 内置通信板和 FX-485PC-IF，将 PC 与 3 台 FX$_{2N}$ 系列 PLC 连接通信。

FX$_{2N}$ 系列 PLC 之间采用 FX$_{2N}$-485-BD 内置通信板进行连接，最长有效距离为 50m，也可以采用 FX$_{2N}$-CNV-BD 和 FX$_{0N}$-485ADP 特殊功能模块进行连接，最长有效距离为 500m。PC 与 PLC 之间采用 FX-485PC-IF 和专用的通信电缆进行连接。

（2）采用 RS-232 接口的通信系统

FX$_{2N}$ 系列 PLC 之间采用 FX$_{2N}$-232-BD 内置通信板进行连接，最长有效距离为 15m，也可以采用 FX$_{2N}$-CNV-BD 和 FX$_{0N}$-232ADP 特殊功能模块进行连接。PC 与 PLC 之间采用 FX$_{2N}$-232-BD 内置通信板连接，外部接口通过专用的通信电缆直接连接。

2. 通信参数的配置

PC 与多台 PLC 通信时，要经过建立连接、数据传送和释放连接 3 个过程。这就需要在通信前设置站号及进行通信参数配置。其中 PLC 的参数是通过通信接口寄存器及通信参数寄存器设置，分别见表 7-12 和表 7-13。

表 7-12 通信接口寄存器

元件号	功 能
M8126	ON 时，表示全体
M8127	ON 时，表示握手
M8128	ON 时，通信出错
M8129	ON 时，字/位切换

表 7-13 通信参数寄存器

元件号	功 能
D8120	通信格式
D8121	站号设置
D8127	数据头内容
D8128	数据长度
D8129	数据网通信暂停值

3. 通信格式

通信格式包括数据通信长度、奇偶校验和传输速率等参数设置，它决定了计算机连接和无协议通信（RS 指令）之间的通信设置。

通信格式可通过 PLC 中的特殊数据寄存器 D8120 来设置，见表 7-14。可以根据设备需要修改 D8120 的设置，修改后应使 PLC 重新启动，否则设置无效。

表 7-14 D8120 设置通信格式

位 号	名 称	位 状 态	
b0	数据长度	7 位(b0=0)	8 位（b0=1）
b1 b2	奇偶校验	(b2,b1) (0,0)：无 (0,1)：奇校验 (1,1)：偶校验	
b3	停止位	1 位(b3=0)	2 位（b3=1）
b4 b5 b6 b7	传输速率/ (bit/s)	(b7,b6,b5,b4) (0,0,0,0)：300 (0,1,0,0)：600 (0,1,0,1)：1200 (0,1,1,0)：2400 (0,1,1,1)：4800 (1,0,0,0)：9600 (1,0,0,1)：19200	
b8	标题	无(b8=0)	有效（D8124）默认：STX（02H）(b8=1)
b9	结束符	无(b9=0)	有效（D8124）默认：ETX（03H）(b9=1)
b10 b11 b12	控制线	无协议	(b12,b11,b10) (0,0,0)：不起作用 (0,0,1)：端子模式，RS-232 接口 (0,1,0)：互联模式，RS-232 接口 (0,1,1)：普通模式 1，RS-232 接口，RS-485 接口，RS-422 接口 (1,0,1)：普通模式 2，RS-232 接口
		计算机连接	(b12,b11,b10) (0,0,0)：RS-485 接口，RS-422 接口 (0,1,0)：RS-232 接口
b13	和校验	没有添加和校验码(b13=0)	自动添加和校验码(b13=1)
b14	协议	无协议(b14=0)	专用协议(b14=1)
b15	传输控制协议	格式 1（b15=0）	格式 4（b15=1）

例如，要求通信格式数据长度为 8 位，偶校验，1 个停止位，传输速率为 19200bit/s，无起始位和结束位，无校验和，计算机链接协议，RS-232 接口，传输控制协议格式 1（帧结束时无回车换行符），则设置 D8120=0100 1000 1001 0111。

4. 无协议通信

PLC 与 PC 之间的无协议通信是通过串行通信实现的，传输速率为 300~19200bit/s。

（1）RS 指令实现串行通信

FX$_{2N}$ 系列 PLC 与 PC 之间可以通过 RS 指令实现串行通信。RS 指令用于 PLC 与上位计算机或其他 RS-232 设备的无协议串行数据通信，指令格式如图 7-21 所示。

图 7-21 中，[S.]指定传输数据缓冲区的起始地址；m 指定要传输数据的字节数；[D.]指定接收数据缓冲区的起始地址；n 用来指定接收数据的最大字节数。

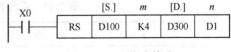

图 7-21 RS 指令格式

RS 指令实现串行通信可以采用 RS-232 接口连接方式，也可以采用 RS-485 接口连接方式。

在使用 RS 指令实现无协议通信时也要先设置通信格式，设置发送及接收缓冲区，并在 PLC 中编制相关程序。

无协议通信方式可以通过 M8161 设置两种数据处理格式。M8161=1 时为 8 位数据通信，M8161=0 时为 16 位数据通信。图 7-21 中，当 M8161=0 时，发送的是 D100 和 D101 中的 4 个字节的数据；当 M8161=1 时，发送的是 D100 和 D103 中的低 8 位（字节）的数据（不使用高 8 位）。

（2）通过 FROM/TO 指令实现串行通信

FX_{2N} 系列 PLC 与 PC 之间采用特殊功能模块 FX_{2N}-232-IF 连接时，通过读/写指令 FROM/TO 也可以实现串行通信。

7.3 实验：两台 PLC 间的通信控制

1. 控制要求

设计简单的 2:2 网络结构，通过 RS-485 通信模块连接两台 FX_{2N} 系列 PLC 进行通信。一台为主站，另一台为从站，实现功能如下：

1) 按下主站的按钮 SB01，控制从站的输出指示灯 HL0 点亮，释放 SB01，HL0 熄灭。
2) 按下从站的按钮 SB11，控制主站的输出指示灯 HL1 点亮，释放 SB11，HL1 熄灭。
3) 主站的数据寄存器 D100（K5）作为从站计数器 C1 的计数初值。主站的按钮 SB02 为从站 C1 的复位按钮，从站按钮 SB12 为 C1 的计数信号输入，当 SB12 输入 5 次时，C1 的输出触点闭合，同时控制主站的指示灯 HL2 点亮。
4) 没有建立通信连接时，主站指示灯 HL3 亮，从站指示灯 HL4 亮。

2. 硬件选择

按照控制要求，选择 FX_{2N}-16MR-001 作为主机，通信线路采用 FX_{2N}-485-BD 模块，内置到 PLC 的基本单元上，用 2 芯的屏蔽双绞线进行连接。

两台 PLC 间的通信控制系统硬件选择见表 7-15。

表 7-15 两台 PLC 间的通信控制系统硬件选择

序 号	符 号	设备名称	型 号	数 量
1	PLC	可编程序控制器	FX_{2N}-16MR-001	2
2	CM	通信模块	FX_{2N}-485-BD	1
3	SB	按钮	一般控制按钮	4
4	HL	指示灯	根据需要选择	6
5	QF	断路器		2
6	FU	熔断器		2

3. I/O 地址分配

根据控制要求，两台 PLC 间的通信控制 I/O 地址分配见表 7-16。

表 7-16 两台 PLC 间的通信控制 I/O 地址分配表

类 别		电气元件	PLC 软元件	功 能
主站	输入(I)	按钮 SB01	X0	主机控制从机指示灯
		按钮 SB02	X1	主机控制从机计数器复位

(续)

类别		电气元件	PLC软元件	功能
主站	输出(O)	指示灯HL1	Y0	指示灯
		指示灯HL2	Y1	指示灯
		指示灯HL3	Y7	指示灯
从站	输入(I)	按钮SB11	X0	从机控制主机指示灯
		按钮SB12	X1	计数器输入
	输出(O)	指示灯HL0	Y0	指示灯
		指示灯HL4	Y1	指示灯
		指示灯HL5	Y7	通信故障

4．梯形图程序

设置通信模式为模式1，主站通信数据共享区为 M1000～M1031 和 D0～D3，从站通信数据共享区为 M1064～M1095 和 D10～D13。

主站梯形图程序如图 7-22 所示，从站梯形图程序如图 7-23 所示。

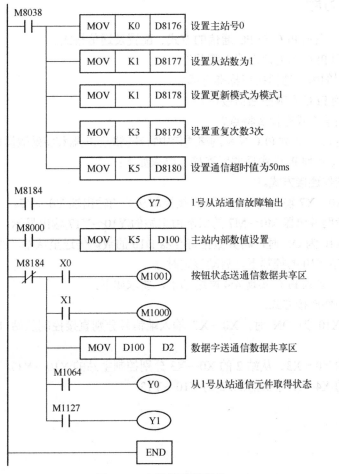

图 7-22 主站梯形图程序

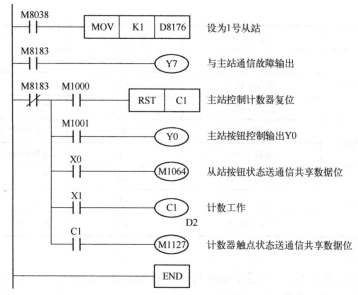

图 7-23 从站梯形图程序

7.4 思考与习题

1. 简述 FX_{2N} 系列 PLC 与 PC 通信的方式、配置及通信格式。
2. FX_{2N} 系列 PLC 的通信形式有哪些？
3. PLC 常用的串行通信接口标准有哪些？
4. FX_{2N} 系列 PLC 有哪些通信接口？
5. 无协议通信方式有什么特点？
6. 分别简述 FX_{2N} 系列 PLC N:N 网络通信中特殊辅助继电器和特殊数据寄存器的功能。
7. 两台 FX_{2N} 系列 PLC 实现并联连接，要求如下：

1）设计其硬件连接方式。

2）主站的 X0～X7 输入端信号分别直接控制从站的输出端 Y0～Y7。

3）从站的辅助继电器 M0～M7 的状态由主站的 Y10～Y17 输出显示。

4）主站在 X10 为 ON 时，将其数据寄存器 D10 的数据传送至从站，并作为从站定时器 T0 的设定值，在从站 X10 的控制下，启动该定时器。

8. 四台 FX_{2N} 系列 PLC 实现 4:4 网络通信，要求如下：

1）设计其硬件连接方式。

2）主站在 X10 为 ON 时，X0～X7 输入端信号分别直接控制从站 1～从站 3 的输出端 Y0～Y7。

3）从站 1 的 X0～X3、从站 2 的 X0～X3 分别控制主站的 Y10～Y17。

4）从站 1 的 X4～X7 控制从站 2 的 Y10～Y13。

第 8 章 PLC 控制系统及工程实例

本章首先介绍 PLC 控制系统的一般结构类型，然后介绍 PLC 系统设计的步骤和内容，主要包括 PLC 选型、硬件配置、外围电路、应用程序及可靠性设计等工程常见问题。最后通过几个由浅入深的 FX_{2N} 系列 PLC 控制系统工程实例说明设计步骤和方法，使读者加深对 PLC 控制系统设计过程的认识、理解和实践。

8.1 PLC 控制系统的结构类型

PLC 构成的控制系统主要有单机控制系统、集中控制系统、远程 I/O 控制系统、分布式控制系统四种类型。

8.1.1 单机控制系统

单机控制系统是由一台 PLC 控制一台设备或一条简易生产线，如电梯控制、机床、无塔供水、原料带运输机以及灌装流水线等。单机控制系统如图 8-1 所示。

单机控制系统结构简单、被控对象确定，因此对 I/O 点要求相对较少、存储器容量小，而且对 PLC 型号的选择要求不高，常应用在单台固定设备控制系统中。

8.1.2 集中控制系统

集中控制系统是由一台 PLC 控制多台设备或几条简易生产线，如图 8-2 所示。该系统的特点是多个被控对象的地理位置比较接近，相互之间的动作有一定的联系。由于多个被控对象由同一台 PLC 控制，因此各个被控对象之间的数据、状态的变化不需要另设专门的通信线路。

集中控制系统在中小型控制系统中得到了广泛应用。但集中控制系统一旦 PLC 出现故障，整个系统就会瘫痪，因此对 PLC 的可靠性要求较高。一般对于大型的集中控制系统，往往采取在线备用和冗余设计（PLC 的 I/O 点数和存储器容量都有较大余量）等措施。

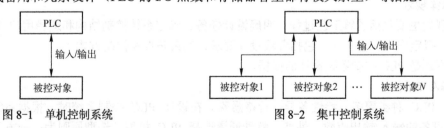

图 8-1 单机控制系统   图 8-2 集中控制系统

8.1.3 远程 I/O 控制系统

远程 I/O 控制系统是集中控制系统的特殊情况，是由一台 PLC 控制多个被控对象，适用于具有部分被控对象远离集中控制室的场合。

远程 I/O 控制系统如图 8-3 所示。

远程 I/O 模块与 PLC 主机通过同轴电缆传递信息，但是需要注意的是，不同型号 PLC 能够驱动的同轴电缆长度不尽相同，所能驱动的远程 I/O 通道的数量也不同。选择 PLC 型号时，要重点考查驱动同轴电缆的长度和远程 I/O 通道的数量。

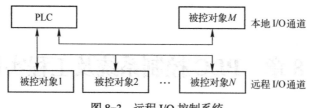

图 8-3 远程 I/O 控制系统

8.1.4 分布式控制系统

分布式控制系统有多个被控对象,每个被控对象由一台具有通信功能的 PLC 控制,上位机通过数据总线与多台 PLC 通信,各个 PLC 之间也可以进行数据交换。

分布式控制系统如图 8-4 所示。

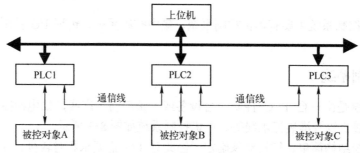

图 8-4 分布式控制系统

分布式控制系统适用于多个被控对象分布的区域较大、相互之间的距离较远,同时相互之间又经常交换信息的场合。分布式控制系统的优点是某个被控对象或 PLC 出现故障时,不会影响其他 PLC 的正常运行。相比集中控制系统来说,分布式控制系统成本较高,但灵活性好、可靠性更高。

8.2 PLC 控制系统的设计步骤

PLC 控制系统的应用开发,主要分为总体规划、PLC 选型、硬件设计、软件设计和联机调试及编制技术文档等环节。

1. 总体规划

总体规划主要包括了解工艺过程、明确设计任务、确定系统控制结构和选择用户 I/O 设备等。同时,拟定出设计任务书,包括各项设计要求、约束条件及控制方式。

总体规划是 PLC 控制系统设计的依据。

2. PLC 选型

目前,PLC 种类繁多、特性各异、价格悬殊。在设计 PLC 控制系统时,根据系统功能和所选 I/O 设备的输入/输出点数、性能、特殊通道选择 PLC 机型。选型原则为:一方面功能上要满足设计需要;另一方面不浪费存储器容量和 I/O 点等系统资源。

例如,若输出控制负载为电动机,则可选 PLC 输出端为继电器输出。

3. 硬件设计

硬件设计是指对 PLC 与外部设备的电路连接设计。要结合 PLC 选型,确定 I/O 点的分配,建立 I/O 点分配明细表。对于输入、输出设备的选择,如操作按钮、开关、接触器线圈、电磁阀线圈、指示灯等,要考虑其供电电源、控制方式、控制电路连接及安全保护等措施。

4. 软件设计

软件设计主要包括绘制控制系统模块图、各模块算法流程图、编写梯形图或指令表程序等。

软件设计必须经过反复调试、修改、优化，以提高编程效率，直到满足控制系统要求为止。

5. 软件仿真与测试

对 PLC 仿真软件支持的用户程序进行仿真调试。仿真过程中可以及时发现程序错误，通过修改或调换程序语句，可完善程序结构和功能、提高程序执行效率。

为了避免软件设计中的疏漏，必须进行软件测试。在测试过程中，只有建立合适的测试数据，才能发现程序中的漏洞。

6. 系统联机调试

系统联机调试是最关键的一步，可以先进行局部调试，再整体调试，直至系统运行满足功能要求。需要修改程序时，结合软件设计、测试方法反复进行。为了判断系统各部件的工作情况，可以编制一些短小而针对性强的临时调试程序（待调试结束后再删除）。在系统联调中，要注意使用技巧，以便加快系统调试过程。

7. 编制技术文档

在设计任务完成后，要编制系统的技术文件。技术文件一般应包括总体说明书、硬件技术文档（电气原理图及电器元件明细表、I/O 接线图、I/O 地址分配表）、软件编程文档以及系统使用说明等。

8.3 PLC 硬件配置选择与外围电路

8.3.1 PLC 硬件配置选择

PLC 硬件配置选择主要包括机型选择、容量选择、I/O 等模块选择和供电系统选择几个方面。

1. PLC 机型选择

PLC 是工业自动控制系统的核心部件，PLC 的选择应在满足系统控制要求的前提下，选用性价比高、使用维护方便、抗干扰能力强的产品。

目前市场上的 PLC 种类繁多，同一品牌的 PLC 也有多种类型，仅三菱电机的 FX 系列就有 FX_{1S}、FX_{1N}、FX_{2N}、FX_{2NC}、FX_{3U}、FX_{3G}、FX_{3UC} 7 个系列。如何选用合适的 PLC 是一个难题。选型时既要满足控制系统的功能要求，又要考虑控制系统工艺改进后的系统升级的需要，还要兼顾控制系统的制造成本。

PLC 的基本结构分整体式和模块式。多数小型 PLC 为整体式，具有体积小、价格低廉等优点，适用于工艺过程比较稳定、控制要求比较简单的系统。模块式结构的 PLC 采用主机模块与输入模块、功能模块组合使用的方法，比整体式方便灵活，维修更换模块、判断与处理故障快速方便，适用于工艺变化较多、控制要求复杂的系统，价格比整体式PLC 高。

FX_{2N} 系列 PLC 是 FX 系列中的高级模块，具有速度快、应用灵活、附有特殊功能、逻辑选件以及定位控制等优点。FX_{2N} 系列 PLC 不仅适用于 16~256 路开关量输入/输出应用系统，而且适用于带有部分模拟控制的应用系统，可以方便地实现工业生产中的温度、压力等连续量的闭环 PID 控制。

FX_{3U} 系列 PLC 是 FX_{2N} 的升级产品，具有良好的扩展性和兼容性，独具双总线扩展方式，可连接 FX_{2N} 系列的 I/O 扩展模块和特殊功能模块，扩展了指令功能，基本单元的存储容量和软元件空间有较大的提升，能够根据用户需要组合性价比更高的控制系统。

2. PLC 容量选择

PLC 容量选择主要是指存储器容量和 I/O 点数的选择。在设计控制系统时，存储器容量的大小和 I/O 点数的多少是由控制要求决定的。另外，在满足控制要求的提前下，还应留有适当的备用量，一般情况可取15%左右的裕量，以便系统调试和升级时使用。

（1）I/O 点数选择

通常，PLC 控制系统的规格大小是用 I/O 点数来衡量的。在设计控制系统时，应准确统计被控对象的输入信号与输出信号总点数，并考虑今后调整和工艺改进的需要。

对于整体式的基本单元，I/O 点数是固定的，然而 FX 系列不同型号 PLC 基本单元的 I/O 点数的比例不同。根据 I/O 点数的比例，可以选用 I/O 点数都有扩展的单元和模块。

（2）存储容量选择

用户应用程序占用多少内存与许多因素有关，如 I/O 点数、控制要求、运算处理量和程序结构等。因此，在程序设计之前只能粗略地估算，方法如下：

1）对于开关量输入/输出的控制系统，所需内存字数=开关量（输入+输出）总点数×10。

2）对于模拟量输入/输出的系统，在只有模拟量输入时，内存字数=模拟量点数×100，在模拟量输入/输出共存时，内存字数=模拟量点数×200。上述经验公式是针对 10 通道左右的模拟量，当通道数大于 10 时，要适当加大内存字数，反之可以适当减小内存字数。

3）如果使用通信接口，那么每个接口需 300 步。

通常会在估算出的存储器的总字数再加上一个备用量。PLC 的程序存储器容量常以字或步为单位，如 1K 字、2K 字等。程序是由字构成的，每个程序步占一个存储器单元，每个存储单元为 2 个字节。不同类型的 PLC 使用的容量单位可能不同，在选用时要特别注意。

（3）存储器卡（盒）

大多数 PLC 存储器使用模块式的存储器卡（盒），同一型号存储器可以选配不同容量的存储器卡（盒）。FX 系列的 PLC 存储器卡（盒）有 2K 步或 8K 步等。此外，还应根据用户程序的使用特点来选择存储器的类型。当程序需要频繁修改时，应选用 CMOS-RAM。当程序长期不变或需要长期保存时应选用 EEPROM 或 EPROM。

3. I/O 模块扩展选择

在 PLC 的 CPU 资源不能满足系统控制要求时，可扩展 I/O 模块。不同的 I/O 模块，其电路和性能各不相同，要根据实际需要进行选择。

FX_{2N} 系列 PLC 分为基本单元、扩展单元和模块单元，在选用时应注意以下事项：

1）选型时应尽可能用一个基本单元完成系统配置。

2）开关量输入/输出模式按外部接线方式分为隔离式、分组式和共点式。但由于隔离式的每点平均价格较高，在满足控制要求时可以选用后两种。

3）开关量输入/模块输入电压通常为 DC 24V，可以直接与接入开关和光电开关等电子输入装置连接。FX_{2N} 系列直流输入模块的公用端已经接在内部电源的输入端，因此直流输入无须外接直流电源（某些系列的 PLC 输入公共端需要外接电源）。

4）开关量输出模块有继电器输出、晶体管输出及晶闸管输出。通常控制系统输出信号变化不是很频繁时，首先选用继电器型。晶体管与双向晶闸管输出模块分别用于直流负载与交流负载，它们的可靠性高、反应速度快、寿命长，但是过载能力差。选择时应考虑负载的电压大小和种类、系统对延迟时间的要求和负载状态变化是否频繁等，同时还应注意同一输出模块对电阻性负载、电感性负载和白炽灯的驱动能力的差异。

5）模块的输出电压、额定输出电流（单点和总电流）均应满足负载的要求。

6）对于模拟量控制可以根据输入/输出通道选用相关模块（参见本书第 6 章相关内容）。

4. PLC 供电系统选择

在 PLC 控制系统中，供电系统占有极其重要的地位。PLC 一般由 220V、50Hz 交流电以继电接触方式供电。电网的冲击和频率的波动将直接影响实时控制系统的精度和可靠性。由于电网干扰可以通过 PLC 系统的供电电源（如 CPU 电源、I/O 电源等）耦合进入，在干扰较强或对可靠性要求很高的场合，可选择交流稳压器、隔离变压器、UPS 等供电系统。

8.3.2 PLC 外围电路

PLC 外围电路是指实现外部 I/O 设备与 PLC 连接的电路，根据功能的不同可分为输入外围电路和输出外围电路两类。由于 I/O 设备的多少直接决定了 PLC 控制系统的价格，因此，进行 PLC 外围电路设计时，要合理配置、适度简化。

根据被控对象确定用户所需的 I/O 设备，如控制按钮、行程开关、传感器、接触器、电磁阀、信号灯等的型号、规格及数量；根据所选 PLC 的型号列出 I/O 设备与 PLC 的 I/O 地址分配表，以便绘制 PLC 外部 I/O 接线图和编制程序。

1. 输入外围电路

根据功能的不同，输入外围电路可分为操作指令电路、参数设置电路、反馈电路及手动电路等。在实现同样控制功能的情况下，对不同的输入外围电路，可以采取以下方式进行简化：

1）对实现相同操控功能的输入点进行合并。如果外部输入信号总是以某种串/并联组合方式整体出现在梯形图中，可以将它们对应的触点串/并联后，再作为一个输入点接到 PLC 中。

如某工业控制系统有两个设置在不同位置的启动开关，用于控制同一设备运行。根据逻辑化简原理，可以将两处的启动开关并联后再输入给 PLC，这样仅需要一个输入点就能实现控制要求。

2）分时分组处理输入点。如自动程序和手动程序不会在同一时间执行指令，则可以将自动和手动两种工作方式分别使用的输入信号分成两组，两种工作方式分时使用相同的输入点。另外，为了操作便利，最好增加一个自动/手动指令信号，用于两种工作方式的切换。

3）减少多余信号的输入。如果通过 PLC 软件能断定输入信号的状态，则可以减少多余信号的输入。如某系统设有全自动、半自动和手动三种工作方式，通过转换开关进行切换，常用的方式是将转换开关的三路信号全部输入到 PLC。如果转换开关既没有选择全自动方式也没有选择半自动方式，根据系统约束条件可知，转换开关只能选择手动方式，因此，可以用全自动与半自动的逻辑非来表示手动，从而节省一个输入点。

2. 输出外围电路

根据功能的不同，输出外围电路可分为显示电路、负载电路、主电路及安全保护电路等。在进行 PLC 输出外围电路设计时，为优化输出电路需要注意以下方面的问题：

1）负载并联处理。在负载电压一致且总负载容量不超过输出模块允许的负载容量时，可以将这些负载并联在一起，用一个输出点来驱动。

2）使用接触器辅助触点。PLC 输出驱动大功率负载时，常要通过接触器进行电压或功率的转换。一般接触器除完成主控功能外，还提供了多对辅助触点，用来对有关设备进行联锁控制。设计 PLC 输出外围电路时，可充分利用这类辅助触点，使 PLC 的一个输出点可以同时控制两个或多个有不同要求的负载。通过外部转换开关的转换，一个输出点就能控制两个或多个不同时工作的负载，节省了 PLC 的输出点数。

3）用数字显示器替代指示灯。如果系统的状态指示灯或程序工步很多，用数字显示器的状态来替代指示灯，也可以节省输出点数。

4）多位数字显示器的动态扫描驱动。对于多位数字显示器，如果直接用数字量输出点来控制，所需要的输出点会很多，使用动态扫描技术可以大幅度减少输出点数。

5）在输出回路中设计安全保护措施。如增加熔断器以实现限流保护。

6）必须注意到 PLC 输出点所允许的工作电压和电流额定值，在此范围内选择和设计输出接口电路，如可以通过驱动电路或中间继电器连接负载电流和电压较大的设备。

7）如果 PLC 输出点连接的是直流感性负载，为了消除感性负载断路时产生的反电动势对输出回路的影响，应对感性负载施加二极管续流或 RC 泄放电路。

8.3.3　PLC 处理速度要求

由于 PLC 的工作过程为扫描工作方式，因此，从采样输入信号到输出控制普遍存在着滞后现象。输入量的变化通常要在 1 或 2 个扫描周期之后才能使输出端响应，响应时间包括输入滤波时间、输出滤波时间和执行程序的扫描周期，在设计 PLC 控制系统时应注意以下方面：

1）输入信号持续时间要大于 1 个扫描周期。为此，对于快速反应的信号需要选取速度快的机型。FX_{2N} 系列 PLC 基本指令的运行处理时间是 $0.08\mu s$/步指令。

2）在编程时应优化程序设计，缩短扫描周期。

3）对于开关量为主的控制系统，一般的 PLC 机型的响应时间都能满足系统要求。

4）对于模拟量控制系统，则应注意 PLC 的响应时间，根据控制的实时性要求，可选择高速的 PLC，也可选用快速响应模块或输入输出中断来提高响应速度。

8.4　PLC 软件设计

PLC 软件设计应在硬件设计基础上，充分利用 PLC 强大的功能指令系统，编制符合设备控制要求的用户应用程序，并使软件与硬件有机结合，以获得较高的可靠性和性价比。

PLC 软件设计和计算机其他软件设计的过程一样，要经历需求分析、软件设计、编码实现、现场调试和运行维护等几个环节。

8.4.1　PLC 软件设计的基本原则

PLC 软件设计类似于微型计算机中的接口程序设计，是以系统要实现的工艺要求、硬件组成和操作方式等条件为依据进行的。但由于 PLC 本身的特点，其程序设计相对于一般计算机程序也有其特殊性。在进行 PLC 程序设计时，应注意以下几个方面：

1）对 I/O 信号进行统一操作，确定各个信号在 PLC 一个扫描周期内的唯一状态，以避免由同一信号不同状态引起的逻辑混乱。

2）由于 CPU 在每个周期内都固定进行某些窗口服务，占用一定的机器时间。因此，要确保周期时间不能无限制缩短。

3）定时器的时间设定值不能小于 PLC 扫描周期时间。在对定时时间的精度要求较高时，要保证定时器时间设定值是平均周期扫描时间的整倍数，否则，可能带来定时误差。

4）用户程序中如果多次对同一参数赋值，只有最后一次赋值操作结果有效，不受前面的赋值操作的影响。

5）对寄存器的赋值操作在使能端有效执行后，不管使能端是否仍然有效，其传送结果保留不变，除非重新赋值；对线圈输出的操作在控制端有效时线圈为 ON，在控制端无效时线圈恢复为 OFF。

6）同一程序中一个线圈只能使用一次"="输出指令。

7）由于 PLC 的工作方式为扫描方式，中断程序应尽可能使用简单的指令编写简单的程序，一些延时指令、计数器指令、状态控制指令尽可能不在中断程序中使用。

8.4.2　PLC 软件设计的内容和步骤

1. PLC 软件设计的内容

PLC 软件设计的基本内容一般包括 I/O 端口分配、程序框图绘制、程序编制、程序测试和程序说明书编写五项内容。

2. PLC 软件设计的步骤

PLC 软件设计和计算机其他软件设计的过程一样，其基本步骤如下：

1) 对系统任务模块化。模块化就是把一个复杂的工程，分解成多个比较简单的小任务（模块），并建立其逻辑关系（程序框图）。用户可以对各个模块编程，然后通过控制程序将其组合在一起。

2) 根据外围设备与 PLC I/O 端口建立程序流程图。

3) 根据程序流程图编程（需要时进行参数表定义）。

PLC 的程序设计以指令为基础，结合被控对象工艺过程的控制要求和现场信号，对照 PLC 软元件编号，用梯形图或指令表等编程语言进行编程。

应用程序设计方法可以采用继电器线路转化法、经验设计法、逻辑设计法、时序图设计法、顺序功能图设计法等，对于不同的控制任务可以采用不同的设计方法。

4) 软件仿真。对仿真环境支持的程序进行模拟（I/O 端口操作）仿真。

5) 现场联机调试程序。如果控制程序由几个部分组成，应先进行局部调试，然后进行整体调试，直至满足控制系统要求。

6) 编写程序说明等技术文件。

8.5 PLC 控制系统可靠性设计

PLC 是专门为工业环境设计的控制装置，在生产制造 PLC 时，从设计到元器件选择都严格按照标准进行，因此，PLC 的 CPU 和 I/O 等硬件模块都具有很高的可靠性，可以直接在工业环境中使用。但是，如果环境过于恶劣、电磁干扰过于强烈或安装使用不当，都可能使系统无法正常运行。在实际应用 PLC 时，要尽可能从工程设计、安装施工和使用维护等方面采取措施，进一步提高 PLC 的可靠性。

8.5.1 工作环境的可靠性

尽管 PLC 可以在比较恶劣的环境中工作，但是良好的工作环境，对提高系统可靠性、保障系统稳定性、增强控制精度和延长使用寿命等都是有益的。

1. 温度

不合适的温度会导致 PLC 精度下降、故障率上升、使用寿命缩短。如使用 S7-200 PLC 时，要保证工作的环境温度为 0~55℃（最适合温度应在 18℃以下）。禁止把发热量大的设备或元件放在 PLC 下面，PLC 四周通风散热的空间应足够大。

2. 湿度

PLC 的工作环境过于潮湿，会导致其内部电路短路或元器件击穿。潮湿的环境还会降低 PLC 的绝缘性能，导致静电集结、损坏器件。解决的方法可以使用空调控制室、密封机柜和防潮剂等。为了保证 PLC 良好的绝缘性能，空气的相对湿度一般应小于 70%。

3. 振动和冲击

振动和冲击会导致 PLC 内部继电器等元器件错误运行，还会导致 PLC 控制系统机械结构松动。解决的方法是将 PLC 控制系统远离强烈的振动源，还可以使用减振橡胶来减轻柜内和柜外产生的振动。

4. 周围空气

如果周围空气中有较浓的粉尘、烟雾、腐蚀性气体或可燃性气体，会导致电路短路、电路板腐蚀、元器件损坏、线路接触不良、系统火灾或爆炸等。解决的方法是将 PLC 封闭，或者把 PLC 安装在密闭性较好的控制室内，并安装空气净化装置。

8.5.2 完善的抗干扰设计

PLC 是可以用在工业现场的计算机，具有很强的抗干扰能力，但在实际应用中仍易受到各种干扰信号的影响。在设计 PLC 控制系统时，必须考虑一些抗干扰措施，以保证系统能工作在更稳定、更可靠的状态。

1. 对空间电磁场的抗干扰措施

若 PLC 系统置于由电力网络、无线电广播、高频感应设备等产生的空间电磁场内，就会受到空间电磁场的干扰。PLC 的各类信号传输线最容易受到空间电磁场的干扰。由信号线引入的干扰会导致 I/O 信号工作异常，严重时将引起元器件损伤。而且，对于隔离性能差的系统，还将导致信号间互相干扰，造成逻辑数据变化、误动和死机。抵抗这种干扰，用户可使用抗干扰性能强的 I/O 模块，或者对信号屏蔽接地，或者对感性输入增加保护措施。

2. 对供电系统的抗干扰措施

电源是干扰进入 PLC 的主要途径。对于 PLC 的供电系统，电磁干扰产生的感应电压/感应电流、交直流传动装置引起的谐波、开关操作浪涌、大型电力设备起停、电网短路暂态冲击等，都会直接影响控制系统的可靠性。

常见的 PLC 内部电源都采用开关式稳压电源或一次侧带低通滤波器的稳压电源。一般通过串联滤波电路或使用浪涌吸收器进行保护，还可以使用带屏蔽的隔离变压器、UPS 或开关电源。

3. 合理布线

PLC 的输入与输出回路最好分开走线，输入回路接线通常不要超过 30m，输出回路应采用熔断器保护；开关量与模拟量也要分开敷设；I/O 线、动力线及控制线应分开走线，尽量不要在同一线槽中；传送模拟量信号的 I/O 线最好用屏蔽线，且屏蔽线的屏蔽层应一端接地；接地电阻应小于屏蔽层电阻的 1/10；PLC 的基本单元与扩展单元很容易受干扰，不能与其他连线敷埋在同一线槽内。

4. 良好的接地

良好的接地可以避免冲击电压的危害，是保证 PLC 可靠工作的重要条件。PLC 一般最好单独接地，也可以采用公共接地，但禁止使用串联接地方式。PLC 的接地线应尽量短，使接地点尽量靠近 PLC，并且接地电阻要小于 100Ω，接地线的横截面积应大于 $2mm^2$。PLC 的 CPU 单元必须接地，若使用了 I/O 扩展单元等，则 CPU 单元应与它们具有共同的接地体，而且从任一单元的保护接地端到地的电阻都不能大于 100Ω。

8.5.3 PLC 的安全保护

1. 短路保护

应该在 PLC 外部输出回路中安装熔断器进行短路保护。最好在每个负载回路中都安装熔断器。

2. 互锁与联锁措施

在一些需要互锁的关键电路中，不仅在程序中需要设计电路的互锁关系，同时在 PLC 外部接线中还应该设计硬件的互锁电路，以确保系统安全、可靠地运行。

3. 失电压保护与紧急停车措施

PLC 外部负载的供电电路应具有失电压保护措施，当临时停电再恢复供电时，不按下启动按钮 PLC 的外部负载就不能自行启动。这种接线方法的另一个作用是当特殊情况下需要紧急停机时，按下停止按钮就可以切断负载电源，而与 PLC 毫无关系。

4. 用电保护

PLC 的工作电源及负载电源应严格按照电气控制规范要求供电，需要时应使用剩余电流保护器；PLC 接地端按工程要求接地，设备金属外壳要可靠接地。

5. 安全的软件设计

PLC 的可靠性不仅与硬件有关，与软件也有密切的关系，特别是用户应用程序的可靠性。在软件设计时，要采用标准化和模块化的设计方法，要充分考虑控制上和操作上可能出现的因果关系和转换条件。在对程序进行测试时，要完善测试数据参数，减少程序漏洞，以最大可能保证应用程序的可靠性。

8.6 PLC 控制系统的安装调试

8.6.1 PLC 控制系统的安装

一般来说，工业现场的环境都比较恶劣，为了确保 PLC 控制系统安全、可靠地运行，在进行 PLC 控制系统安装时，要严格按照系统设计要求和产品设计要求进行。

PLC 控制系统安装时要根据设计布局和系统硬件配置图，严格按照产品的安装规范进行安装。安装时应注意以下方面：

1）PLC 应远离强干扰源，如大功率晶闸管装置、变频器、高频焊机和大型动力设备等。

2）PLC 不能与高压电器安装在同一个开关柜内，在柜内 PLC 应远离动力线（二者之间的距离应大于 2m）。

3）与 PLC 装在同一个开关柜内的电感性元件（如继电器、接触器线圈），应并联 RC 消弧电路。

4）插拔模块时不得用手或工具直接触摸电子线路板，严禁用容易产生静电的刷子或化纤等清洗各类模块和设备，操作者应采取防静电措施，如佩戴防静电手套或手腕带等。

5）要对模块做好保护措施，避免小杂物进入模块内。保管好体积小的配件和材料，并保持安装环境的整洁、卫生。

8.6.2 PLC 控制系统调试

联机调试是 PLC 控制系统的最后一个设计步骤。PLC 控制系统的调试可以分为模拟调试和现场调试两个阶段。

1. 模拟调试

用户程序在联机调试前需进行模拟调试。在实验室进行模拟调试时，实际的输入信号可以用开关和按钮来模拟，各输出量的通断状态用 PLC 上的发光二极管显示。在模拟调试时，一般不接电磁阀、接触器等实际负载。

在模拟调试时应充分考虑各种可能的情况，对系统各种不同的工作方式，应逐一检查。发现问题后及时修改用户程序，直到在各种可能的情况下输入量与输出量之间的关系完全符合设计要求。

如果程序中某些定时器或计数器的设定值过大，为了缩短调试时间，可以在调试时将它们减小，模拟调试结束后再写入它们的实际设定值。

检查程序无误后，便可以把 PLC 接到控制系统中，进行现场调试。

2. 现场调试

完成模拟调试工作后，将 PLC 安装在控制现场进行现场联机调试。具体过程如下：

1）检查接线、核对地址，要逐点进行，确保正确无误。

2）检查 I/O 模块是否正确、工作是否正常。对于模拟量 I/O 模块，必要时还可用标准仪器检查 I/O 的精度。

3）检查输入端口的工作电压是否符合 PLC 的要求，输出端口控制的电压是否符合负载工作电压的要求。

4）检查、测试指示灯。控制面板上如有指示灯，应先对对应指示灯进行检查。通过检查指示灯，可以验证系统逻辑关系是否正确。调好指示灯，将为进一步调试提供方便。

5）检查手动动作及手动控制逻辑关系。查看各个手动控制的输出点，验证是否有相应的输出及与输出对应的动作，之后再查看各个手动控制是否能够实现，如有问题立即解决。

6）系统试运行检查。如果系统可以自动运行，则先要进行半自动调试，调试时一步步推进，直至完成整个控制周期。在完成半自动调试后，可进行全自动调试，要多观察几个工作周期，以确保系统能正确无误地连续工作。

7）异常条件检查。完成上述调试后，最好再进行一些异常条件检查。如果系统出现异常情况或一些难以避免的非法操作时，检查是否会停机保护或提示报警。

在联机调试时，对可能出现的传感器、执行器和硬件接线等方面的问题，或 PLC 梯形图程序设计中的问题，要及时进行解决。如果调试达不到相关指标要求，则需要对相应硬件和软件部分做适当调整（通常通过修改程序可能达到调整的目的）。全部调试通过后，还要经过一段时间的试运行，系统方可投入实际运行中。

8.7 PLC 控制系统设计实例

8.7.1 高塔供水控制系统

高塔供水在我国高层住宅及工业生产用水中得到了广泛应用，以压力传感器测量水位、通过执行机构电动机控制水泵组成的 PLC 高塔供水系统简单、可靠、使用方便。下面主要介绍该控制系统的设计过程。

1．控制要求

图 8-5 为高塔供水示意图，其控制要求如下：

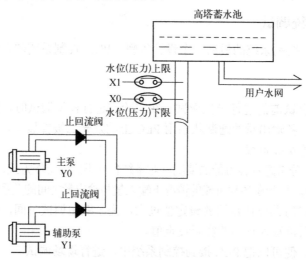

图 8-5　高塔供水示意图

1）实现高塔蓄水池的水位压力在上、下限范围内。

2）当压力低于下限时，起动电动机控制主泵，5min 后，压力低于上限则起动电动机控制辅助泵。当压力高于上限时，停止辅助泵电动机运行，5min 后，压力持续高于上限则停止主泵电动机运行。

3）采用位式（开关量）压力传感器测量水位压力上、下限。要求压力下限传感器 X0 在 PLC 上电时，传感器开关输出由 OFF 变为 ON（保持 ON 状态），起动主泵电动机；当水位压力（由高到低方向）下降到低于压力下限时，传感器输出一个负脉冲（脉冲宽度大于 2 个 PLC 扫描周期，在上升沿起动主泵电动机）。

要求压力上限传感器 X1 在压力低于上限时，传感器输出为 OFF；压力高于上限时，传感器输出为 ON。

4）控制主泵和辅助泵的两台电动机每 12h 交换一次，以利于两台电动机均衡运行。

2. I/O 分配

根据系统控制要求，高塔供水控制系统的 I/O 地址分配见表 8-1。

表 8-1 高塔供水控制系统 I/O 地址分配表

类 别	电气元件	PLC 软元件	功 能
输入(I)	压力下限传感器	X0	水位下限
	压力上限传感器	X1	水位上限
输出(O)	电动机（主泵）	Y0	给水
	电动机（辅助泵）	Y1	给水

3. PLC 选择

根据系统控制要求及其 I/O 地址分配，选择 FX_{2N} 系列 PLC 基本单元 FX_{2N}-32MR，有 16 输入点和 16 继电器输出点，留有充分的裕量。

4. 控制系统电路

图 8-6a 为 PLC 控制电路接线图，X0 和 X1 分别为压力下限和上限传感器的控制触点。图 8-6b 为主电路电动机工作原理图。

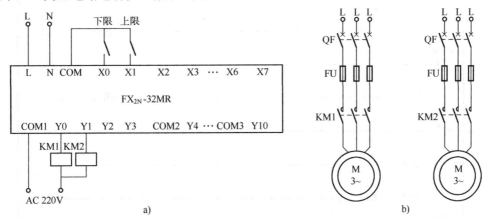

图 8-6 高塔供水控制系统电路
a) PLC 控制电路接线图 b) 主电路电动机工作原理图

5. 程序设计

根据控制要求及其 I/O 地址分配，高塔供水控制系统的梯形图程序如图 8-7 所示。

图 8-7 中，按步序实现的功能如下。

1）步序 0~3：起动主泵。

2）步序 7~15：起动辅助泵。

3）步序 19：停止辅助泵。

4）步序 22~27：停止主泵。

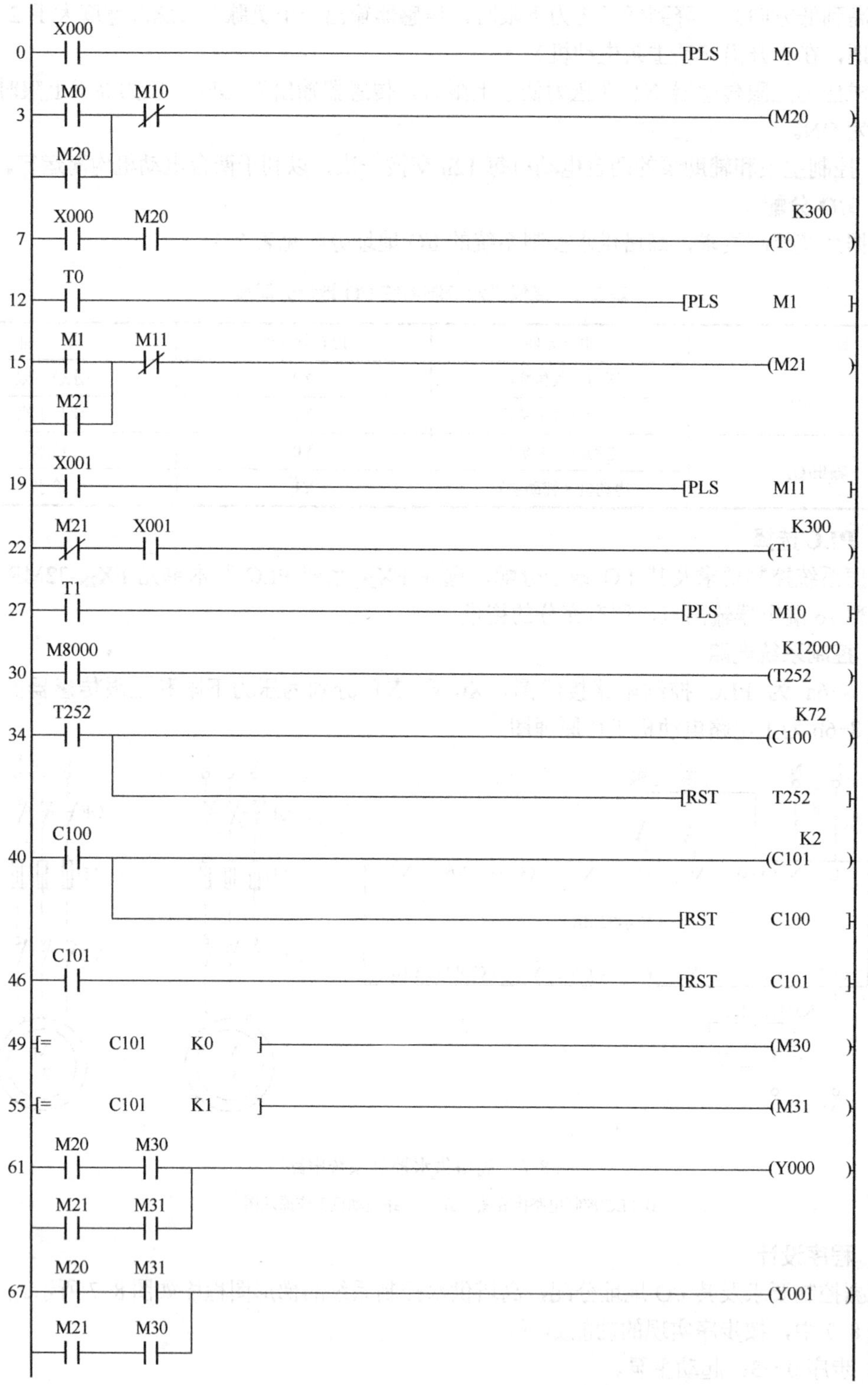

```
 0  ├─X000─┤ ├──────────────────────────────[PLS  M0 ]
 3  ├─M0──┤ ├──M10─┤/├─────────────────────────(M20)
    ├─M20─┤ ├──┘
 7  ├─X000─┤ ├──M20─┤ ├──────────────────K300─(T0)
12  ├─T0──┤ ├──────────────────────────────[PLS  M1 ]
15  ├─M1──┤ ├──M11─┤/├─────────────────────────(M21)
    ├─M21─┤ ├──┘
19  ├─X001─┤ ├─────────────────────────────[PLS  M11]
22  ├─M21─┤/├──X001─┤ ├──────────────────K300─(T1)
27  ├─T1──┤ ├──────────────────────────────[PLS  M10]
30  ├─M8000─┤ ├────────────────────────K12000─(T252)
34  ├─T252─┤ ├────────────────────────────K72─(C100)
                                       ─[RST  T252]
40  ├─C100─┤ ├──────────────────────────────K2─(C101)
                                       ─[RST  C100]
46  ├─C101─┤ ├──────────────────────────[RST  C101]
49  ├[= C101 K0]────────────────────────────(M30)
55  ├[= C101 K1]────────────────────────────(M31)
61  ├─M20─┤ ├──M30─┤ ├───────────────────────(Y000)
    ├─M21─┤ ├──M31─┤ ├──┘
67  ├─M20─┤ ├──M31─┤ ├───────────────────────(Y001)
    ├─M21─┤ ├──M30─┤ ├──┘
```

图 8-7 高塔供水控制系统梯形图程序

5）步序 30～34：12h 计时。

6）步序 40～55：设置主泵。

7）步序 61～67：主、辅助泵每 12h 轮换。

6．仿真调试

对图 8-7 梯形图程序进行仿真调试，仿真时序图如图 8-8 所示。

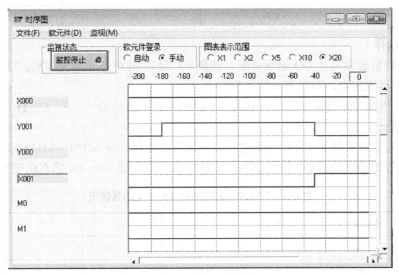

图 8-8　仿真时序图

图 8-8 所示时序位于 X0 为 ON 时的 5min 后，Y0（主泵电动机）和 Y1（辅助泵电动机）均为 ON，在水位压力超过上限时，X1 为 ON、Y1 为 OFF，关闭辅助泵。仿真结果符合设计要求。

8.7.2　步进电动机控制系统

步进电动机是一种利用电磁铁将电信号转换为线位移或角位移的电动机。当步进电动机驱动器接收到一个脉冲信号（来自控制器）时，就会驱动步进电动机按设定的方向转动一个固定的角度，称为步距角。步进电动机的旋转是以固定的角度一步一步进行的。

1．控制要求

对五相步进电动机 5 个绕组依次实现循环通电控制，要求如下：

1）按下起动按钮 SB1，各绕组循环通电顺序为：A→B→C→D→E→A→AB→B→BC→C→CD→D→DE→E→EA→A→B…，循环下去。

2）按下停止按钮 SB2，所有操作都停止。

2．I/O 分配

根据系统控制要求，步进电动机控制系统的 I/O 地址分配见表 8-2。

表 8-2　步进电动机控制系统 I/O 地址分配表

类　　别	电 气 元 件	PLC 软元件	功　　能
输入（I）	动合起动按钮 SB1	X0	开始
	动合停止按钮 SB2	X1	结束
输出（O）	A 相	Y0	

(续)

类别	电气元件	PLC 软元件	功能
输出（O）	B相	Y1	
	C相	Y2	
	D相	Y3	
	E相	Y4	

3．PLC 选择

根据系统控制要求及其 I/O 地址分配，选择 FX 系列 PLC 基本单元 FX$_{2N}$-32MR，有 16 输入点和 16 继电器输出点，留有充分的裕量。

由 PLC 输出端 Y0～Y4 分别（经驱动器）控制步进电动机的 A、B、C、D、E 相线圈。

4．程序设计

程序中通过定时器使 M0 产生序列脉冲，控制左移位指令使 M101～M115 移位。

根据系统控制要求及其 I/O 地址分配，按脉冲序列输出端 Y0～Y4 的真值表见表 8-3。

表 8-3　按脉冲序列输出端 Y0～Y4 的真值表

有效脉冲序列	通电相绕组	Y0	Y1	Y2	Y3	Y4
M101	A	ON				
M102	B		ON			
M103	C			ON		
M104	D				ON	
M105	E					ON
M106	A	ON				
M107	AB	ON	ON			
M108	B		ON			
M109	BC		ON	ON		
M110	C			ON		
M111	CD			ON	ON	
M112	D				ON	
M113	DE				ON	ON
M114	E					ON
M115	EA	ON				ON

Y0～Y4 的逻辑表达式为

Y0=M101+M106+M107+M115

Y1=M102+M107+M108+M109

Y2=M103+M109+M110+M111

Y3=M104+M111+M112+M113

Y4=M105+M113+M114+M115

步进电动机控制系统梯形图程序如图 8-9 所示。

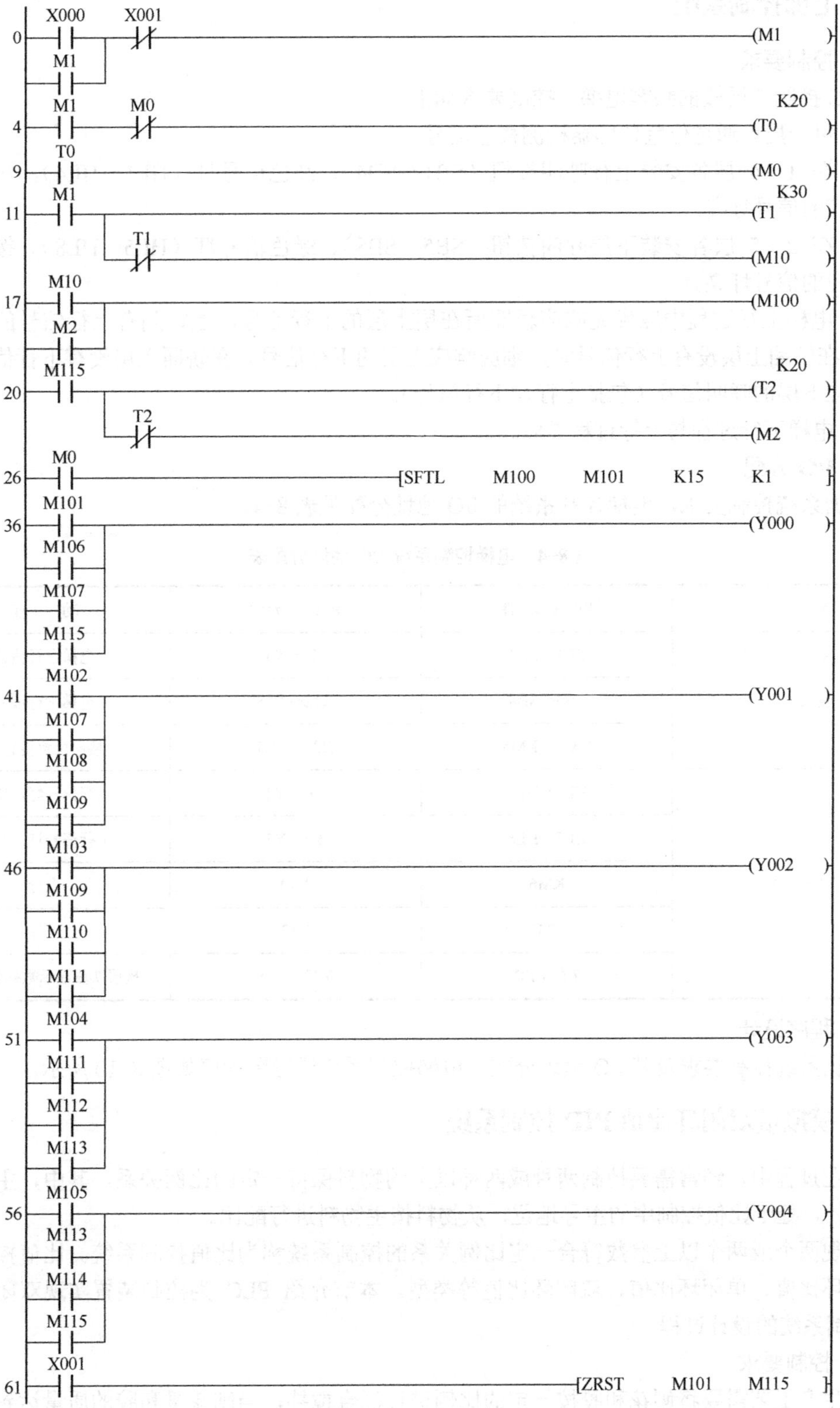

```
         X000  X001
    0 ───┤├───┤/├──────────────────────────────────(M1  )
         │M1 │
         ├┤├─┘
         
         M1   M0                                    K20
    4 ───┤├───┤/├──────────────────────────────────(T0  )
         
         T0
    9 ───┤├─────────────────────────────────────────(M0  )
         
         M1                                         K30
   11 ───┤├──────────────────────────────────────(T1  )
              T1
              ┤/├─────────────────────────────────(M10 )
         
         M10
   17 ───┤├─────────────────────────────────────(M100)
         │M2 │
         ├┤├─┘
         
         M115                                       K20
   20 ───┤├──────────────────────────────────────(T2  )
              T2
              ┤/├─────────────────────────────────(M2  )
         
         M0
   26 ───┤├───────────────────[SFTL  M100  M101  K15  K1]
         
         M101
   36 ───┤├─────────────────────────────────────(Y000)
         │M106│
         ├┤├──┤
         │M107│
         ├┤├──┤
         │M115│
         └┤├──┘
         
         M102
   41 ───┤├─────────────────────────────────────(Y001)
         │M107│
         ├┤├──┤
         │M108│
         ├┤├──┤
         │M109│
         └┤├──┘
         
         M103
   46 ───┤├─────────────────────────────────────(Y002)
         │M109│
         ├┤├──┤
         │M110│
         ├┤├──┤
         │M111│
         └┤├──┘
         
         M104
   51 ───┤├─────────────────────────────────────(Y003)
         │M111│
         ├┤├──┤
         │M112│
         ├┤├──┤
         │M113│
         └┤├──┘
         
         M105
   56 ───┤├─────────────────────────────────────(Y004)
         │M113│
         ├┤├──┤
         │M114│
         ├┤├──┤
         │M115│
         └┤├──┘
         
         X001
   61 ───┤├─────────────────────[ZRST  M101  M115]
```

图 8-9　步进电动机控制系统梯形图程序

8.7.3 电梯控制系统

1. 控制要求

PLC 控制 5 层楼的乘客电梯，控制要求如下：

1）每一层均通过位置传感器检测楼层信号。

2）在 1~4 层各安装上行呼叫按钮（SB1~SB4）、红色信号灯（HL1~HL4）。按下按钮时，对应的信号灯亮。

3）在 2~5 层各安装下层呼叫按钮（SB5~SB8）、绿色信号灯（HL5~HL8）。按下按钮时，对应的信号灯亮。

4）电梯上行过程中应优先响应轿厢所在层上层的上行信号，上行到有上行信号的楼层停留 3s。在轿厢上层没有上行信号时，则应响应上层的下行信号。在轿厢上层没有下行信号时，则应响应下层的呼叫信号（包括上行与下行信号）。

5）电梯下行过程与上行过程类似。

2. I/O 分配

根据系统控制要求，电梯控制系统的 I/O 地址分配见表 8-4。

表 8-4 电梯控制系统 I/O 地址分配表

类 别	电气元件	PLC 软元件	功 能
输入（I）	SB1~SB4	X1~X4	电梯上行按钮
	SB5~SB8	X12~X15	电梯下行按钮
	KM1~KM5	X21~X25	楼层位置传感器
输入（O）	HL1~HL4	Y0~Y4	上行信号灯，红色
	HL5~HL8	Y5~Y7	下行信号灯，绿色
	KM6	Y10	上行
	KM7	Y12	下行
	7 段 LED	Y20~Y26	楼层 7 段显示数码管 a~g

3. 程序设计

根据系统控制要求及其 I/O 地址分配，电梯控制系统梯形图程序如图 8-10 所示。

8.7.4 模拟量双闭环比值 PID 控制系统

工业过程中，经常需要控制两种或两种以上的物料保持一定的比例关系。其中，主物料可测或可控，处于比值控制中的主导地位，从物料按主物料进行配比。

实现两个或两个以上参数符合一定比例关系的控制系统称为比值控制系统。比值控制系统分为开环比值、单闭环比值、双闭环比值等类型。本节介绍 PLC 为控制装置实现双闭环比值 PID 控制系统的设计过程。

1. 控制要求

某生产工艺需要将刨花和胶按一定的比例进行混合搅拌，当刨花量和胶的质量达到配比要求时，送到搅拌机内进行搅拌，工艺流程如图 8-11 所示。控制要求如下：

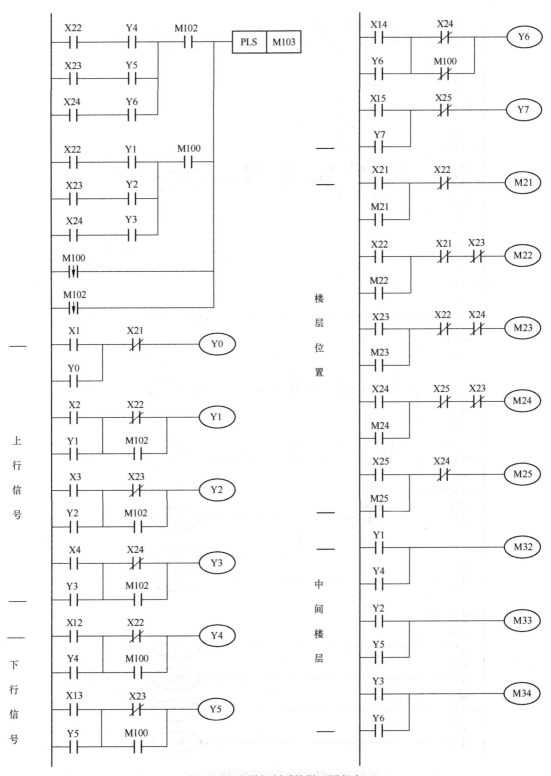

图 8-10 电梯控制系统梯形图程序

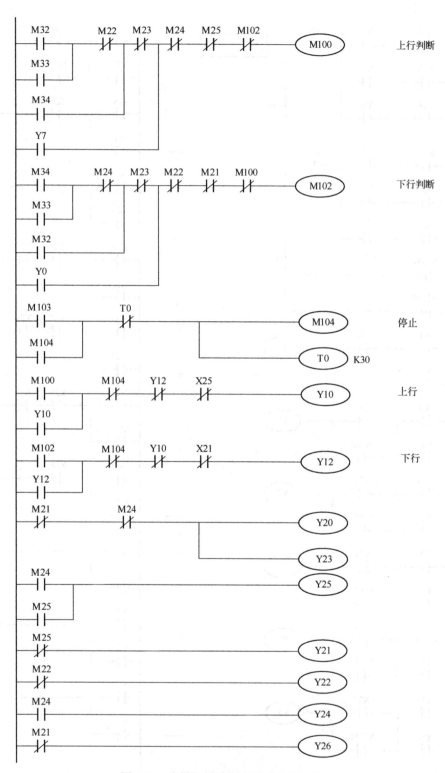

图 8-10 电梯控制系统梯形图程序（续）

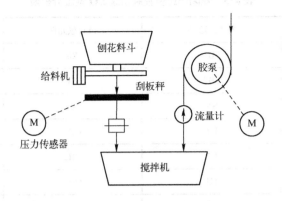

图 8-11 工艺流程图

1）刨花由执行器螺旋给料机供给，通过压力传感器检测刨花量。
2）胶由执行器胶泵供给，通过流量计检测胶流量。
3）刨花量为主物料，胶流量为从物料，即胶流量随着刨花量的变化按一定比例变化。主物料刨花量的测量值经过比值运算作为从物料胶流量的给定值。
4）为克服干扰对主物料和从物料比值的影响，采用双闭环比值控制。主物料为定值闭环控制，从物料为随动闭环控制。
5）在生产工艺有特殊要求时，胶流量可设定为定值控制。

双闭环比值控制系统是由两个独立的单闭环控制回路通过被控参数的比值运算实现的，其框图如图 8-12 所示。

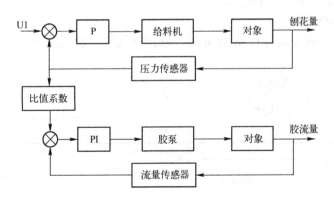

图 8-12 双闭环比值控制系统框图

2. I/O 分配

根据系统控制要求，I/O 地址实现的功能如下：
1）控制系统的输入信号有起动、停止、转换开关 3 个开关量信号。
2）4 个模拟量信号分别为刨花量设定值 U1、胶量设定值 U3（需要时）、压力传感器信号 U2、流量计信号 U4。
3）各执行器工作时分别设置指示灯指示。

双闭环比值控制系统 I/O 地址分配表见表 8-5。

表 8-5 双闭环比值控制系统 I/O 地址分配表

类别	电气元件	PLC 软元件	功能
输入（I）	SB1	X0	起动按钮
	SB2	X1	停止按钮
	SA	X2	转换开关
	U1	CH1	刨花外模拟量设定
	U2	CH2	压力传感器模拟量输出
	U3	CH3	胶外模拟量设定
	U4	CH4	流量计输出
输出（O）	指示灯 HL1	Y0	模拟量输入正常指示灯
	指示灯 HL2	Y1	模拟量输出正常指示灯
	（驱动）执行器 1	CH1	给料机模拟量控制信号
	（驱动）执行器 2	CH2	胶泵模拟量控制信号

3．PLC 选择

根据系统控制要求及其 I/O 地址分配，选择 PLC 模块如下：

1）基本单元 FX_{2N}-16MR-001。

2）4 通道模拟量输入模块 FX_{2N}-4AD。

3）2 通道模拟量输出模块 FX_{2N}-2DA。

4．控制系统 I/O 电路

根据系统控制要求及其 I/O 地址分配，双闭环比值控制系统 I/O 电路接线如图 8-13 所示。

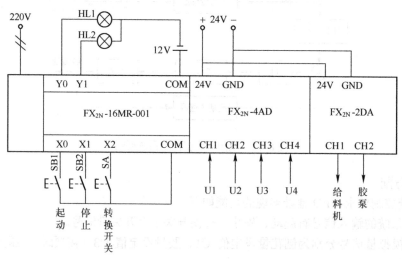

图 8-13 双闭环比值控制系统 I/O 电路接线

5．程序设计

根据系统控制原理，主物料采用比例（P）控制，从物料采用比例积分（PI）控制，以消除比值的偏差。双闭环比值控制系统梯形图程序如图 8-14 所示。

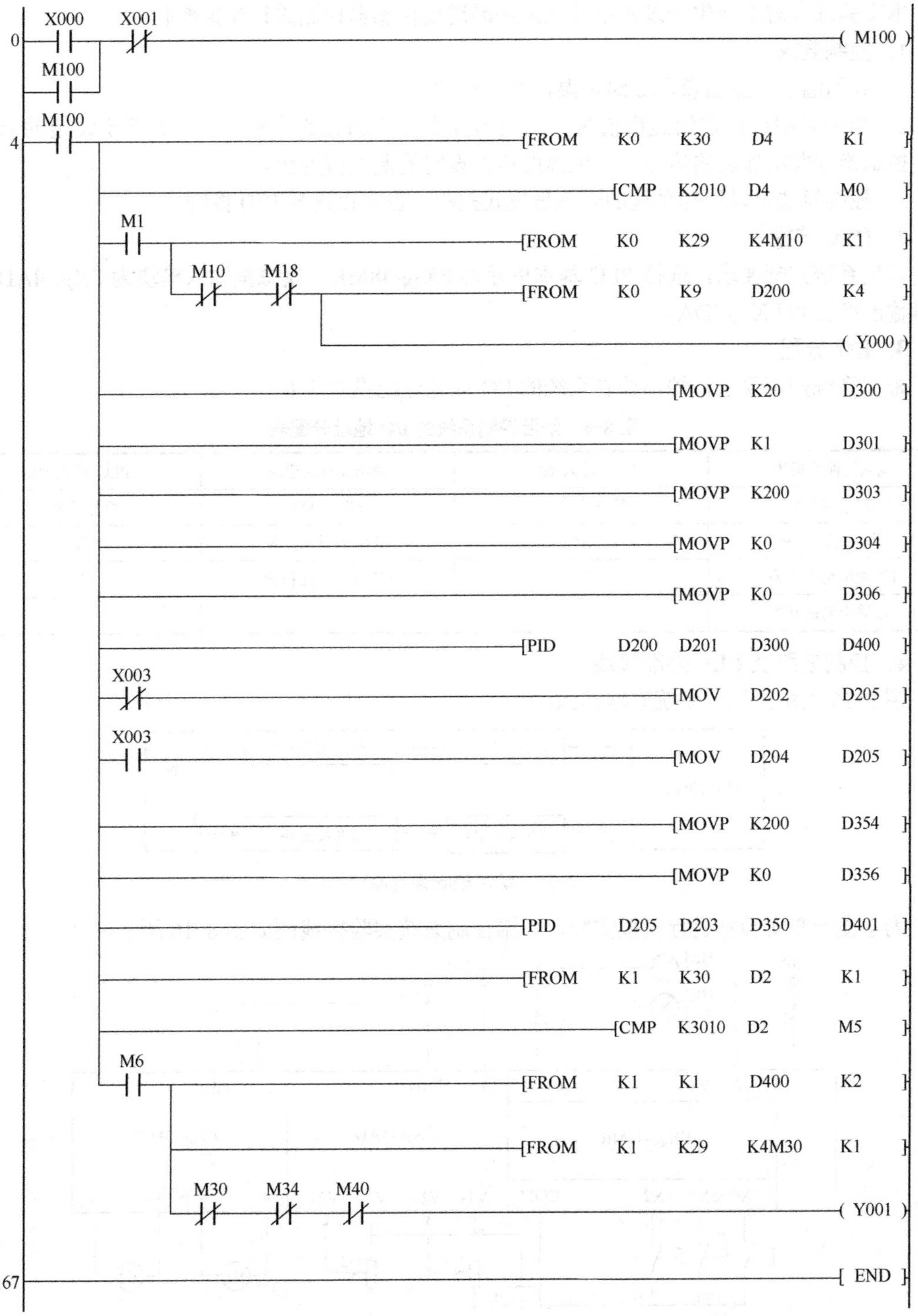

```
       X000  X001
  0 ───┤├────┤/├──────────────────────────────────────────( M100 )
       M100
       ─┤├─
       M100
  4 ───┤├────────────────────────────[ FROM   K0    K30    D4    K1 ]
       ─────────────────────────────[ CMP    K2010  D4     M0        ]
       M1
       ─┤├─────────────────────────[ FROM   K0    K29    K4M10  K1 ]
            M10   M18
            ─┤/├──┤/├───────────────[ FROM   K0    K9     D200   K4 ]
                                                              ──( Y000 )
                                        [ MOVP   K20    D300 ]
                                        [ MOVP   K1     D301 ]
                                        [ MOVP   K200   D303 ]
                                        [ MOVP   K0     D304 ]
                                        [ MOVP   K0     D306 ]
                                   [ PID   D200  D201  D300  D400 ]
       X003
       ─┤/├────────────────────────────────[ MOV   D202   D205 ]
       X003
       ─┤├─────────────────────────────────[ MOV   D204   D205 ]
                                        [ MOVP   K200   D354 ]
                                        [ MOVP   K0     D356 ]
                                   [ PID   D205  D203  D350  D401 ]
                                     [ FROM   K1    K30    D2    K1 ]
                                     [ CMP    K3010  D2    M5        ]
       M6
       ─┤├──────────────────────[ FROM   K1    K1    D400   K2 ]
            ─────────────────────[ FROM   K1    K29   K4M30  K1 ]
            M30   M34   M40
            ─┤/├──┤/├──┤/├──────────────────────────────────( Y001 )
167 ─────────────────────────────────────────────────────────[ END ]
```

图 8-14 双闭环比值控制系统梯形图程序

8.8 实验：PLC 模拟量控制

本实验项目对工业生产过程中的锅炉炉温通过传感器检测进行模拟控制。

1. 控制要求

1）利用温度传感器获取 2 路炉温，并进行控制。

2）当炉温超过设定的温度值时，控制器发出停止加温的信号；当炉温低于设定的温度值时，控制器则发出加温的信号，直至温度达到设定的温度值为止。

3）控制算法可以选择系统的开关量位式控制，也可以选择 PID 控制。

2. PLC 选择

根据系统控制要求，选择 PLC 基本单元为 FX_{2N}-48MR、模拟量输入模块为 FX_{2N}-4AD、模拟量输出模块为 FX_{2N}-4DA。

3. I/O 分配

根据系统控制要求，炉温控制系统的 I/O 地址分配见表 8-6。

表 8-6 炉温控制系统的 I/O 地址分配表

输入元件及模块	PLC 输入地址	输出元件及模块	PLC 输出地址
FX_{2N}-4AD	特殊模块 0#	FX_{2N}-4DA	特殊模块 1#
输入允许开关	X0	U1 输入过压报警	Y0
U1 输出允许开关	X1	U2 输入过压报警	Y1
U2 输出允许开关	X2		

4. 控制电路及 PLC 外部接线

图 8-15 为炉温控制系统原理框图。

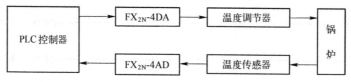

图 8-15 炉温控制系统原理框图

为了便于在实验室进行模拟实验，炉温控制系统实验接线图如图 8-16 所示。

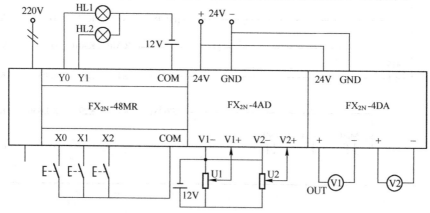

图 8-16 炉温控制系统实验接线图

图 8-16 中，2 个电位器的分压值 U1、U2 分别表示 2 处模拟温度传感器输出的温度模拟信号，并分别输入 FX_{2N}-4AD 的 2 个输入通道中。FX_{2N}-4DA 输出的 2 路模拟量由电压表 V1 和 V2 显示，表示对炉温的控制信号。X0 为模拟量输入允许开关，X1 为模拟量 U1 输出允许开关，X2 为

模拟量 U2 输出允许开关，Y0 为 U1 输入过电压报警指示，Y1 为 U2 输入过电压报警指示。

5．程序设计

根据系统控制要求，读者可自行设计对温度的位式控制或 PID 控制梯形图程序。

8.9 思考与习题

1. PLC 控制系统的主要类型有哪些？
2. 简述 PLC 控制系统设计的主要步骤。
3. 设计 PLC 开关量输出（控制负载）和模拟量输出（控制负载）应分别注意哪些事项？
4. PLC 控制系统安装布线时应注意哪些问题？
5. 为了提高 PLC 控制系统的可靠性，应考虑哪些方面的问题？
6. 试用梯形图程序设计一个控制电路，实现一台电动机正、反转连续运行、点动运行及停止的控制，并编写程序清单。
7. 试设计简易定时报时器，控制要求如下：

1）时间为 6：30，输出端 Y0 控制电铃每秒响 1 次，6 次后自动停止。

2）时间在 9：00—17：00 之间，启动住宅报警系统 Y1。

3）18：00 开启园内照明 Y2。

4）22：00 关闭园内照明 Y2。

8. 用 PLC 对自动售货机进行控制，控制要求如下：

1）售货机可投入 0.1 元、0.5 元和 1 元硬币。

2）投入的硬币总值超过或等于 1.2 元时，汽水按钮指示灯亮；又当投入的硬币总值超过或等于 1.5 元时，汽水及咖啡按钮指示灯都亮。

3）当汽水按钮灯亮时，按汽水按钮，则汽水流出 5s 后自动停止，这段时间内，汽水指示灯闪烁。

4）当咖啡按钮灯亮时，按咖啡按钮，则咖啡流出 5s 后自动停止，这段时间内，咖啡指示灯闪烁。

5）若投入硬币总值超过所需的钱数时，需要退出多余的硬币（指示灯亮）。

自动售货机 PLC 控制的 I/O 地址分配见表 8-7。

表 8-7　自动售货机 PLC 控制 I/O 地址分配表

类　型	PLC 软元件	功　　能
输入（I）	X0	0.1 元识别入口信号
	X1	0.5 元识别入口信号
	X2	1 元识别入口信号
	X3	咖啡按钮
	X4	汽水按钮
输入（O）	Y0	咖啡出口按钮
	Y1	汽水出口按钮
	Y2	咖啡按钮指示灯
	Y3	汽水按钮指示灯
	Y4	退出多余的硬币指示灯

根据控制要求，画出梯形图程序。

附　录

附录 A　FX₂ₙ 系列 PLC 的基本性能

项　目		规　格	备　注
操作控制方法		反复扫描程序	
I/O 控制方法		批次处理方法（当执行 END 指令时）	I/O 指令可刷新
操作时间处理		基本指令：0.08μs/指令 应用指令：1.52～几百 μs/指令	
编程语言		梯形图、顺序功能图	指令表、逻辑图编程语言和高级语言
程序容量		8000 步内置	可扩展到 16000 步
指令数目		基本顺序指令：27 条 步进梯形指令：2 条 应用指令：128 条	最大可用 298 条应用指令
I/O 配置		最大硬件 I/O 配置 256 点，可扩展	总共 256 点
输入继电器（X）		X000～X267	八进制，共 184 点
输出继电器（Y）		Y000～Y267	八进制，共 184 点
辅助继电器（M）	普通	M0～M499	500 点
	保持	M500～M3071	2572 点
	特殊	M8000～M8255	256 点
状态寄存器（S）	初始状态	S0～S9	10 点
	返回原点	S10～S19	10 点
	普通	S20～S499	480 点
	保持	S500～S899	400 点
	信号报警	S900～S999	100 点
定时器（T）	100ms	T0～T199	0.1～3276.7s
	10ms	T200～T245	0.01～327.67s
	1ms 累积	T246～T249	0.001～32.767s
	100ms 累积	T250～T255	0.1～3276.7s
计数器（C）	16 位增计数（普通）	C0～C99	0～32767
	16 位增计数（保持）	C100～C199	100 点
	32 位可逆计数（普通）	C200～C219	−2147483648～2147483647
	32 位可逆计数（保持）	C220～C234	15 点
	高速计数器	C235～C255	21 点
数据寄存器（D）	16 位普通	D0～D199	200 点
	16 位保持	D200～D7999	7800 点
	16 位特殊	D8000～D8255	256 点
	16 位变址	V0～V7；Z0～Z7	变址用，共 16 点
指针（N、P、I）	嵌套	N0～N7	主控用
	跳转	P0～P127	跳转子程序用的指针标号

(续)

项 目		规 格	备 注
指针（N、P、I）	输入中断	I00□~I50	6点
	定时器中断	I6□□~I8□□	3点
	计数器中断	I010~I060	6点
常数（K、H）	16位	K：-32768~32767；H：0000~FFFF	
	32位	K：-2147483648~2147483647；H：00000000~FFFFFFFF	

附录 B　FX 系列（FX$_{2N}$）PLC 应用指令简表

分类	FNC编号	指令助记符	功能说明	32位指令	脉冲指令	FX$_{1S}$	FX$_{1N}$	FX$_{2N}$	FX$_{3G}$	FX$_{3U}$	FX$_{1NC}$	FX$_{2NC}$	FX$_{3UC}$
程序流程	00	CJ	有条件跳转		√	√	√	√	√	√	√	√	√
	01	CALL	子程序调用		√	√	√	√	√	√	√	√	√
	02	SRET	子程序返回			√	√	√	√	√	√	√	√
	03	IRET	中断返回			√	√	√	√	√	√	√	√
	04	EI	开中断			√	√	√	√	√	√	√	√
	05	DI	关中断			√	√	√	√	√	√	√	√
	06	FEND	主程序结束			√	√	√	√	√	√	√	√
	07	WDT	监视定时器刷新		√	√	√	√	√	√	√	√	√
	08	FOR	循环起点			√	√	√	√	√	√	√	√
	09	NEXT	循环终点			√	√	√	√	√	√	√	√
传送与比较	10	CMP	比较	√	√	√	√	√	√	√	√	√	√
	11	ZCP	区间比较	√	√	√	√	√	√	√	√	√	√
	12	MOV	传送	√	√	√	√	√	√	√	√	√	√
	13	SMOV	移位传送		√	×	×	√	√	√	×	√	√
	14	CML	取反传送	√	√	×	×	√	√	√	×	√	√
	15	BMOV	块传送		√	√	√	√	√	√	√	√	√
	16	FMOV	多点传送	√	√	×	×	√	√	√	×	√	√
	17	XCH	交换	√	√	×	×	√	×	√	×	√	√
	18	BCD	BIN 转换成 BCD 码	√	√	√	√	√	√	√	√	√	√
	19	BIN	BCD 码转换成 BIN	√	√	√	√	√	√	√	√	√	√
四则运算与逻辑运算	20	ADD	BIN 加法运算	√	√	√	√	√	√	√	√	√	√
	21	SUB	BIN 减法运算	√	√	√	√	√	√	√	√	√	√
	22	MUL	BIN 乘法运算	√	√	√	√	√	√	√	√	√	√
	23	DIV	BIN 除法运算	√	√	×	×	√	√	√	×	√	√
	24	INC	BIN 加1运算	√	√	√	√	√	√	√	×	√	√
	25	DEC	BIN 减1运算	√	√	√	√	√	√	√	√	√	√
	26	WAND	字逻辑与	√	√	×	×	√	√	√	×	√	√
	27	WOR	字逻辑或	√	√	×	×	√	×	√	×	√	√
	28	WXOR	字逻辑异或	√	√	√	√	√	√	√	√	√	√
	29	NEG	求 BIN 补码	√	√	√	√	√	√	√	√	√	√

(续)

分类	FNC编号	指令助记符	功能说明	32位指令	脉冲指令	FX$_{1S}$	FX$_{1N}$	FX$_{2N}$	FX$_{3G}$	FX$_{3U}$	FX$_{1NC}$	FX$_{2NC}$	FX$_{3UC}$
循环与移位	30	ROR	循环右移	√	√	×	×	√	√	√	×	√	√
	31	ROL	循环左移	√	√	×	×	√	√	√	×	√	√
	32	RCR	带进位右移	√	√	×	×	√	×	√	×	√	√
	33	RCL	带进位左移	√	√	×	×	√	×	√	×	√	√
	34	SFTR	位右移		√	√	√	√	√	√	√	√	√
	35	SFTL	位左移		√	√	√	√	√	√	√	√	√
	36	WSFR	字右移		√	×	×	√	√	√	×	√	√
	37	WSFL	字左移		√	×	×	√	√	√	×	√	√
	38	SFWR	先入先出写入		√	√	√	√	√	√	√	√	√
	39	SFRD	先入先出读出		√	√	√	√	√	√	√	√	√
数据处理	40	ZRST	区间复位		√	√	√	√	√	√	√	√	√
	41	DECO	解码		√	√	√	√	√	√	√	√	√
	42	ENCO	编码		√	√	√	√	√	√	√	√	√
	43	SUM	统计ON位数	√	√	×	×	√	√	√	×	√	√
	44	BON	ON位判别	√	√	×	×	√	√	√	×	√	√
	45	MEAN	求平均值	√	√	×	×	√	√	√	×	√	√
	46	ANS	报警器置位			×	×	√	√	√	×	√	√
	47	ANR	报警器复位		√	×	×	√	√	√	×	√	√
	48	SOR	求平方根	√	√	×	×	√	×	√	×	√	√
	49	FLT	二进制转浮点数	√	√	×	×	√	×	√	×	√	√
高速处理	50	REF	刷新		√	√	√	√	√	√	√	√	√
	51	REFF	输入滤波时间调整		√	×	×	×	×	√	×	√	√
	52	MTR	矩阵输入			√	√	√	√	√	√	√	√
	53	HSCS	高速计数比较置位	√			√	√	√	√	√	√	√
	54	HSCR	调整计数比较复位	√			√	√	√	√	√	√	√
	55	HSZ	高速计数区间比较	√		×	×	√	×	√	×	√	√
	56	SPD	速度检测			√	√	√	√	√	√	√	√
	57	PLSY	脉冲输出			√	√	√	√	√	√	√	√
	58	PWM	脉宽调制			√	√	√	√	√	√	√	√
	59	PLSR	带加减速脉冲输出			√	√	√	√	√	√	√	√
方便指令	60	IST	状态初始化			√	√	√	√	√	√	√	√
	61	SER	数据查找	√	√	×	×	√	√	√	×	√	√
	62	ABSD	绝对值凸轮顺控			√	√	√	√	√	√	√	√
	63	INCD	增量式凸轮顺控			√	√	√	√	√	√	√	√
	64	TTMR	示教定时器			×	×	√	×	√	×	√	√
	65	STMR	特殊定时器			×	×	√	√	√	√	√	√
	66	ALT	交替输出		√	√	√	√	√	√	√	√	√
	67	RAMP	斜坡信号			√	√	√	√	√	√	√	√
	68	ROTC	旋转台控制			×	×	√	√	√	×	√	√
	69	SORT	列表数据排序			×	×	√	√	√	×	√	√

（续）

分类	FNC编号	指令助记符	功能说明	32位指令	脉冲指令	FX$_{1S}$	FX$_{1N}$	FX$_{2N}$	FX$_{3G}$	FX$_{3U}$	FX$_{1NC}$	FX$_{2NC}$	FX$_{3UC}$
外部I/O设备	70	TKY	0~9数字键输入	√		×	×	√	×	√	×	√	√
	71	HKY	16键输入	√		×	×	√	×	√	×	√	√
	72	DSW	BCD数字开关输入			√	√	√	√	√	√	√	√
	73	SEGD	七段码译码		√	×	×	√	×	√	×	√	√
	74	SEGL	七段码分时显示			√	√	√	√	√	√	√	√
	75	ARWS	方向开关			×	×	√	×	√	×	√	√
	76	ASC	ASCII码转换			×	×	√	×	√	×	√	√
	77	PR	ASCII码打印输出			×	×	√	×	√	×	√	√
	78	FROM	BFM读出	√	√	×	√	√	√	√	√	√	√
	79	TO	BFM写入	√	√	×	√	√	√	√	√	√	√
外部设备（SER）	80	RS	串行数据传送			√	√	√	√	√	√	√	√
	81	PRUN	并联运行	√	√	√	√	√	√	√	√	√	√
	82	ASCI	十六进制数转换成ASCII码		√	√	√	√	√	√	√	√	√
	83	HEX	ASCII码转换成十六进制数		√	√	√	√	√	√	√	√	√
	84	CCD	校验		√	√	√	√	√	√	√	√	√
	85	VRRD	电位器变量输入			√	√	√	√	×	×	×	×
	86	VRSC	电位器变量区间			√	√	√	√	×	×	×	×
	87	RS2	串行数据传送2			×	×	×	√	√	×	×	√
	88	PID	PID运算			√	√	√	√	√	√	√	√
浮点数运算	110	ECMP	二进制浮点数比较	√	√	×	×	√	√	√	×	√	√
	111	EZCP	二进制浮点数区间比较	√	√	×	×	√	√	√	×	√	√
	118	EBCD	二进制→十进制浮点数变换	√	√	×	×	√	√	√	×	√	√
	119	EBIN	十进制→二进制浮点数变换	√	√	×	×	√	√	√	×	√	√
	120	EADD	二进制浮点数加	√	√	×	×	√	√	√	×	√	√
	121	ESUB	二进制浮点数减	√	√	×	×	√	√	√	×	√	√
	122	EMUL	二进制浮点数乘	√	√	×	×	√	√	√	×	√	√
	123	EDIV	二进制浮点数除	√	√	×	×	√	√	√	×	√	√
	127	ESQR	二进制浮点数开平方	√	√	×	×	√	×	√	×	√	√
	129	INT	二进制浮点数取整	√	√	×	×	√	×	√	×	√	√
	130	SIN	浮点数sin计算	√	√	×	×	√	×	√	×	√	√
	131	COS	浮点数cos计算	√	√	×	×	√	×	√	×	√	√
	132	TAN	浮点数tan计算	√	√	×	×	√	×	√	×	√	√
数据处理2	140	WSUM	计算数据的累加值	√	√	×	×	×	√	√	×	√	√
	147	SWAP	高低字节交换		√	×	×	√	√	√	×	√	√
	149	SORT2	数据排序2	√		×	×	×	√	√	×	×	√
位置控制	151	DVIT	中断定位	√		×	×	×	×	√	×	×	√
	157	PLSV	可变速脉冲输出			√	√	×	√	√	√	×	√
时钟运算	160	TCMP	时钟数据比较		√	√	√	√	√	√	√	√	√
	161	TZCP	时钟数据区间比较		√	√	√	√	√	√	√	√	√
	162	TADD	时钟数据加		√	√	√	√	√	√	√	√	√

(续)

分类	FNC编号	指令助记符	功能说明	32位指令	脉冲指令	FX₁S	FX₁N	FX₂N	FX₃G	FX₃U	FX₁NC	FX₂NC	FX₃UC
时钟运算	163	TSUB	时钟数据减		√	√	√	√	√	√	√	√	√
	166	TRD	时钟数据读出			√	√	√	√	√	√	√	√
	167	TWR	时钟数据写入			√	√	√	√	√	√	√	√
格雷码	170	GRY	格雷码变换	√	√	×	×	√	√	√	×	√	√
	171	GBIN	格雷码逆变换	√	√	×	×	√	√	√	×	√	√
触点比较	224	LD=	[S1.]=[S2.] 时起始触点接通	√		√	√	√	√	√	√	√	√
	225	LD>	[S1.]>[S2.] 时起始触点接通	√		√	√	√	√	√	√	√	√
	226	LD<	[S1.]<[S2.] 时起始触点接通	√		√	√	√	√	√	√	√	√
	228	LD<>	[S1.]≠[S2.] 时起始触点接通	√		√	√	√	√	√	√	√	√
	229	LD≤	[S1.]≤[S2.] 时起始触点接通	√		√	√	√	√	√	√	√	√
	230	LD≥	[S1.]≥[S2.] 时起始触点接通	√		√	√	√	√	√	√	√	√
	232	AND=	[S1.]=[S2.] 时串联触点接通	√		√	√	√	√	√	√	√	√
	233	AND>	[S1.]>[S2.] 时串联触点接通	√		√	√	√	√	√	√	√	√
	234	AND<	[S1.]<[S2.] 时串联触点接通	√		√	√	√	√	√	√	√	√
	236	AND<>	[S1.]≠[S2.] 时串联触点接通	√		√	√	√	√	√	√	√	√
	237	AND≤	[S1.]≤[S2.] 时串联触点接通	√		√	√	√	√	√	√	√	√
	238	AND≥	[S1.]≥[S2.] 时串联触点接通	√		√	√	√	√	√	√	√	√
	240	OR=	[S1.]=[S2.] 时并联触点接通	√		√	√	√	√	√	√	√	√
	241	OR>	[S1.]>[S2.] 时并联触点接通	√		√	√	√	√	√	√	√	√
	242	OR<	[S1.]<[S2.] 时并联触点接通	√		√	√	√	√	√	√	√	√
	244	OR<>	[S1.]≠[S2.] 时并联触点接通	√		√	√	√	√	√	√	√	√
	245	OR≤	[S1.]≤[S2.] 时并联触点接通	√		√	√	√	√	√	√	√	√
	246	OR≥	[S1.]≥[S2.] 时并联触点接通	√		√	√	√	√	√	√	√	√
变频器通信	270	IVCK	变频器运行监视			×	×	×	√	√	×	×	√
	271	IVDR	变频器运行控制			×	×	×	√	√	×	×	√
	272	IVRD	读取变频器参数			×	×	×	√	√	×	×	√
	273	IVWR	写入变频器参数			×	×	×	√	√	×	×	√

注：表中√表示有此指令，×表示无此指令。

附录 C FX₂N 系列 PLC 特殊功能元件

表 C-1 PLC 状态

继电器	名称	功能	寄存器	名称	功能
M8000	运行监控（动合触点）	当 PLC RUN 时动作	D8000	监视定时器	初始值 200ms，电源 ON 时，由系统 ROM 传送
M8001	运行监控（动断触点）	当 PLC RUN 时动作	D8001	PLC 型号和版本	2 4 1 0 0 24：PLC 的型号 100：版本号，表示 V1.00 版本
M8002	初始脉冲（动合触点）	当 PLC RUN 时动作 1 个扫描周期	D8002	存储器容量	0002→2K 步；0004→4K 步
M8003	初始脉冲（动断触点）	当 PLC RUN 时动作 1 个扫描周期	D8003	存储器种类	除 RAM/EPROM 内装/外接之外，还存入存储开关的 ON/OFF 状态
M8004	出错	M8060～M8067 中任何一个为 ON 时动作（M8062 除外）	D8004	错误 M 地址号	8 0 6 0 M8060（M8004=1）
M8005	电池电压降低	锂电池电压过低时动作	D8005	电池电压	3 6 当前值为 3.6V（单位为 0.1V）
M8006	电池电压降低锁存	当电池电压异常过低后锁存	D8006	电池电压低时的数值	初始值 3.0V（单位为 0.1V）（电源 ON 时，由系统 ROM 传送）
M8007	瞬停检测	即使 M8007 动作，若在 D8008 时间范围内，PLC 继续运行	D8007	瞬停次数	保存 M8007 的动作次数，当电源关闭时清除该值
M8008	停电检测	当 M8008 由 ON→OFF 时，M8000 变为 OFF	D8008	停电检测	初始值 10ms（电源 ON 时由系统 ROM 传送）
M8009	DC 24V 失电	当扩展单元、扩展模块出现 DC 24V 失电时动作	D8009	DC 24V 失电单元地址号	DC 24V 失电的基本单元、扩展单元中的最小输入元件号

表 C-2 PLC 时钟

继电器	名称	功能	寄存器	名称	功能
M8010			D8010	当前扫描值	由第 0 步开始累计指令执行的时间（单位为 0.1ms）
M8011	10ms 时钟	以 10ms 为周期振荡	D8011	最小扫描值	扫描时间的最小值（0.1ms）
M8012	100ms 时钟	以 100ms 为周期振荡	D8012	最大扫描值	扫描时间的最大值（0.1ms）
M8013	1s 时钟	以 1s 为周期振荡	D8013	秒	0～59s
M8014	1min 时钟	以 1min 为周期振荡	D8014	分	0～59min
M8015	内装实时时钟	计时停止及预置	D8015	时	0～23h
M8016	内装实时时钟	时间读出显示停止	D8016	日	1—31 日
M8017	内装实时时钟	±30 修正	D8017	月	1—12 月
M8018	内装实时时钟	安装检测（通常为 ON）	D8018	年	公历 4 位（1980—2079）
M8019	内装实时时钟	实时时钟（RTC）出错	D8019	星期	0（周日）—6（周六）

表 C-3 PLC 标志

继电器	名 称	功 能	寄存器	名 称	功 能
M8020	零标志	加减运算结果为 0 时	D8020	输入滤波调整	X0～X17 的输入滤波数值 0～60（初始值为 10ms）
M8021	借位标志	以 10ms 为周期振荡	D8021		
M8022	进位标志	以 100ms 为周期振荡	D8022		
M8023			D8023		
M8024		BMOV 方向指定（FNC 15）	D8024		
M8025		HSC 模式（FNC 53～55）	D8025		
M8026		RAMP 模式（FNC 67）	D8026		
M8027		PR 模式（FNC 77）	D8027		
M8028		在执行 FROM/TO 指令过程中允许中断	D8028		Z0（Z）寄存器的内容
M8029	执行指令结束标志	实时时钟（RTC）出错	D8029		V0（V）寄存器的内容

表 C-4 PLC 方式

继电器	名 称	功 能	寄存器	名 称	功 能
M8030	电池灯灭指令	驱动 M8030 后，即使电池电压降低，PLC 上的 LED 也不亮	D8030		
M8031	非保持存储清除	M8031=1 时，可将 Y、M、S、T、C 映像寄存器中的值和 T、C、D 的当前值全部清零，特殊寄存器和文件寄存器不清零	D8031		
M8032	保持存储清除		D8032		
M8033	停止时存储保持	PLC 由 RUN→STOP 时，将映像寄存器和寄存器中的值保存	D8033		
M8034	全输出禁止	将 PLC 全部输出触点清零	D8034		
M8035	强制 RUN 方式	详见产品手册	D8035		
M8036	强制 RUN 指令		D8036		
M8037	强制 STOP 指令		D8037		
M8038	通信参数设定标志		D8038		
M8039	恒定扫描方式	M8039=1 时，PLC 以 D8039 指定的扫描时间进行循环运算	D8039	恒定扫描时间	初始值为 0ms（单位为 1ms）、电源为 ON 时，由系统 ROM 传送，可通过程序进行更改

表 C-5 PLC 步进梯形图

继电器	名 称	功 能	寄存器	名 称	功 能
M8040	禁止转移	M8040=1 时，状态器间不转移	D8040	ON 状态号 1	M8047=1 时，将 S0～S899 中动作的状态器元件号按最小元件号排序，依次存放到 D8040～D8047 中
M8041	开始转移	自动运行时可进行初始状态转移	D8041	ON 状态号 2	
M8042	启动脉冲	对应启动输入的脉冲输出	D8042	ON 状态号 3	
M8043	复原结束	在原点恢复模式的结束状态动作	D8043	ON 状态号 4	

(续)

继电器	名 称	功 能	寄存器	名 称	功 能
M8044	原点条件	在机械原点检测时动作	D8044	ON 状态号 5	M8047=1 时,将 S0~S899 中动作的状态器元件号按最小元件号排序,依次存放到 D8040~D8047 中
M8045	禁止全输出复位	在模式切换时输出复位禁止	D8045	ON 状态号 6	
M8046	STL 状态工作	M8047=1 时,S0~S899 中任何一个动作,则 M8046=1	D8046	ON 状态号 7	
M8047	STL 监视有效	M8047=1 时,D8040~D8047 有效	D8047	ON 状态号 8	
M8048	信号报警器动作	M8049=1 时,S0~S899 中任何一个动作,则 M8048=1	D8048		
M8049	信号报警器有效	M8049=1 时,D8049 动作有效	D8049	ON 状态最小号	S900~S999 最小 ON 号

表 C-6 PLC 中断禁止

继电器	名 称	功 能	寄存器	
M8050	I00□禁止		D8050	
M8051	I10□禁止		D8051	
M8052	I20□禁止	M8050~M8055 为 ON 时,相对应的输入中断 I00□~I50□被禁止	D8052	
M8053	I30□禁止		D8053	
M8054	I40□禁止		D8054	未使用
M8055	I50□禁止		D8055	
M8056	I6□□禁止		D8056	
M8057	I7□□禁止	M8056~M8058 为 ON 时,相对应的定时器中断 I6□□~I8□□被禁止	D8057	
M8058	I8□□禁止		D8058	
M8059	I010~I060 全禁止	M8059=1 时,计数器中断 I010~I060 全部被禁止	D8059	

表 C-7 PLC 出错检测

继电器	名 称	动作、功能	寄存器	名称、功能
M8060	I/O 配置出错	OFF	D8060	出错的 I/O 起始号
M8061	PC 硬件出错	闪烁	D8061	PC 硬件出错代码
M8062	PC/PP 通信出错	OFF	D8062	PC/PP 通信出错代码
M8063	并行连接/RS-232C 通信错误	OFF	D8063	连接通信出错代码
M8064	参数错误	闪烁	D8064	参数出错代码
M8065	语法错误	闪烁	D8065	语法出错代码
M8066	电路错误	闪烁	D8066	电路出错代码
M8067	运算错误	OFF	D8067	运算出错代码
M8068	运算错误锁存	OFF	D8068	运算出错产生的步
M8069	I/O 总线检测		D8069	M8065~M8067 出错产生的步号

表 C-8　PLC 并联连接功能

继电器	名称	功能	寄存器	名称	功能
M8070	并联连接主站说明	并联连接，主站时为 ON	D8070	并行连接错误判断时间	初始时间 500ms
M8071	并联连接主站说明	并联连接，从站时为 ON	D8071		
M8072	并联连接运行中为 ON	并联连接，运行中为 ON	D8072		
M8073	主站/从站设置不良	并联连接，M8070/M8071 设定不良时为 ON	D8073		

表 C-9　PLC 采样跟踪

继电器	名称	功能	寄存器	名称	功能
M8074			D8074	采样剩余次数	
M8075	准备开始指令	采样跟踪准备开始指令	D8075	采样次数的设定（1~512）	
M8076	执行开始指令	准备完成执行开始指令	D8076	采样周期	
M8077	执行中监控	采样跟踪执行中监控	D8077	触发电路指定	
M8078	执行结束监控	采样跟踪执行结束监控	D8078	触发电路元件号设定	
M8079	跟踪 512 次以上	跟踪次数 512 次以上时为 ON	D8079	采样数据指针	
			D8080	位元件编号 No.0	
			D8081	位元件编号 No.1	
			D8082	位元件编号 No.2	
			D8083	位元件编号 No.3	
			D8084	位元件编号 No.4	
			D8085	位元件编号 No.5	
			D8086	位元件编号 No.6	
			D8087	位元件编号 No.7	
			D8088	位元件编号 No.8	
			D8089	位元件编号 No.9	
			D8090	位元件编号 No.10	
			D8091	位元件编号 No.11	
			D8092	位元件编号 No.12	
			D8093	位元件编号 No.13	
			D8094	位元件编号 No.14	
			D8095	位元件编号 No.15	
			D8096	字元件编号 No.0	
			D8097	字元件编号 No.1	
			D8098	字元件编号 No.2	

表 C-10　PLC 高速环形计数器

继电器	名称	功能	寄存器	名称	功能
M8099	高速环形计数器动作		D8099	0.1ms 环形计数器	0~32767 增序

表 C-11　PLC 存储容量

继电器	名　称	功　能	寄存器	名　称	功　能
			D8102	存储容量	0002：2K；0016：16K

表 C-12　PLC 输出刷新

继电器	名　称	功　能	寄存器	名　称	功　能
M8109	输出刷新错误		D8109	输出刷新错误发生的地址号	保存为 0、10、20、…

表 C-13　PLC 特殊功能

继电器	名　称	功　能	寄存器	名　称	功　能
M8120		RS-232C 通信用	D8120	通信格式	详见各通信适配器使用手册
M8121	RS-232C 发送等待中		D8121	站号设定	
M8122	RS-232C 发送标志		D8122	RS-232C 发送数据数	
M8123	RS-232C 接收完成标志		D8123	RS-232C 接收数据数	
M8124	RS-232C 载波接收		D8124	标题（8 位）初始值 STX	
M8125			D8125	结束符（8 位）初始值 ETX	
M8126	全局信号	RS-485 通信用	D8126		
M8127	请求式握手信号		D8127	指定请求用起始号	
M8128	请求式错误标志		D8128	请示数据数的指定	
M8129	请求字/位切换		D8129	判定时间输出信号	

参 考 文 献

[1] 秦春斌，张继伟. PLC 基础及应用：三菱 FX$_{2N}$ 系列[M]. 北京：机械工业出版社，2011.
[2] 赵全利. FX 系列 PLC 应用教程[M]. 北京：机械工业出版社，2019.
[3] 赵全利. S7-200 系列 PLC 应用教程[M]. 2 版. 北京：机械工业出版社，2020.
[4] 廖常初. FX 系列 PLC 编程及应用[M]. 2 版. 北京：机械工业出版社，2012.
[5] 高勤. 可编程控制器原理及应用：三菱机型[M]. 2 版. 北京：电子工业出版社，2009.
[6] 三菱电机. FX$_{2N}$ 编程手册[Z]. 2002.
[7] 三菱电机. FX 系列特殊功能模块用户手册[Z]. 2009.
[8] 三菱电机. FX$_{2N}$ 系列微型可编程控制器使用手册[Z]. 2009.
[9] 三菱电机. FX$_{3U}$ 系列微型可编程控制器使用手册：硬件篇[Z]. 2009.